Elementare Elektrizitätslehre

Von

Dr. Georg Heußel
Studienrat

III. TEIL

Das magnetische Feld

München und Berlin 1942
Verlag von R. Oldenbourg

Gedruckt in der Druckerei der PHYWE AG, Göttingen,

Herrn Professor Dr. Ing. e. h. R. W. POHL
als Zeichen größter Verehrung gewidmet

Vorwort.

Als dritter und letzter Teil der elementaren Elektrizitätslehre erscheint hiermit „Das magnetische Feld". Die Darstellung weicht von der Pohlschen insofern ab, als sie auf dem Induktionsgesetz aufbaut. Dadurch wird das Magnetometer überflüssig. Die Veranlassung zu dieser Art der Darstellung gab eine Bemerkung von E. Orlich in einem Aufsatz: Die drei Grundversuche der Elektrizitätslehre (Zeitschrift für den physikalischen und chemischen Unterricht 1923), wonach die Induktionserscheinung auch dort auftreten kann, wo die Wirkungen auf die Magnetnadel ausbleiben, wie im Außenraum einer stromdurchflossenen Ringspule (Abbildung 122).

Meinen Dank spreche ich aus Herrn Professor Dr. Josef Weiß aus Freiburg i. B. für die Überlassung einiger nach seinen Angaben gebauter Geräte (Abbildung 87, 88, 136, 145, 147). Abbildungen haben mir in dankenswerter Weise zur Verfügung gestellt die Firma Spindler & Hoyer in Göttingen und Carl Heymanns Verlag in Berlin. Eine größere Zahl Abbildungen entstammt Roller-Pricks „Schulversuche zur Elektrizitätslehre", einer Folge von drei Büchern, die ich besonders als Ergänzung zu dieser Darstellung in versuchstechnischer Richtung empfehlen möchte. Die neuen Abbildungen wurden in der Zeichnerei der Physikalischen Werkstätten in Göttingen hergestellt, auch dieser gebührt mein Dank.

Gießen, im Februar 1936.

Dr. Georg Heußel.

Inhaltsangabe.

Druckfehlerberichtigung. Seite 55, Zeile 17 v. u.: I gehört in den Nenner.
Seite 79, Zeile 3 von oben lies: Liniensumme der Feldstärke.

I. Verschiedene Formen magnetischer Felder.

§ 1. Das Feld des geradlinigen stromdurchflossenen Leiters.

Die magnetischen Wirkungen des elektrischen Stromes haben wir schon im ersten Band (Seite 17 ff.) kennen gelernt. Die dortige vorläufige Darstellung hatte den Zweck, uns auf möglichst kurzem Wege zum Verständnis der gebräuchlichen Meßinstrumente zu führen. Als „magnetisches Feld" bezeichneten wir einen Raum, in dem magnetische Wirkungen auftreten; solche waren das Ordnen von Eisenfeilspänen zu „magnetischen Feldlinien" und die Einstellung der beweglichen Magnetnadel in die Richtung dieser Feldlinien.

Beim elektrischen Feld konnten wir die entsprechenden Erscheinungen beobachten: Grießkörner ordneten sich zu elektrischen Feldlinien (Band II, § 7), die „elektrische Nadel" stellte sich in die Richtung der Feldlinien (Band II, Seite 93). Doch besteht zwischen der elektrischen Nadel und der Magnetnadel ein grundsätzlicher Unterschied: Die beiden Enden der elektrischen Nadel sind ursprünglich physikalisch vollkommen gleich, erst durch die Influenzwirkung bekommen sie im Feld verschiedene Ladung. Drehen wir (Band II, Abbildung 138) die Nadel im Feld um 180 Grad, so bleibt sie auch in dieser neuen Lage stehen. Ganz anders verhält sich die Magnetnadel; bei ihr unterscheiden wir Nord- und Südpol. Im Magnetfeld der Erde stellt sich die Nadel immer mit demselben Ende nach Norden ein. Drehen wir sie, so kehrt die Nadel von selbst in die Lage zurück, bei der der Nordpol nach Norden weist, und entsprechend gibt es in jedem Punkte eines andern magnetischen Feldes für die Magnetnadel immer nur eine einzige Lage.

In Abbildung 1 ist ein gerader Leiter durch ein waagerechtes Brett senkrecht hindurchgeführt. Auf das Brett sind Eisenfeilspäne gestreut. In dem Leiter erzeugen wir in der Richtung von unten nach oben einen Elektronenstrom von möglichst großer Stromstärke. Durch leichtes Erschüttern, Klopfen mit einem Holzstäbchen, fördern wir das Ordnen der Eisenfeilspäne zu Feldlinien,

die den Leiter als konzentrische Kreise umschlingen. Bringen wir
in das Feld kleine drehbare Magnetnadeln, so stellen diese sich
bei der in der Abbildung gewählten Stromrichtung tangential so
zu den Feldlinien, daß sämtliche Nordpole von oben gesehen im
Uhrzeigersinn deuten (Abbildung 2).

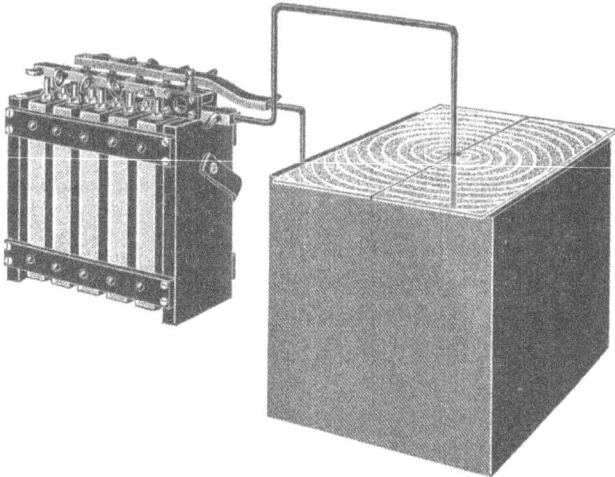

Darstellung der elektrischen Feldlinien um einen geradlinigen Leiter durch
Eisenfeilspäne. Die Nickeleisenakkumulatoren sind parallelgeschaltet, der Leiter
besteht aus dickem Kupferdraht. Innerer und äußerer Widerstand sind so gering,
daß eine Stromstärke von einigen Hundert Ampere entsteht.

—1—

Ringförmige Feldlinien um den geraden, stromdurchflossenen Leiter. Elektronenstrom von unten nach oben. Die Magnetnadeln weisen in der Richtung
der magnetischen Feldlinien.

—2—

Um solche Feldlinien in weitem Umkreise um den Leiter zu zeigen, sind Stromstärken von über 1000 Ampere nötig. Ein einfacher Kunstgriff erlaubt uns, auch mit gewohnten Mitteln hohe Stromstärken zu erzeugen. Um einen quadratischen Rahmen legen wir durch ausgesparte Öffnungen (Abbildung 3) 100 Windungen isolierten Kupferdrahtes. Fließt dann in jeder der einzelnen hintereinandergeschalteten Windungen ein Strom von 10 Ampere, so wirkt das „Leiterseil" jeder Quadratseite wie ein Leiter mit einer Stromstärke von 1000 Ampere, denn durch seinen Querschnitt gehen in jeder Sekunde 1000 Coulomb. Dabei ordnen sich noch die Eisenfeilspäne in 25 bis 30 cm Abstand vom Leiter (Abbildung 4).

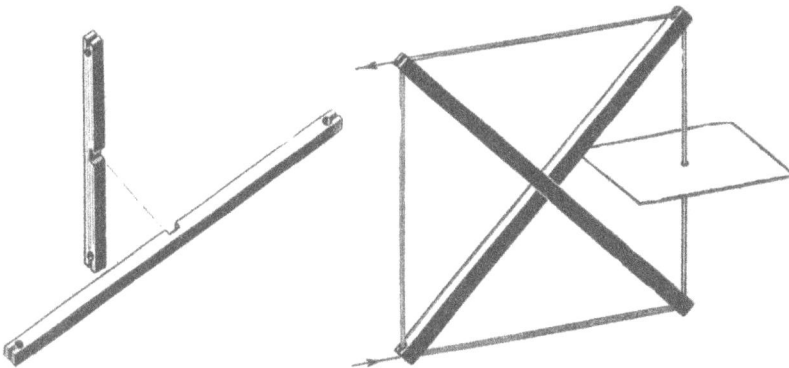

Rahmen mit 100 Windungen. Bei einer Stromstärke von 10 Ampere in der einzelnen Windung wirkt eine Seite des Quadrates wie ein Leiter, in dem die Stromstärke 1000 Ampere beträgt.

— 3 —

Als den wichtigsten Unterschied zwischen elektrischen und magnetischen Feldlinien heben wir hervor: Elektrische Feldlinien, soweit wir sie bis jetzt behandelt haben, beginnen auf der einen Kondensatorhälfte und endigen auf der andern, haben also Anfang und Ende. Dagegen läuft in Abbildung 4 jede Feldlinie in sich zurück.

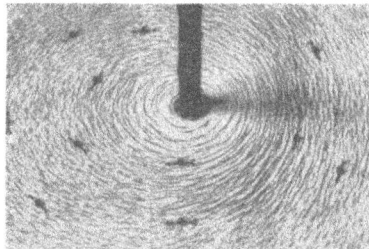

Feldlinienbild um einen Leiter bei einer Stromstärke von 1000 Ampere. Maßstab 1 : 10.

— 4 —

1*

Eine Richtung bekommen die magnetischen Feldlinien erst durch eine willkürliche Festsetzung: Richtung einer Feldlinie in einem Punkt sei diejenige, in der der Nordpol einer an die Stelle gebrachten beweglichen Magnetnadel weist.

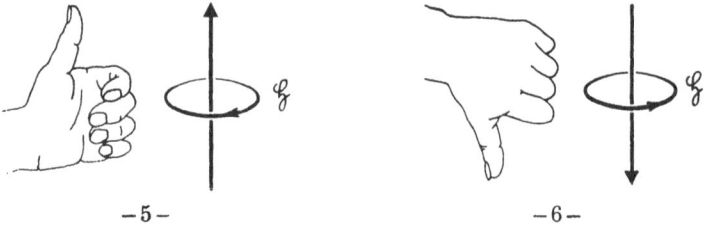

-5-   -6-

Linkefaustregel für den geradlinigen Leiter. Linker Daumen in der Richtung des Elektronenstromes, die gekrümmten Finger geben die Richtung der magnetischen Feldlinien.

Lassen wir die Elektronen von oben nach unten durch den senkrechten Leiter fließen, so drehen sich sämtliche Magnetnadeln um 180 Grad. Den Zusammenhang zwischen der Richtung des Elektronenstroms und der soeben festgesetzten Richtung der magnetischen Feldlinien fassen wir in der folgenden „Linkefaustregel" zusammen:

Halten wir den ausgestreckten Daumen der linken Hand in die Richtung des Elektronenstromes, so laufen die magnetischen Feldlinien in der Richtung der gekrümmten Finger. (Abbildung 5 und 6, $\mathfrak{H}$ bedeutet im folgenden zunächst immer „magnetisches Feld".)

Anmerkung: Der Techniker bezeichnet die Stromrichtung umgekehrt, daher benutzt er an Stelle unserer Linkefaustregel die Rechtefaustregel, an Stelle der Abbildungen 5 und 6 treten ihre Spiegelbilder.

§ 2. Magnetisches Feld einer stromdurchflossenen Spule.   Pole.

In Abbildung 7 ist das magnetische Feld einer stromdurchflossenen „Ringspule" dargestellt. Die Spule ist durch ein weißlackiertes Brett hindurchgewunden. Wir beobachten im Innern wieder ringförmig geschlossene Feldlinien. Außerhalb ist kein Feld vorhanden, die Eisenfeilspäne bleiben regellos liegen. In das Feld gebrachte kleine drehbare Magnetnadeln geben die Richtung der Feldlinien an. Zwischen Strom- und Feldlinien-

richtung besteht folgender Zusammenhang: Halten wir die gekrümmten Finger der linken Hand in die Richtung des
Elektronenstromes, so gibt der ausgestreckte Daumen
die Richtung der Feldlinien im Innern der Spule an.

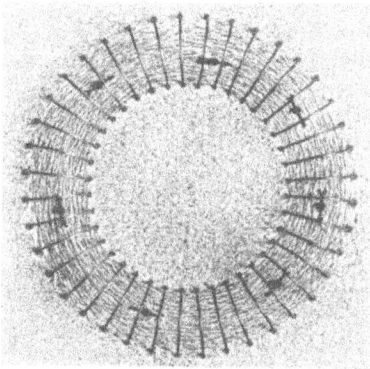

Feldlinienbild der Ringspule. Nur im Innern
sind Feldlinien vorhanden. Die Elektronen
fließen in den sichtbaren Halbwindungen von
innen nach außen.
—7—

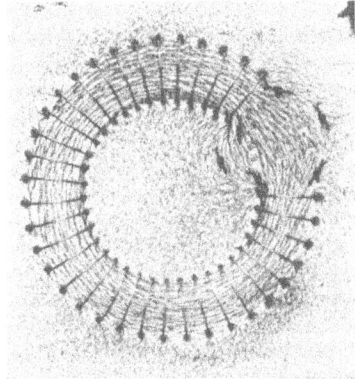

Ringspule, bei der einige Windungen
fehlen. Streuende Feldlinien.
—8—

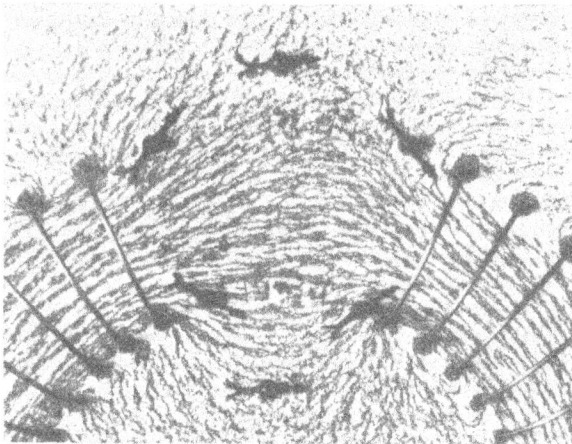

Ausschnitt aus Abbildung 8. Feldlinienverlauf an und zwischen den Polen.
—9—

Lassen wir von der Spule einige Windungen weg (Abbildungen 8 und 9), so bekommt sie damit „Enden" oder „Pole".

Die seither vollkommen kreisförmigen Feldlinien gehen in der Lücke auseinander, sie „streuen" zwischen den Polen, bleiben aber in sich geschlossene Kurven.

Verformen wir die Spule weiter, indem wir sie gerade strecken (Abbildung 10), so gehen die Feldlinien an den Enden garbenartig auseinander, sie biegen um, werden „rückläufig" und schließen sich außenherum, so daß jetzt auch außerhalb der Spule ein Feld vorhanden ist.

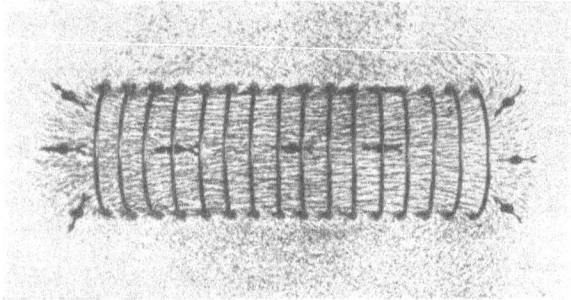

Magnetfeld der geraden Spule. Die Elektronen fließen in den sichtbaren Hälften der Windungen von oben nach unten.

– 10 –

Eine solche Spule verhält sich gegenüber einer drehbaren Magnetnadel wie ein Stabmagnet. Bewickeln wir eine Papprolle mit isoliertem Kupferdraht und setzen mittels eines Akkumulators in diesem die Elektronen in Bewegung, so wird der Nordpol einer Magnetnadel von dem einen Ende der Spule angezogen, von dem andern abgestoßen. Die Nadel sucht sich eben in die Richtung der Feldlinien der stromdurchflossenen Spule einzustellen. Danach wirkt das Ende, aus dem die magnetischen Feldlinien austreten, wie ein Nordpol, das Ende, wo sie wieder in die Spule eintreten, wie ein Südpol (Abbildung 11). In Abbildung 12 ist ein Gerät dargestellt, bei

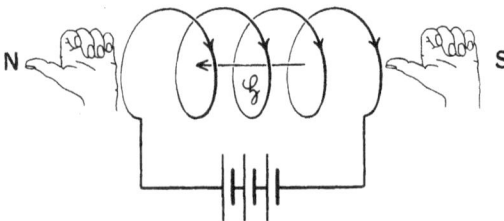

Linkefaustregel für die Stromspule. Der Daumen gibt die Richtung der magnetischen Feldlinien. Die gekrümmten Finger geben die Richtung des Elektronenstromes an. Links Nordpol, rechts Südpol.

– 11 –

dem eine Spule drehbar aufgehängt ist. Zu- und Abfluß des Stromes gehen über Quecksilbernäpfe. Eine solche Spule stellt sich beim Stromdurchgang in die Nord-südrichtung ein. Sie wird von einem Stahlmagnet oder einer zweiten strom-durchflossenen Spule genau so beein-flußt wie eine Magnetnadel. Das Magnet-feld erscheint mit der Spule fest ver-bunden. Entsprechend diesem Ver-halten werden auch die Enden der Spule als ihre Pole bezeichnet und wie beim Magnet als Nord- und Südpol unterschieden (Abbildung 11).

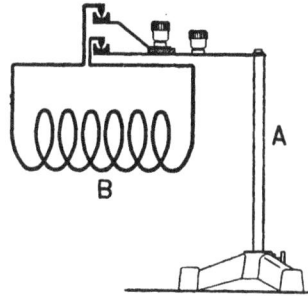

Drehbar aufgehängte Stromspule. In die Lagernäpfe kommt zur Herab-setzung des Übergangswiderstandes Quecksilber. Die Spule stellt sich in Nord - Süd - Richtung ein und verhält sich auch sonst wie eine Magnetnadel. Stromstärke mindestens 15 Ampere.
– 12 –

Das magnetische Feld einer einzi-gen Spulenwindung zeigt Abbildung 13. Reihen wir mehrere solcher „Elemen-tarspulen" zu einer Walze aneinander, so erhalten wir das gleiche Bild wie in Abbildung 6. Das Hintereinanderschalten der einzelnen Elementarspulen in Form einer Schraubenlinie ist nur ein technischer Kunstgriff, der es erlaubt, mit einer einzigen Elektrizitätspumpe (Akkumulator) auszukommen.

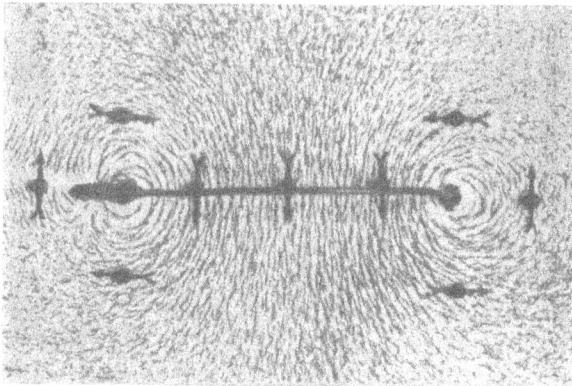

Magnetisches Feld einer einzelnen Windung.
– 13 –

Den soweit beschriebenen makroskopischen Erscheinungen geben wir folgende atomistische Deutung: Durch den ganzen

Querschnitt des Leitungsdrahtes in Abbildung 1 bewegen sich die Elektronen mit der in Band II, § 57, errechneten geringen Geschwindigkeit. Sobald aber ein Elektron sich bewegt, umgibt es sich mit einem magnetischen Feld, und zwar gilt für die Bewegungsrichtung des Elektrons und die Richtung der magnetischen Feldlinien die Linkefaustregel. In Abbildung 14 sollen die 7 weißen Kreise Elektronen bedeuten, die sich durch den Leiterquerschnitt auf den Beschauer zu bewegen. Im Innern des Leiters heben sich die magnetischen Felder der bewegten Elektronen teilweise gegenseitig auf. Außerhalb des Leiters überlagern sich die einzelnen Magnetfelder und erzeugen das Gesamtfeld mit den kreisförmigen Feldlinien, die uns schon aus Abbildung 1 bekannt sind.

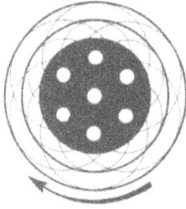

Querschnitt durch einen walzenförmigen Leiter. Die weißen Kreise stellen 7 Elektronenbahnen dar; die Elektronen fließen auf den Beschauer zu. Die ringförmigen Feldlinien heben sich im Innern des Leiters teilweise auf, außen setzen sie sich zu Kreisen zusammen.
— 14 —

§ 3. Der Stahlmagnet.

Bekannter als die magnetischen Wirkungen stromdurchflossener Spulen sind diejenigen, die wir bei zweckmäßig vorbehandelten Stahlstäben beobachten. An den Enden eines geraden Stahlmagneten sehen wir die Feldlinien ähnlich austreten wie aus den Polen einer stromdurchflossenen, langgestreckten Spule (Abbildung 15). Über die Verhältnisse im Innern eines solchen Stabes hat sich in der Physik eine Theorie gebildet, auf die wir im folgenden näher eingehen.

In Band II, § 36, haben wir uns schon die Vorstellung zu eigen gemacht, daß jedes Molekül aus einem Kern mit Unter(+)-spannung besteht, der je nach Größe seiner Unter(+)ladung von einer bestimmten Anzahl Elektronen umgeben ist, so daß zwar im Innern des Gesamtmoleküls elektrische Felder bestehen, nach außen jedoch keine elektrischen Feldlinien verlaufen. Diese Vorstellung ergänzen wir jetzt dahin: In den festen Körpern sind die Atomkerne (abgesehen von der Wärmebewegung) an ihrem Ort gebunden, dagegen sind die zugehörigen Elektronen in dauernder Bewegung, sie umkreisen den Kern. Ein kreisendes Elektron bedeutet einen Kreisstrom. Sein magnetisches Feld kennen wir aus Abbildung 13. Wir denken uns nun eine große Anzahl der Moleküle des Stahlstabes so aneinander gereiht, daß die Elektronen sich in parallelen Kreisbahnen bewegen. So erhalten wir eine fadenförmige Spule und in ihrem Innern ein magnetisches Feld, dessen Feldlinien sich im Außenraum schließen. Vereinigen wir viele solcher paralleler Fadenspulen zu einem Spulenbündel, so werden die rückläufigen Feldlinien im Innern der Spule aufgehoben. Die an den Enden austretenden Feldlinien schließen sich außerhalb des Spulenbündels, und wir kommen zu dem gleichen Feldlinienverlauf wie bei einer einzigen Spule mit größerem Durchmesser. In Abbildung 16 zeigen wir in riesiger Vergrößerung drei solcher parallelliegender Spulen mit ihrem Magnetfeld, das dem der Abbildung 10 gleicht.

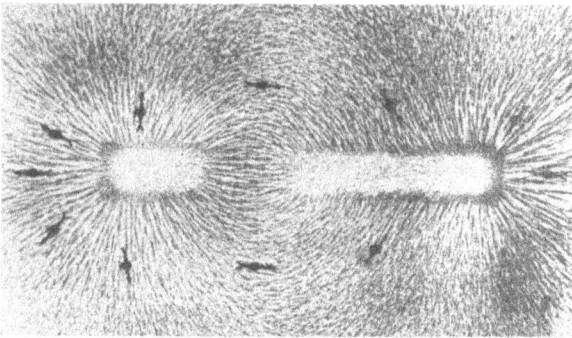

Feldlinienverlauf beim Magnetstab. Polgebiete, aber keine punktförmigen Pole. Auch die geraden Linien zwischen den Polgebieten sind „äußere Feldlinien", sie laufen wie die andern von links nach rechts. Sämtliche Feldlinien werden erst durch die „inneren Feldlinien" geschlossen, die durch das Innere der einzelnen Molekularmagnete hindurchgehen.
−15−

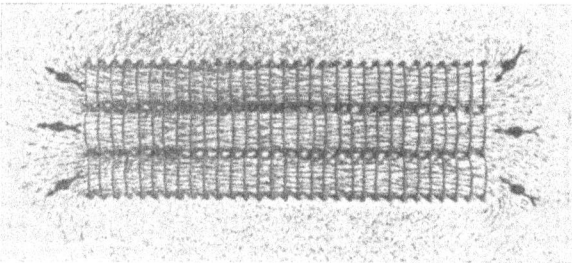

Das Feldlinienbild des Spulenbündels gleicht dem der Spule der Abbildung 10.
−16−

Als wichtige Folgerung aus dieser Auffassung heben wir hervor: Im Innern eines Stahlmagneten verlaufen genau wie in einer stromdurchflossenen Spule magnetische Feldlinien, diese treten am Nordpol aus und am Südpol wieder ein und sind darum wieder in sich geschlossene Kurven ohne Anfang und Ende (Abbildung 17).

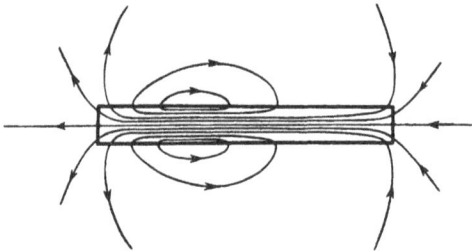

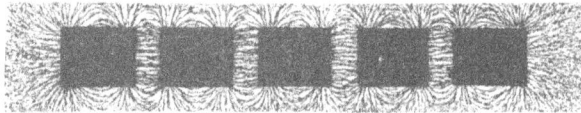

Innere Feldlinien eines Stabmagneten. Sie verlaufen durch das Innere der Molekularmagnete vom Süd- zum Nordpol.
— 17 —

Zerteilter Stahlmagnet. Zwischen den Teilen werden die Feldlinien sichtbar.
— 18 —

Die soweit entwickelte Theorie der „Molekularmagnete" steht mit keiner der vielen Erscheinungen, die wir bei Stahlmagneten beobachten, im Widerspruch. Zwar können wir die Feldlinien im Innern nicht mehr mit Eisenfeilspänen und Magnetnadeln nachweisen, denn dann müßten wir ins Innere der Molekularmagnete eindringen; sobald wir aber den Stabmagnet durchbrechen, werden die die Bruchstelle überbrückenden Feldlinien dem Versuch wieder zugänglich. Legen wir die Bruchstücke in geringe Entfernung voneinander (Abbildung 18), so ordnen sich

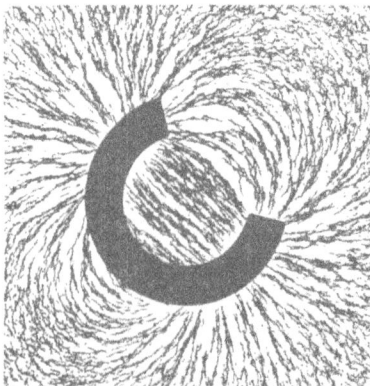

Aufgeschnittener Ringmagnet mit streuenden Feldlinien. Ein geschlossener magnetisierter Ring braucht keine Pole zu haben.
— 19 —

zwischen ihnen die Eisenfeilspäne zu Feldlinien. Es lassen sich

auch ringförmige Stahlmagnete ohne Pole herstellen; erst wenn
wir aus dem Ring ein Stück herausnehmen, erhalten wir zwischen
den nun entstandenen Polen
ein Feldlinienbild nach Art
der Abbildung 19, wie wir
es vom „Hufeisenmagnet"
gewohnt sind (Abbildung 20).

Die Theorie der Mole-
kularströme ist durch eine
erdrückende Anzahl von Versuchsergebnissen gesichert;
mag das Bild der den Kern
umkreisenden Elektronen
auch noch mannigfach um-
gestaltet werden, die magnetischen Feldlinien bleiben im
Gegensatz zu den uns bis
jetzt bekannten elektrischen
Feldlinien geschlossene Kurven, und es erscheint sinnlos,
Nord- und Südmagnet von-
einander trennen zu wollen,
so wie wir durch Trennung

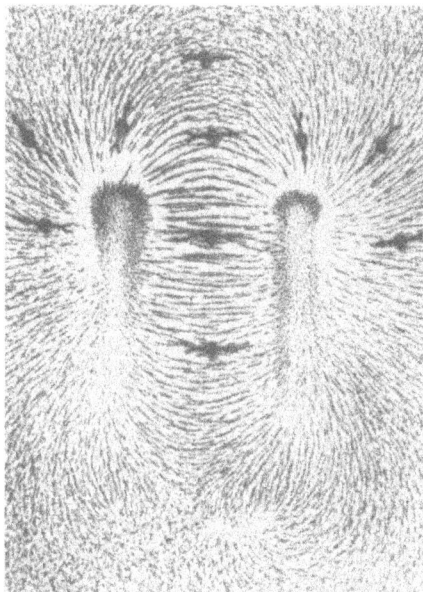

Feldlinienbild des Hufeisenmagnets.
Links Nordpol, rechts Südpol.
— 20 —

im elektrischen Feld einen Leiter in einen Teil mit Über(—)ladung
und einen mit Unter(+)ladung zerlegen konnten (Band II, § 26).

Wie die mannigfachen Feldlinienbilder in Band II, § 7 ff, zeigen,
stehen elektrische Feldlinien auf der Oberfläche von Leitern
stets senkrecht. Dagegen treten magnetische Feldlinien aus Stahlmagneten unter allen möglichen Winkeln aus.

§ 4. Eisen im magnetischen Feld.

Der Magnetismus des Stahles beruht nach der im vorhergehenden entwickelten Theorie auf den magnetischen Feldern der
einzelnen Moleküle. Das molekulare magnetische Feld ist der
stete Begleiter des einzelnen Eisenmoleküls. Zwischen dem Stahl
im magnetischen und im unmagnetischen Zustand besteht nur der

Unterschied, daß dort die Molekularmagnete so geordnet sind,
daß die kreisenden Elektronen parallele Bahnen im gleichen Sinn
durchlaufen, während hier die Elektronenbahnen alle möglichen
Lagen haben. Dort überlagern sich die Molekularfelder zum
Gesamtfeld, hier kommt keine nachweisbare Wirkung außerhalb
des mit Eisen erfüllten Raums zustande.

Die Verwandlung eines unmagnetischen Eisen- oder Stahlstabes in einen magnetischen müssen wir uns so denken: Wir
bringen den Stab in ein magnetisches Feld. In diesem richten
sich die einzelnen Eisenmoleküle so, daß die Elektronenbahnen
auf der Feldlinienrichtung senkrecht stehen. Dadurch erhalten
wir die in § 3 beschriebene Anordnung der Molekularmagnete.

Beim Herausbringen aus dem Feld zeigt sich zwischen Stahl
und Eisen ein auffallender Unterschied: Der Stahl bleibt magnetisch, das Eisen verliert seinen Magnetismus fast vollkommen.
Wir deuten dies: Beim Stahl bleiben die Moleküle und mit ihnen
ihre Magnetfelder in der vom Magnetfeld aufgezwungenen Lage,
im Eisen kehren sie in ihre kunterbunte Unordnung zurück.

Zur Veranschaulichung einige Versuche:

Die Einstellung der Bahnebene kreisender Elektronen senkrecht zur Feldlinienrichtung ist uns schon aus Band I, Abbildung 37,
bekannt, sie findet beim Drehspulgalvanometer technische Verwendung. Die Einstellung der Spulenwindungen in Abbildung 12
senkrecht zu den Linien des magnetischen Erdfeldes stellt einen
Sonderfall dieser Erscheinung dar.

Beim „Elektromagnet" wird das Magnetfeld im Innern
einer stromdurchflossenen Spule zum Ausrichten der Molekularmagnete in Eisen benutzt, das sich im Innern der Spule befindet
(Abbildungen 21 und 22). Im Modellversuch läßt sich der Vorgang so
darstellen: An den + Pol einer Taschenlampenbatterie aus zwei
Leclanchéelementen, sog. Stabbatterie, wird das eine Ende eines
etwa 40 m langen isolierten Kupferdrahtes von 0,3 mm Durchmesser
gelötet. Der Draht wird in mehreren Lagen um die Papphülse
der Batterie gewickelt (Abbildung 23). Am freien Ende des
Drahtes ist die eine Hälfte eines Druckknopfes angelötet, die
andere Druckknopfhälfte wird auf die gleiche Art am Zinkboden
des zweiten Elements befestigt. Schließen wir den Druckknopf

und bringen wir die Spule an einem Lamettafaden hängend in
das Innere einer stromdurchflossenen großen Spule aus dickem
Draht, so stellt sich die kleine Spule mit ihrer Achse in die Richtung der Feldlinien der großen Spule ein. Wird der Strom in
der großen Spule gewendet, so dreht sich die kleine Spule um
180 Grad (Abbildung 23 rechts).

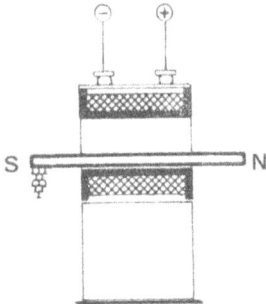

Im magnetischen Feld einer Spule werden
die Molekularmagnete ausgerichtet und der
Weicheisenstab wird magnetisch.
– 21 –

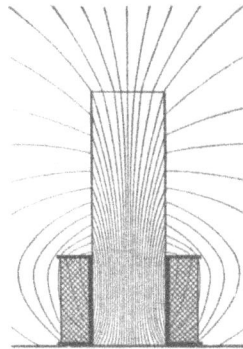

Eisenstab im Innern einer Stromspule,
innere und äußere Feldlinien.
– 22 –

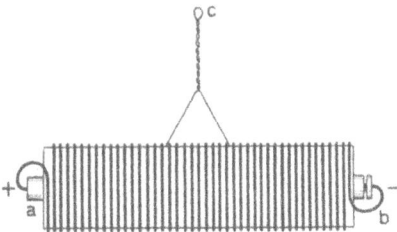

Modell eines Molekularmagnets. Stabbatterie mit Leitungsdraht umwickelt
hängt in einer größeren Spule. Bei c ist ein nicht verdrillter Faden befestigt.
– 23 –

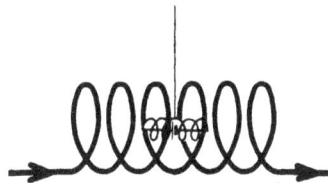

Wir führen diesen einfachen Versuch hier an, um auf eine
wesentliche Eigenschaft der Molekularströme hinzuweisen. Damit
in den Drahtwindungen unserer kleinen Spule die Elektronen
sich bewegen, muß die Batterie dauernd Arbeit leisten, sie er-
schöpft sich allmählich, dafür tritt im Leitungsdraht Wärme auf.
Bei den Molekularmagneten dagegen kreisen die Elektronen ohne
Energieverwandlung. Das erscheint uns deshalb so merkwürdig,

weil wir aus der Mechanik gewohnt sind, daß ein bewegter
Körper zur Ruhe kommt, wenn wir ihm nicht Energie zuführen;
aber so ungewohnt die andauernde Elektronenbewegung im
Molekül unserm Denken auch sein mag, das Fehlen der Energiezufuhr hat die Theorie der Molekularströme nicht erschüttern
können.

Das gegensätzliche Verhalten von Eisen und Stahl läßt sich
so veranschaulichen: Ein Probegläschen füllen wir mit Stahlfeil-
spänen. Dann bringen wir es in ein magnetisches Feld, d. h. wir
setzen es auf den einen Pol eines Magneten oder bringen es in
eine stromdurchflossene Spule. Durch Erschüttern fördern wir
das Ausrichten der Molekularmagnete. Herausgenommen verhält
sich der Röhreninhalt wie ein Stabmagnet; das läßt sich einwand-
frei durch die Abstoßung des einen Poles einer Magnetnadel
zeigen. Diese Eigenschaft verschwindet, sobald wir durch Schüt-
teln außerhalb des Magnetfeldes die Ordnung der kleinen Magnete zerstören.

II. Die Induktionserscheinung.

§ 5. Spule und Stabmagnet.

Die im vorhergehenden Abschnitt behandelten magnetischen Felder hafteten an stromdurchflossenen Spulen, Leitern oder Stahlmagneten. Die Theorie der Molekularströme brachte beide Träger magnetischer Felder unter einen gemeinsamen Gesichtspunkt: Magnetische Felder sind die Begleiter bewegter Elektronen. In allen Körpern, bei denen wir magnetische Erscheinungen beobachten, sind Elektronen in Bewegung. Das ruhende Elektron hat ein elektrisches, aber kein magnetisches Feld. Erst durch die Bewegung kommt das magnetische Feld des Elektrons zustande.

Die Erfahrungstatsache, daß ein elektrischer Strom, also Elektronenbewegung, ein magnetisches Feld hervorruft, veranlaßte Faraday zu der Fragestellung, ob es umgekehrt auch möglich sei, mittels eines magnetischen Feldes Elektronen in Bewegung zu setzen, d. h. einen elektrischen Strom zu erzeugen. Die Antwort auf diese Frage gibt uns folgender Versuch:

Die Enden einer Spule von 1200 Windungen verbinden wir mit den beiden Klemmen eines Zeigergalvanometers (Abbildung 24, ohne Nebenwiderstand). Dann erzeugen wir in der Spule ein Magnetfeld; das geschieht am einfachsten, wenn wir einen Stab-

Zeigergalvanometer. Bei den beschriebenen Versuchen bleiben, wenn nichts anderes gesagt ist, die Hilfswiderstände weg.

magnet in die Spule stecken und in ihr liegen lassen (Abbildung 25).

Wir beobachten:
1. Während des Einbringens des Magnetstabes schlägt das Galvanometer aus, dann kehrt der Zeiger in seine Ruhe-

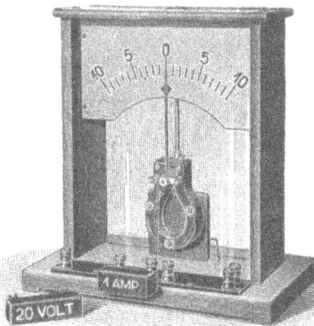

lage zurück. Beim Herausziehen des Stabes schlägt das
Galvanometer nach der andern Seite aus.

2. Der Ausschlag erfolgt in derselben Weise, wenn wir den
   Magnetstab festhalten und die mit dem Galvanometer
   verbundene Spule über ihn schieben, liegen lassen und
   schließlich wieder wegnehmen (Abbildung 26).

3. Das Galvanometer verhält sich geradeso, wenn wir beide,
   Stab und Spule, gegeneinander bewegen, so daß der Stab
   in der gezeichneten Lage in die Spule eindringt.

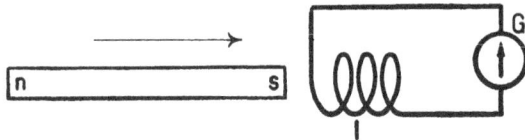

Feste Spule und bewegter Stabmagnet.
– 25 –

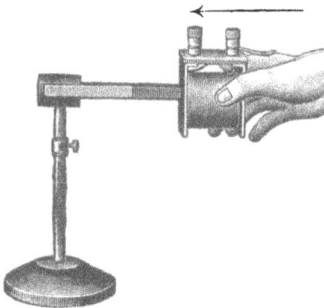

Magnetstab fest, Spule bewegt.
– 26 –

Es kommt also nur auf die
gegenseitige Bewegung von
Stab und Spule an. Wir werden
daher im folgenden, wenn nichts
anders gesagt ist, stets die Spule
als ruhend und den Magnetstab
als bewegt ansehen. Wir beobachten dann weiter:

4. Beim Einbringen des Magnetstabes hat es keinen Einfluß
   auf die Richtung des Galvanometerausschlages, ob der
   Stab von links oder von rechts in der gezeichneten Lage,
   Nordpol links, Südpol rechts, in die Spule gebracht wird,
   ebenso ist es einerlei, nach welcher Seite der Stab wieder
   herausgezogen wird.

Entscheidend ist, in welcher Richtung die Feldlinien des eingebrachten Magnetfeldes laufen.

5. Werden nämlich die Versuche mit dem um 180 Grad ge-
   drehten Magnetstab wiederholt, so erfolgen die Galvanometerausschläge in umgekehrter Richtung.

Somit kommt zu den Verfahren, mittels derer wir früher Elektronen in Bewegung setzten, ein neues: Wir bringen in eine Spule ein magnetisches Feld oder bringen ein in ihr vorhandenes Magnetfeld aus ihr heraus. Dann geraten die in dem Metall der Spule vorhandenen Elektronen in Bewegung. Wir sagen, der in den Spulenwindungen fließende Strom sei durch „Induktion" entstanden; darum heißt die Spule auch „Induktionsspule". Wiederholen wir das Verfahren fortwährend, so pendeln die Elektronen im Leiter hin und her; diese Erscheinung haben wir schon in Band I (Seite 41) als Wechselstrom bezeichnet. In Band II (Seite 17) haben wir einen Wechselstrom mittels eines elektrischen Feldes durch Influenz erzeugt. Auf den Zusammenhang zwischen Induktion und Influenz werden wir noch einzugehen haben.

§ 6. Die Richtung des induzierten Stromes.

Statt des Magnetstabes können wir als Träger des magnetischen Feldes geradesogut eine stromdurchflossene Spule benutzen. Wickeln wir also auf einen Stab von Bleistiftdicke einen Leitungsdraht in mehreren Lagen und verbinden wir seine Enden mit einer Batterie, so ruft diese Spule beim Einbringen in die Induktionsspule und beim Herausziehen geradeso einen Induktionsstrom hervor wie der Magnetstab. Wir wollen diese Spule im folgenden als „Feldspule" bezeichnen. Als Feldspule können wir auch die in § 4 beschriebene Spule mit Stabbatterie verwenden; nur brauchen wir dann ein empfindlicheres Galvanometer zum Nachweis des Induktionsstromes, etwa ein Spiegelgalvanometer nach Abbildung 53 in Band I. Statt die Feldspule in die Induktionsspule zu stecken, können wir auch die beiden Spulen nebeneinander anordnen und die Feldspule der Induktionsspule erst nähern und dann wieder von ihr entfernen. Das aus der Feldspule austretende Feld genügt, um den Induktionsstrom hervorzubringen.

Bei dem in Abbildung 27 dargestellten Versuch benutzen wir als Feldspule eine Normspule von 300 Windungen, als Induktionsspule eine solche von 1200 Windungen (Abbildung 28). Diese Spulen sind so gewickelt, daß an dem Ende, wo die Elektronen

eintreten, auch die Feldlinien in die Spule eindringen, also ein
Südpol entsteht. An die Induktionsspule schalten wir unser
Zeigergalvanometer (Abbildung 24), es ist so eingerichtet, daß es
in der Richtung ausschlägt, in der die Elektronen durch das
Instrument fließen.

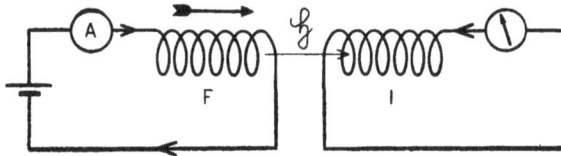

Annähern der Feldspule an die Induktionsspule erzeugt in dieser
einen Strom entgegengesetzt zum Feldstrom.
– 27 –

Normspule. Dort
wo die Elektronen
in die Spule ein-
treten, entsteht ein
Südpol.
– 28 –

Schieben wir jetzt die Feldspule an die Induktionsspule heran, so dringen die Feldlinien in diese ein,
und es entsteht ein Induktionsstrom, der im umgekehrten Sinne fließt wie der Feldstrom. Verschwindet
dagegen das magnetische Feld in der Induktionsspule, so fließt der Induktionsstrom im selben Sinn
wie der Feldstrom.

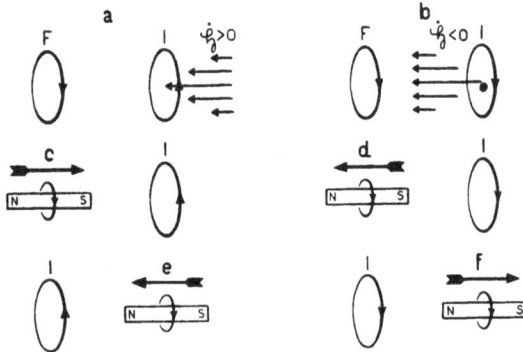

a, c, e. Das zunehmende Magnetfeld, das die Induktionsspule durchsetzt,
ruft einen Strom entgegengesetzt zum Feldstrom hervor.
b, d, f. Das abnehmende Magnetfeld ruft einen Strom mit dem Umlaufsinn
des Feldstromes hervor.
–29–

Dieses Ergebnis ist in Abbildung 29 a und b noch einmal
bildhaft dargestellt. Beim Magnetstab treten an Stelle des Feldstromes die Molekularströme (Abbildung 29 c, d, e f). Auf die Be-

wegung c kann d oder f folgen, die Richtung des Induktionsstromes ist in beiden Fällen dieselbe und umgekehrt wie bei c
und e.

§ 7. Einfluß der Zeit.

Beim Versuch der Abbildung 25 beobachten wir beim Einbringen oder Herausziehen des Magnetstabes deutlich einen Einfluß der Zeit auf die Größe des Ausschlages. Um diese Erscheinung
genauer zu untersuchen, verlangsamen wir den Vorgang. Wir
machen einmal die Zeit, in der sich der Magnetstab durch die
Spule bewegt, viel länger, zum andern erhöhen wir die Empfind-
lichkeit des Galvanometers, indem wir das Zeigergalvanometer
durch ein Spiegelgalvanometer ersetzen.

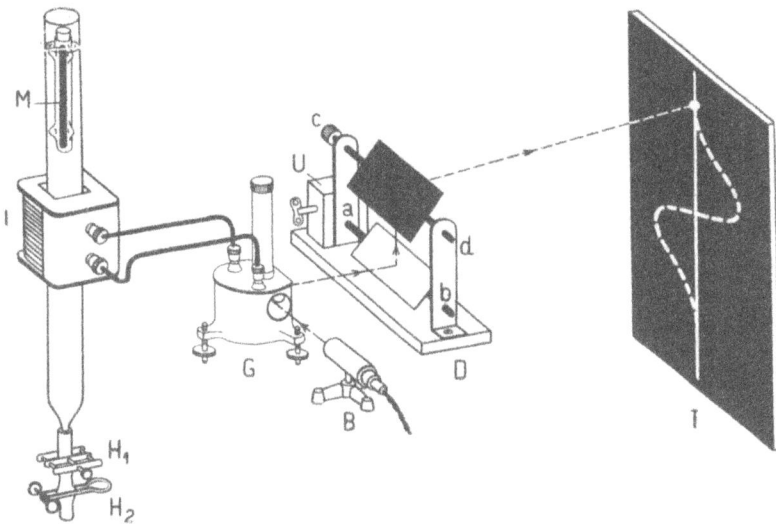

Links: mit Wasser gefülltes Glasrohr, darin Schwimmer aus Glas mit Bündel magnetisierter
Stricknadeln. Normspule mit 1200 Windungen. Spiegelgalvanometer. Der Hahn H_1 regelt
die Geschwindigkeit, mit der das Wasser abfließt, H_2 dient zum Öffnen und Schließen.
Rechts: a b Drehspiegel getrieben vom Uhrwerk U, c d fester Spiegel. T Wandtafel, auf der
der Weg des Lichtflecks mit Kreide nachgezeichnet wird.
— 30 —

Um den Magnetstab recht langsam durch die Spule hindurch-
zuführen, benutzen wir folgende Versuchsanordnung: Durch die
seither öfter benutzte Spule von 1200 Windungen stecken wir ein

2*

dickes Glasrohr, das unten in ein engeres Rohr ausläuft; an
diesem sitzt ein Stück Gummischlauch mit einem Hahn H_2
und einem Schraubquetschhahn H_1 (Abbildung 30 links). Das
Rohr wird mit Wasser gefüllt. In diesem schwimmt ein Probe-
glas, das ein Bündel kleiner Magnetstäbchen enthält; es eignen
sich in der Mitte geteilte magnetisierte Stricknadeln, und zwar
sind es gerade soviel, daß der mit einem Kork verschlossene
Schwimmer beinahe bis zum oberen Rand eintaucht. Das Probe-
glas hat nahe dem oberen und unteren Rand je einen Kranz von
vier angeschmolzenen Nocken, so daß es in dem dicken Rohr
gleitet, ohne sich schief zu legen.

Wir öffnen zunächst H_2 und stellen H_1 so ein, daß das
Wasser ganz langsam ausströmt. Wenn sich jetzt der Schwimmer
allmählich der Spule nähert, so geht der Lichtzeiger zuerst sehr
langsam, dann immer schneller in Ausschlag, kehrt um, geht
durch Null hindurch, schlägt nach der andern Seite aus und kehrt
schließlich immer langsamer werdend in seine Nullage zurück.
Das geht alles so gemächlich, daß wir die Bewegung des Schwimmers
und des Lichtzeigers in aller Ruhe nebeneinander beobachten können.
Nur so lange der Schwimmer sich bewegt, tritt ein Induktionsstrom
auf, sobald wir H_2 schließen, verschwindet der induzierte Strom.

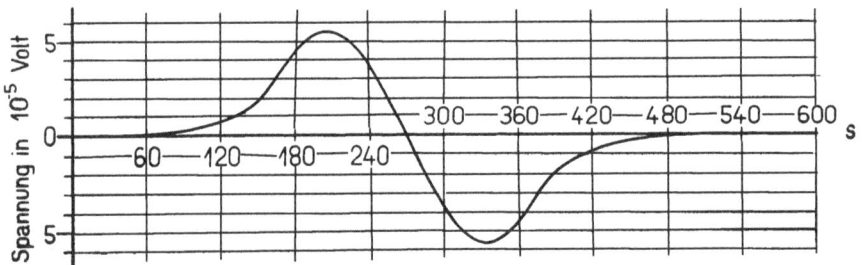

Kurve bei langer Versuchsdauer. Die Ordinaten bedeuten zunächst Stromstärken.
Die Umeichung in Spannung erfolgt später.

– 31 –

Der Versuch läßt sich, so lange wir den Schraubquetschhahn
H_1 nicht verstellen, unter genau denselben Bedingungen beliebig
oft wiederholen. Das Galvanometer ist stets abzuschalten, wenn
das Glasrohr von neuem mit Wasser gefüllt wird.

Es bietet gar keine Schwierigkeit, nach den Schlägen einer Sekundenuhr alle zehn Sekunden die Lichtzeigerstellung abzulesen, um die Zeigerbewegung in Form einer Kurve darzustellen. So ist Abbildung 31 entstanden. Der Vorgang dauerte im ganzen 10 Minuten.

Der Versuch wird wiederholt, nachdem H_1 weiter geöffnet worden ist. Dann spielt sich der Durchgang des Magnetfeldes durch die Spule in kürzerer Zeit ab dafür werden die jeweiligen Galvanometerausschläge größer. Die Kurve der Abbildung 32 gibt die Zeigerbewegung für eine Versuchsdauer von etwa 5 Minuten an.

Das Ablesen und Eintragen der gefundenen Werte in ein Koordinatensystem ist mühsam. Wir können die Kurve auch unmittelbar auf der Tafel entstehen lassen. Dazu überlagern wir der waagerechten Bewegung des Lichtzeigers eine senkrechte, die wir mittels eines langsam um eine waagerechte Achse sich drehenden Spiegels erzeugen. Das Gerät ist in Abbildung 30 rechts dargestellt. Während der Galvanometerspiegel die oben beschriebene Bewegung

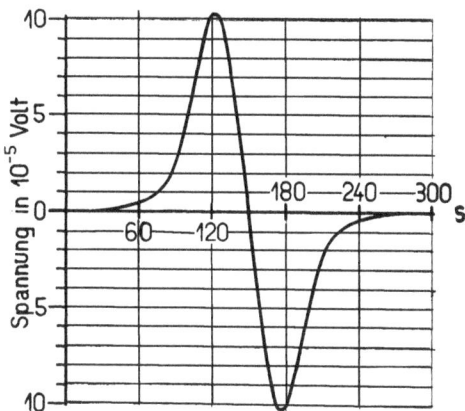

Kurve bei kürzerer Versuchsdauer.
— 32 —

ausführt, wird der Lichtzeiger noch einmal zunächst nach oben, an einem Spiegelstreifen zurückgeworfen, der von einem Uhrwerk gedreht wird. Die Winkelgeschwindigkeit um die waagerechte Achse ist durch eine Zahnradübersetzung auf den dritten Teil der Drehgeschwindigkeit des großen Uhrzeigers herabgesetzt. Ein zweiter größerer Spiegel wirft den Lichtzeiger auf die Tafel, und auf dieser können wir jetzt den Weg des Lichtflecks bequem mit der Kreide nachzeichnen. So erhalten wir eine Kurve nach Art von Abbildung 31 oder 32, nur mit dem Schönheitsfehler, daß jetzt die Zeitachse senkrecht verläuft.

§ 8. Elektrizitätsmenge und Widerstand.

Wir kommen zur Deutung des Versuchsergebnisses, das in
den Abbildungen niedergelegt ist. Dargestellt ist die Abhängigkeit der Stromstärke von der Zeit. Der Inhalt der Fläche zwischen
Kurve und Zeitachse bedeutet, wie wir in Band II, § 11, ausführlich
auseinandergesetzt haben, physikalisch die durch jeden Querschnitt
des Leiters geflossene Elektrizitätsmenge. Vergleichen wir die
beiden Flächeninhalte oberhalb und unterhalb der Zeitachse, so
sagt uns zunächst jedes Bild für sich allein:

Beim Eindringen des Magnetfeldes in die Spule fließt
eine Anzahl Amperesekunden durch einen Leiterquerschnitt zunächst in der einen Richtung, beim Verschwinden
des Feldes fließt die gleiche Elektrizitätsmenge wieder
zurück.

Dann betrachten wir beide Abbildungen 31 und 32 neben-
einander: Die Flächenstücke in Abbildung 31 haben denselben
Inhalt wie in der Abbildung 32. Das bleibt so, wenn wir den
Versuch wiederholen und den Vorgang mit anderer Zeitdauer
sich abspielen lassen. Wird die Kurve in der Richtung der einen
Achse gestreckt, so wird sie in der Richtung der andern gestaucht.
Genau so war es bei den beiden Kurven der Abbildungen 61
und 62 in Band II. Wir schließen weiter:

Diese Elektrizitsmenge ist unabhängig von der Zeit,
in der das Feld in der Spule entsteht oder verschwindet.

§ 9. Stromstärke und Spannung beim Induktionsversuch.

Beim Versuch der Abbildung 30 wirken Magnetstab und
Spule zusammen als Elektrizitätspumpe, mittels ihrer können wir
Elektronen im Leiter ebenso in Bewegung setzen, wie mittels
eines galvanischen Elements. Ein galvanisches Element ist einmal
gekennzeichnet durch den Spannungsunterschied zwischen seinen
Klemmen, der durch chemische Kräfte hervorgebracht wird (Band II,
§ 62), die sogenannte Klemmenspannung. In Abbildung 33 sei
die eine Klemme A geerdet. Die andere Klemme B habe dann
die Spannung E, sie wird von dem zwischen A und B eingeschalteten Voltmeter angezeigt; die gleiche Spannung ist dann in

jedem Punkt des Leiters B C D A' vorhanden, so lange A' noch von A durch das Dielektrikum getrennt ist; so lange gibt es auch keinen Strom und der Spannungsabfall liegt im elektrischen Feld zwischen A' und A. Der Spannungsverlauf wird in diesem Falle durch die Gerade B' A' dargestellt. Lassen wir jetzt A' mit A zusammenfallen, so kommen die Elektronen in Bewegung, und es gilt das Ohmsche Gesetz für den ganzen Stromkreis (Band I, § 26), das wir hier in der Form schreiben können:

$$J \cdot (R_i + R_a) = E \cdot (\text{Volt}) \quad (R_a = R_1 + R_2 + R_3). \qquad (1)$$

R_i soll so groß sein, daß wir es gegen R_a nicht vernachlässigen dürfen. Dann geht im Augenblick, wo wir A' mit A vereinigen, der Ausschlag des Voltmeters, also die Spannungsdifferenz zwischen den Klemmen zurück. Wir können diese berechnen: Die Spannung im Punkte B ist jetzt nach dem Ohmschen Gesetz:

$$E_B = J \cdot R_a \, (\text{Volt}),$$

und wir können nach der obigen Gleichung fortfahren:

$$E_B = J \cdot R_a = E - J \cdot R_i \, (\text{Volt}),$$

d. h. die Spannungsdifferenz zwischen den Klemmen A und B bei der Stromstärke J ist einmal gleich der Stromstärke multipliziert mit dem äußeren Widerstand, zum andern gleich der Klemmenspannung (bei offenem Element) vermindert um das Produkt aus der Stromstärke und dem inneren Widerstand.

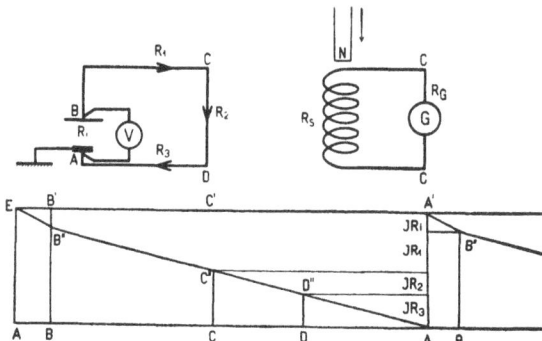

Berechnung der Spannung längs eines Stromkreises mit der Stromrichtung und gegen sie.

Danach können wir diese Spannungsdifferenz auf zwei Wegen berechnen, einmal auf dem Wege in der Stromrichtung von B nach A über C und D, dann auf dem Wege gegen die Stromrichtung, in diesem Fall ist das Produkt $J \cdot R_i$, der sogenannte „Ohmsche Spannungsverlust" negativ zu nehmen und zu ihm ist noch die Klemmenspannung zu addieren.

Wir wollen auf beide Arten die Spannungsdifferenz zwischen C und D berechnen. Äußerer Weg:

$$\Delta E = J \cdot R_2 \text{ (Volt)}.$$

Weg über den Spannungserzeuger:

$$\Delta E = - J \cdot R_1 - J \cdot R_i + E - J \cdot R_3 \text{ (Volt)}.$$

In beiden Fällen erhalten wir dasselbe, denn aus Gleichung (1) folgt:

$$E = J \cdot R_i + J \cdot R_1 + J \cdot R_2 + J \cdot R_3 \text{ (Volt)}$$

und daraus:

$$J \cdot R_2 = E - J \cdot R_i - J \cdot R_1 - J \cdot R_3 = E - J \cdot (R_i + R_1 + R_3) \text{ (Volt)}. \qquad (2)$$

Damit wenden wir uns wieder zum Induktionsvorgang. Spule und Stabmagnet wirken zusammen geradeso, wie wenn während des Eindringens des Magnetfeldes in die Spule in diese ein Spannungserzeuger eingeschaltet wäre, so daß die von ihm erzeugte Spannungsdifferenz erst zunimmt, dann verschwindet, ihr Vorzeichen wechselt, wächst und schließlich wieder verschwindet. Die Frage, was für Kräfte dabei auf die Elektronen im Leiter wirken — chemische sind es sicher nicht —, müssen wir zurückstellen. Wo diese Kräfte ihren Sitz haben, können wir hier auch noch nicht sagen, aber die Spannungsdifferenz, die eine in den Leiterkreis eingeschaltete Pumpe hervorbringen müßte, um in ihm in jedem Augenblick die im Versuch der Abbildung vom Galvanometer angezeigte und in den Abbildungen dargestellte Stromstärke zu erzeugen, können wir errechnen. Im Leiterkreis der Abbildung 33 rechts oben sind nur der Widerstand des Galva-

nometers R_G (= 50 Ohm) und der Widerstand der Spule R_S
(= 14 Ohm) zu berücksichtigen. Dann entspricht der Gleichung (2)

$$J \cdot R_G = \Delta E - J \cdot R_S \text{ (Volt)}, \qquad (3)$$

aus dieser folgt entsprechend Gleichung (1)

$$\Delta E = J \cdot (R_G + R_S) = J \cdot R \text{ (Volt)}, \qquad (4)$$

wobei R den Widerstand des ganzen Leiterkreises bedeutet.
Danach brauchen wir in den Abbildungen 31 und 32 nur dort,
wo 1 Ampere zu stehen hätte, 64 Volt zu schreiben, und wir
können unmittelbar die in jedem Zeitpunkt hervorgerufene Spannungsdifferenz aus den bildlichen Darstellungen ablesen; so sind
die dort beigefügten Erklärungen „Spannung in 10^{-5} Volt" zu
verstehen.

Ehe wir nun auf die Bedeutung der „induzierten Spannungsdifferenz" weiter eingehen, eine rein sprachliche Bemerkung: Wir
werden im folgenden das Wort „Spannung" in erweitertem Sinn
gebrauchen, wir werden mit „Spannung" auch das bezeichnen,
was wir seither eine Spannungsdifferenz nannten. Das wird zu
keinem Mißverständnis führen, wenn wir in Zweifelsfällen immer
sagen: „Spannung zwischen den Punkten U und V" und den Ton
auf das Wort „zwischen" legen. „Spannung im Punkte U" bedeutet dann „Spannung zwischen U und Erde". Die Ausdrucks-
weise „zwischen 40 Grad und 50 Grad liegt eine Temperatur
von 10 Grad" wäre gerade so wenig falsch zu verstehen, wenn
sie auch nicht gebräuchlich ist.

§ 10. Die Zeitsumme der induzierten Spannung.

Bei den Versuchen in Band II, § 11, war die Versuchsdauer
bestimmt durch den Leiter, über den sich der Kondensator entlud.
Der Flächeninhalt und die Elektrizitätsmenge waren unabhängig
vom Widerstand des Leiters. Bei unseren jetzigen Versuchen
wird die Versuchsdauer bestimmt durch die Zeit, in der sich der
Schwimmer durch die Spule bewegt. Wir haben allen Grund,
zu untersuchen, welchen Einfluß der Leiter auf die Kurvenform
der Abbildung 32 hat und wiederholen den Versuch, der uns

jene Kurve lieferte. Wir verdoppeln den Widerstand des ganzen
Leiterkreises, indem wir noch einmal $R = 64$ Ohm hinzuschalten.
Sonst, insbesondere an dem Schraubquetschhahn H_1, wird nichts
geändert. Die Kurve, die wir jetzt erhalten, unterscheidet sich
von Abbildung 32 nur dadurch, daß die Ordinaten nur halb so
groß werden. Die jeweilige Stromstärke wird also nur halb so
groß wie beim vorhergehenden Versuch. Beim Hinzuschalten
weiterer 64 Ohm wird der Widerstand das Dreifache des ursprünglichen, die Ausschläge, also die Stromstärken, werden den dritten
Teil so groß. Für entsprechende Zeitpunkte ist also das Produkt
aus Stromstärke und Widerstand, also die induzierte Spannung,
dasselbe. Im selben Verhältnis wie die Ordinaten nimmt auch
der Inhalt der Flächenstücke und damit die Elektrizitätsmenge ab.
Beträgt beim Widerstand R die Elektrizitätsmenge Q, so ist sie
$\frac{Q}{2}$ bei $2R$, $\frac{Q}{3}$ bei $3R$ usw. Konstant bleibt also das Produkt aus
Elektrizitätsmenge und Widerstand. Mit der Größe $Q \cdot R$, für die
sich als Benennung Amperesekunde $\dfrac{\text{Volt}}{\text{Ampere}}$ oder Voltsekunde
ergibt, haben wir uns im folgenden zu beschäftigen:
Q ist die Zeitsumme der Stromstärke, folglich:

$$Q \cdot R = R \cdot i_1 \cdot t_1 + R \cdot i_2 \cdot t_2 + \ldots\ldots R \cdot i_n \cdot t_n \text{ (Voltsekunden)}.$$

(Vgl. Band II, Seite 35). Die Produkte $R \cdot i_1$, $R \cdot i_2$, $R \cdot i_3 \ldots\ldots$
bedeuten in den Zeitteilchen t_1, t_2, $t_3 \ldots\ldots$ in der Spule induzierten Spannungen $\Delta_1 E$, $\Delta_2 E$, $\Delta_3 E \ldots\ldots$ Die Größe $Q \cdot R$
bezeichnen wir mit W und finden

$$W = Q \cdot R = \Delta_1 E \cdot t_1 + \Delta_2 E \cdot t_2 + \Delta_3 E \cdot t_3 + \ldots\ldots \Delta_n E \cdot t_n$$

(Voltsekunden) als die Zeitsumme der induzierten Spannung.
Jeder Summand ist dabei das Produkt aus einer Spannung und
der Zeit, während derer diese Spannung vorhanden ist.
      Wir fassen danach zusammen: Gegeben sind eine Spule und
ein Magnetstab als Träger eines Magnetfeldes. Während das
Magnetfeld in die Spule eindringt, entsteht in dieser eine sich
zeitlich ändernde Spannung, die Zeitsumme dieser Spannung ist
konstant, d. h. sie ist unabhängig von der Zeit, in der das Ein-

dringen des Magnetfeldes geschieht. Die Zeitsumme der Spannung, während der das Magnetfeld die Spule wieder verläßt, ist gerade so groß mit umgekehrtem Vorzeichen.

§ 11. Die Voltsekunde.

Das Produkt aus einer Spannung (Volt) und einer Zeit (sec.), das wir als eine Fläche dargestellt haben, bekommt die Benennung Voltsekunde. 1 Voltsekunde ist dann die Einheit für die Zeitsumme der Spannung. Wir legen damit fest:

Die Einheit für die Zeitsumme der Spannung zwischen zwei Punkten ist die Voltsekunde. 1 Voltsekunde beträgt die Zeitsumme der Spannung zwischen zwei Punkten, wenn 1 Sekunde lang zwischen den beiden Punkten die Spannung 1 Volt beträgt. Beträgt die Spannung t Sekunden lang ΔE Volt, so ist $W = \Delta E \cdot t$ Voltsekunden.

Wir geben zur Erläuterung einige Beispiele:

1. Ein Kondensator ist auf 1000 Volt geladen. Während einer Stunde beträgt die Zeitsumme der Spannung zwischen seinen Platten:

$$W = 1000 \text{ Volt} \cdot 3600 \text{ Sekunden} = 36 \cdot 10^5 \text{ Voltsekunden.}$$

2. Für einen Akkumulator beträgt während einer Stunde

$$W = 2 \cdot 3600 = 7200 \text{ Voltsekunden.}$$

Die Klemmen seien durch einen Leiter mit hohem Widerstand verbunden. $R_a = 100$ Ohm. Da gegen diesen der innere Widerstand R_i verschwindet, kommt eine Stromstärke zustande: $J = 2 \cdot 10^{-2}$ Ampere. Dann fließen durch den Querschnitt des Leiters $2 \cdot 10^{-2}$ Coulomb in der Sekunde und 72 Coulomb in der Stunde. Das Produkt aus Elektrizitätsmenge und Widerstand $Q \cdot R = 72$ Coulomb $\cdot 100$ Ohm gibt wieder 7200 Voltsekunden.

3. Eine Taschenlampenbatterie habe einen inneren Widerstand $R_i = 1$ Ohm und eine Klemmenspannung von 4,5 Volt. Sie bringe während 20 Sekunden ein Lämpchen zum Leuchten, das einen Widerstand $R_a = 17$ Volt habe.

Nach dem Ohmschen Gesetz ist

$$J = \frac{4,5 \text{ Volt}}{(1 + 17) \text{ Ohm}} = 0,25 \text{ Ampere.}$$

Dann beträgt die Spannung zwischen den Klemmen, während der Strom fließt:

$$\Delta E = 17 \text{ Ohm} \cdot 0,25 \text{ Ampere} = 4,25 \text{ Volt.}$$

(Wir haben dabei außenherum gerechnet. Rechnen wir auf dem Wege über die Batterie, so gibt es dasselbe, nämlich: 4,5 Volt — 1 Ohm · 0,25 Ampere = 4,25 Volt.) Dann ist

$$W = 4,25 \text{ Volt} \cdot 20 \text{ Sekunden} = 85 \text{ Voltsekunden.}$$

Oder: Die Elektrizitätsmenge, die während der 20 Sekunden durch einen Leiterquerschnitt fließt, beträgt:

$$Q = 0,25 \text{ Amp. } 20 \text{ Sekunden} = 5 \text{ Amperesekunden oder Coulomb.}$$

Zwischen den Batterieklemmen ist

$$W = 17 \text{ Ohm} \cdot 5 \text{ Amperesekunden} = 85 \text{ Voltsekunden,}$$

die Zeitsumme der gesamten Spannung im Stromkreis dagegen 18 Ohm · 5 Ampere = 90 Voltsekunden.

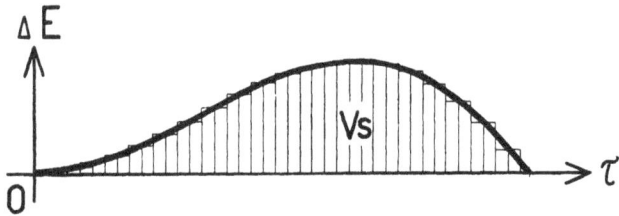

Berechnung der Anzahl der induzierten Voltsekunden mittels eines Flächeninhalts.
— 34 —

4. In den Abbildungen 61 und 62 in Band II ist der Verlauf der Stromstärke bei der Kondensatorentladung dargestellt. Die Elektrizitätsmenge beträgt jedesmal:

$$Q = \Delta E \cdot C = 220 \text{ Volt} \cdot 20 \cdot 10^{-6} \text{ Farad (oder Amperesek./Volt)}$$
$$= 44 \cdot 10^{-4} \text{ Amperesekunden oder Coulomb.}$$

In Abbildung 61 ist $R = 10^6$ Ohm, also

$$W = Q \cdot R = 44 \cdot 10^2 \text{ Voltsekunden}$$

die Zeitsumme der Spannung während der Kondensatorentladung.
In Abbildung 62 ist W nur halb so groß.

5. Um die Größe W bei dem Versuch der Abbildung 30 zu bestimmen, müssen wir die Flächenstücke der Abbildung 31 oder 32 durch eine Summe von Rechtecken ersetzen. Je schmaler wir die Rechtecke in Abbildung 34 und 35 nehmen, um so mehr nähert sich die Summe dem gesuchten Flächeninhalt, je kürzer in der Gleichung für W in § 10 die Zeitteilchen sind, in der wir die Versuchsdauer einteilen, um so genauer stellt die Gleichung die Zeitsumme der induzierten Spannung dar.

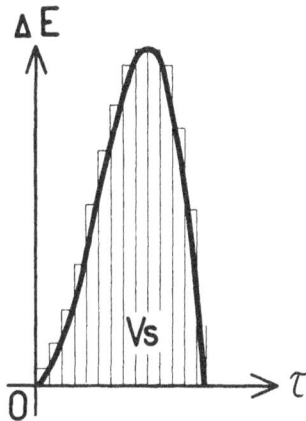

– 35 –

§ 12. Übergang zum Stoßausschlag.

Wie in Band II, § 11, verkleinern wir jetzt die Zeit, in der sich der Induktionsvorgang abspielt. Dort geschah das durch Veränderung des Leiterwiderstandes, bei unserm Induktionsversuch lassen wir den Feldträger sich schneller bewegen. Wir beobachten wie beim Übergang von Abbildung 61 zu Abbildung 62 in Band II, daß die Ausschläge mit abnehmender Zeit größer werden. Schließlich werden sie zu groß für das empfindliche Spiegelgalvanometer. Wir gehen darum wieder zum Zeigergalvanometer der Abbildung 24 über. Die Induktionsspule ist eine Normspule von 1200 Windungen. Wir beobachten entweder kleine Ausschläge von langer Dauer oder große kurz dauernde Ausschläge. Stoßen wir den Magnetstab schnell in die Spule hinein oder reißen wir ihn heraus, so wird wie bei der Kondensatorentladung der Ausschlag zum Stoßausschlag. Wie dort können wir auch in unserm Falle zeigen, daß von einer bestimmten oberen Zeitgrenze ab der Stoßausschlag von der Zeit unabhängig

wird, es muß nur die eine Bedingung erfüllt sein: die Versuchsdauer muß klein sein gegen die Schwingungszeit des Galvanometers.

Dies zu erläutern dienen folgende Versuche: Durch die Spule
von 1200 Windungen stecken wir (Abbildung 36) ein langes,
beiderseits offenes Glasrohr. Halten wir dieses zunächst schief,
und lassen wir dann den Magnetstab langsam hindurchgleiten,
so macht der Zeiger beim Eindringen des Feldes einen Ausschlag,
aber bevor der Zeiger die angefangene Bewegung vollenden
kann, bekommt er infolge des Verschwindens des Magnetfeldes
einen Stoß in der andern Richtung. Stellen wir das Glasrohr
senkrecht und lassen den Stab durch die Spule hindurchfallen, so
kommt überhaupt kein Ausschlag zustande, denn die beiden
Stöße erfolgen, während sich der Zeiger noch nicht merklich aus
seiner Ruhelage entfernt hat. Dadurch aber, daß sich die beiden
Stoßausschläge genau gegenseitig aufheben, wird bestätigt, daß
beim Entstehen und Verschwinden des Magnetfeldes die gleiche
Elektrizitätsmenge durch den Leiterquerschnitt sich erst in der
einen Richtung und dann wieder zurückverschiebt.

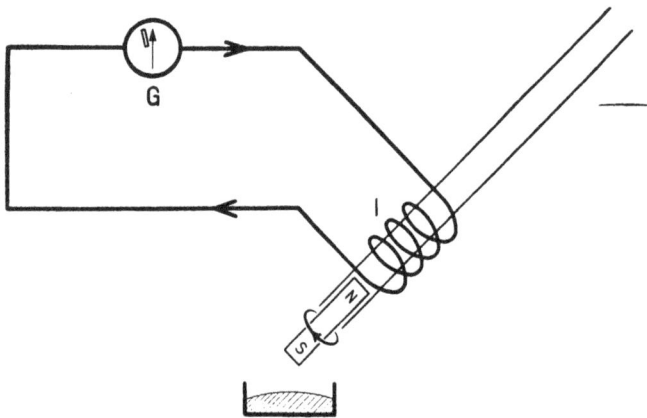

Stoßausschlag beim schnellen Verschwinden des Magnetfeldes aus der Spule.
Das Zeigergalvanometer der Abbildung 24 ist nach links gehemmt, damit beim
Eindringen des Magnetfeldes in die Spule kein Ausschlag zustande kommt.
– 36 –

Die Gleichheit der beiden Stoßausschläge erlaubt uns, auf
den einen von ihnen ganz zu verzichten. Wir bringen, wie schon
in Band II, Abbildung 60, eine unelastische Zeigerhemmung derart

an, daß der erste Stoß keinen Ausschlag hervorbringen kann. Lassen wir jetzt den Magnetstab durch die Spule gleiten (Abbildung 36), wobei wir nach jedem Versuch das Rohr mehr aufrichten, so zeigt sich, daß wie bei der Kondensatorentladung der Stoßausschlag unabhängig von der Zeit wird.

Zwischen α, der Anzahl der Skalenteile Stoßausschlag, und der Elektrizitätsmenge Q, besteht nach Band II, § 13, die Beziehung:

$$Q = c_0 \cdot \alpha \text{ (Coulomb)},$$

dabei bedeutet c_0 (Coulomb je Skalenteil) eine Galvanometerkonstante, die angibt, wieviel Amperesekunden einem Skalenteil Stoßausschlag entsprechen. Nun ist der Widerstand des ganzen Leiterkreises R = 64 Ohm. Dann ist nach dem vorhergehenden

$$W = R \cdot Q = R \cdot c_0 \cdot \alpha = c_1 \cdot \alpha \text{ (Voltsekunden)}.$$

Dabei ist c_1 eine Konstante, nicht des Galvanometers, sondern des Leiterkreises, bestehend aus der Spule und dem Galvanometer, die versehen mit der Benennung „Voltsekunden je Skalenteil" angibt, wieviel Voltsekunden in diesem Stromkreis 1 Skalenteil Stoßausschlag bedeutet. Sobald sich der Widerstand des Leiterkreises ändert, gibt es einen andern Wert für c_1.

§ 13. Eichung des Stromkreises nach Voltsekunden.

Die Voltsekunde als Maßeinheit für die Zeitsumme der Spannung haben wir schon in § 11 kennen gelernt. Das seitherige Meßverfahren macht bei veränderlicher Spannung Mühe. Wir ersetzen es darum durch ein bequemeres, d. h. wir messen die Größe W mittels Stoßausschlägen. Dazu müssen wir den Stromkreis nach Voltsekunden eichen.

Das Verfahren ist in Abbildung 37 dargestellt. Sie entspricht ganz der Abbildung 72 in Band II, dort eichten wir dasselbe Galvanometer nach Amperesekunden. Diesmal erzeugen wir zwischen den Punkten b und c des Stromkreises während einer kurzen Zeit von etwa 0,2 Sekunden eine Spannung von $2 \cdot 10^{-3}$ Volt und erhalten auf einer 1 m entfernten Skala einen Stoßausschlag von 280 mm.

Dann beträgt:

$$W = 2 \cdot 10^{-3} \cdot 0,2 = 4 \cdot 10^{-4} \text{ Voltsekunden,}$$

und 1 mm der Teilung entsprechen:

$$c_1 = \frac{4 \cdot 10^{-4}}{280} = 1,4 \cdot 10^{-6} \text{ Voltsekunden}$$

(je 1 mm Skalenteil bei 1 m Abstand). Um ein Beispiel für eine Messung zu geben, magnetisieren wir eine Nähnadel, stecken sie auf ein Holzstäbchen und stoßen sie in die Spule mit 1200 Windungen (Abbildung 37). Der Lichtzeiger macht einen Ausschlag von 40 mm, den gleichen in der anderen Richtung beim Herausziehen, mithin beträgt die Zeitsumme der induzierten Spannung $W = 56 \cdot 10^{-6}$ Voltsekunden.

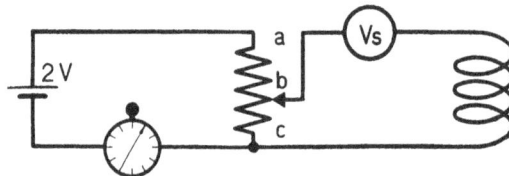

Eichung des Stromkreises mit dem Spiegelgalvanometer nach Voltsekunden.
Widerstand zwischen **a** und **c** 1000 Ohm, zwischen **b** und **c** 1 Ohm.

— 37 —

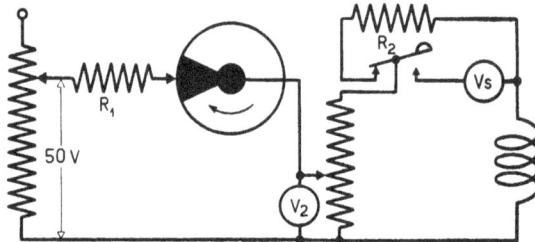

Eichung eines Induktionsstromkreises mit Zeigergalvanometer nach Voltsekunden.

— 38 —

Ebenso eichen wir den Stromkreis, bestehend aus dem Zeigergalvanometer und der Normspule von 1200 Windungen nach Voltsekunden. Die Schwingungszeit ist viel kleiner als beim Spiegelgalvanometer, darum benutzen wir wieder die in Band II, § 14, dargestellte Platte und das Grammophondrehwerk als Stoßzeitregler. Während die Platte in der in Abbildung 38 dargestellten Lage stillsteht, wird die erzeugte Spannung bei V_2

gemessen. Damit sich beim Drücken der Taste diese Spannung nicht verringert, ist parallel zum Stoßgalvanometer ein Leiter gelegt, dessen Widerstand gleich dem des Galvanometers ist; dieser Leiter wird beim Drücken der Taste durch das Galvanometer ersetzt. Wir lassen dann die Platte sich drehen; ist die Umdrehungszeit konstant geworden, so drücken wir die Taste und beobachten den Stoßausschlag α.

Zahlenbeispiel. Es betrugen:

$\Delta E = 1,8$ Volt die Spannung zwischen b und c,

$T = 1,25$ sec die Umlaufzeit der Platte,

$t = \dfrac{1,25}{60} = 0,021$ sec die Stoßzeit,

$W = 1,8 \cdot 0,021 = 0,0378$ Voltsekunden die Zeitsumme der Spannung,

$\alpha = 8$ Skalenteile der Stoßausschlag.

Mithin ist die Konstante für den Stromkreis:

$c_1 = \dfrac{0,0378}{8} = 4,7 \cdot 10^{-3}$ Voltsekunden/Skalenteil.

Beobachten wir also jetzt beim schnellen Einbringen des Magnetstabes (Abbildung 25) einen Ausschlag von 7 Skalenteilen, so beträgt in diesem Falle der „Spannungsstoß"

$W = 7 \cdot 4,7 \cdot 10^{-3} = 32,9 \cdot 10^{-3}$ Voltsekunden.

§ 14. Nachweis der induzierten Spannung mit andern Mitteln.

Wir haben bisher immer nur den durch den Spannungsstoß hervorgerufenen Stromstoß beobachtet. Zur Ergänzung geben wir im folgenden eine Reihe von Versuchen, die uns gerade in der einfachsten Form des Induktionsversuchs d. h. nur bei Benutzung von Spule und Magnetstab die Induktionsspannung zu zeigen gestatten. Das ist auf mannigfache Art möglich.

a) Zweifadenelektrometer. Die Schaltung zeigt Abbildung 39. Lassen wir den Magnetstab durch die Glasröhre fallen, deren unteres Ende von einer Spule mit 12000 Windungen oder besser noch von zwei solchen hintereinandergeschalteten Spulen umgeben ist, so beobachten wir ein schwaches Zucken der Fäden. Besser gelingt der Versuch, wenn schon von vornherein ein Spannungsunterschied zwischen Blättchen und Gehäuse besteht, dieser läßt sich erzeugen durch eine Anodenbatterie, die wir zwischen die Punkte 1 und 2 (Abbildung 40a) statt des Kurzschlußsteckers einschalten. Fällt der Magnetstab Südpol voraus durch die Spule, so beobachten wir zuerst ein Spreizen, dann ein Zusammenzucken der Blättchen, beim Umkehren des Magnetstabs oder der Batterie die umgekehrte Erscheinung, jenachdem die schon vorhandene „Vorspannung" um die induzierte Spannungsdifferenz vermehrt oder vermindert wird. Die Batterie läßt sich ersetzen durch die städtische Leitung (Abbildung 40b) oder einen geladenen Kondensator (Abbildung 40c, Leidener Flasche oder Minoskondensator, Band II, Abbildungen 22, 26, 27). Bei dieser Versuchsanordnung genügt schon ein gewöhnliches Elektroskop (Band I, Abbildung 87).

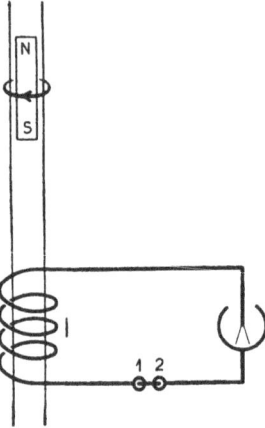

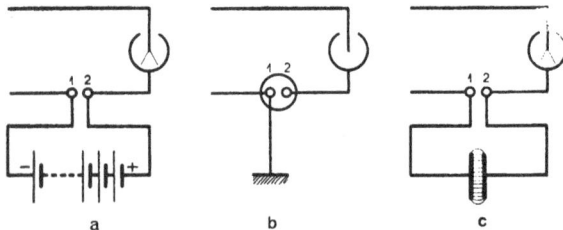

Nachweis der induzierten Spannung. Spule mit Glasrohr und fallendem Magnetstab, Zweifadenelektrometer.

— 39 —

Versuch der Abbildung 39, verbessert mittels einer „Vorspannung". Diese liefert bei a eine Anodenbatterie, bei b die städtische Leitung, bei c ein geladener Kondensator.

— 40 —

b) Quadrantenelektrometer. (Band I, Abbildungen 88, 89, 90). In Abbildung 41 kommt an Stelle des Kurzschlußbügels b eine Spule von 12000 Windungen. Bringen wir in diese den Magnetstab, so schlägt der Zeiger nach der einen, beim Herausziehen des Stabes nach der andern Seite aus. Bei der großen Schwingungsdauer der Nadel braucht der Stab nicht einmal besonders schnell bewegt zu werden.

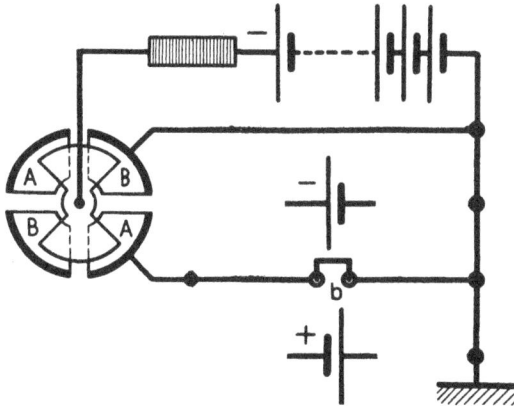

Quadrantenelektrometer mit Hilfsspannung. An Stelle des Kurzschlußbügels b kommt die Induktionsspule von 12000 oder mehr Windungen.

– 41 –

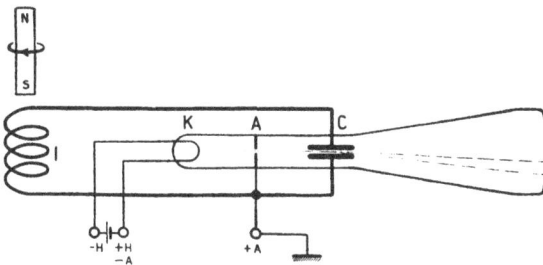

Nachweis der in der Spule induzierten Spannung mit der Braunschen Röhre.

– 42 –

c) Braunsche Röhre. (Abbildung 42 vergl. Band II, Abbildung 199). Die beiden Kondensatorplatten werden mit der Spule von 12000 Windungen verbunden. Beim Durchgleiten des Mag-

3*

netstabs durch die Spule wird der Lichtfleck zu einer Strecke ausgezogen. Im Drehspiegel erscheint diese als Kurve nach Art der Abbildung 32 oder als deren Spiegelbild.

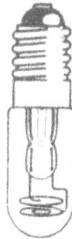

a   b   c

Glimmlampe und Signallampe. Im Sockel befindet sich ein Leiter mit hohem Widerstand, der die Licht- bogenbildung innerhalb der Lampen verhütet.

Neonröhrchen für 100 bis 110 Volt. Bei höheren länger dauernden Spannungen ist ein Leiter von etwa 50000 Ohm vorzuschalten.

– 43 –

d) Glimmlampe. (Abbildung 43 a, b, c). Jede der in den Abbildungen 43 dargestellten Formen ist brauchbar, am besten eignet sich das kleine Neonröhrchen. Die Schaltung zeigt Abbildung 44. Wie bei a ist auch hier eine Vorspannung nötig. Als solche wählen wir die Mitte zwischen Zünd- und Löschspannung der Lampe. In der gezeichneten Versuchsanordnung zündet und erlischt die Lampe nicht von selbst. Wir bringen die Lampe zum Leuchten, indem wir am Spannungsteiler zuerst hinauf bis A gehen und dann herunter nach C, und lassen dann

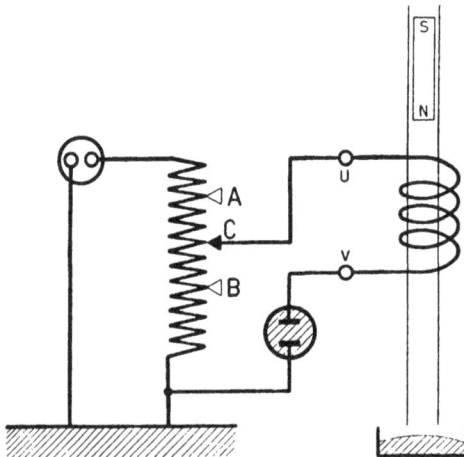

Spule mit fallendem Magnetstab. Die in der Spule indu- zierte Spannung addiert sich entweder zur „Vorspannung" und bringt die Glimmlampe zum Zünden, oder sie subtra- hiert sich von der Vorspannung und löscht die Glimmlampe.

– 44 –

den Magnetstab Nordpol voraus durch die Spule fallen. Wenn dabei die Lampe nicht erlischt, vertauschen wir die beiden Anschlüsse an der Spule.

Dann beginnt der eigentliche Versuch:

1. Die Lampe glimmt nicht.

a) Der Stab fällt Nordpol voraus. Die Lampe leuchtet kurz auf und erlischt wieder.

b) Der Stab fällt Südpol voraus. Die Lampe leuchtet auf und glimmt weiter.

2. Die Lampe glimmt.

a) Der Stab fällt Südpol voraus. Die Lampe erlischt für einen Augenblick, zündet wieder und glimmt weiter.

b) Der Stab fällt Nordpol voraus. Die Lampe erlischt.

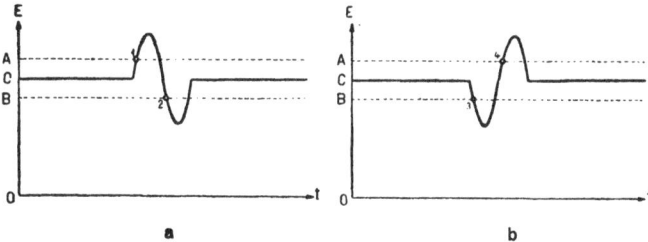

Überschreiten der Zündspannung A und der Löschspannung B beim schnellen Durchgang eines Magnetstabs durch eine Spule. Einmal ist der Nordpol, dann der Südpol voraus.

– 45 –

Die Erklärung ergibt sich am einfachsten bei Darstellung in Kurvenform. Zur konstanten Gleichspannung bei C kommt in den Fällen 1a und 2b die induzierte Wechselspannungsdifferenz hinzu, sodaß sich ein Spannungsverlauf nach Abbildung 45a ergibt. Da das Tal zuletzt kommt, bleibt die Lampe erloschen. Umgekehrt ist es bei 1b und 2a. Hier kommt zuletzt der Berg (Abbildung 45b), hebt die Spannung über die Zündspannung, und die Lampe glimmt weiter. Das kurze Aufleuchten bei 1a entspricht dem Kurvenstück 1 2 in Abbildung 45a, das kurze Erlöschen dem Kurvenstück 3 4 in Abbildung 45b. Die Erscheinungen bleiben aus, wenn das Glasrohr so stark geneigt wird, daß der Stab nur langsam durch die Spule gleitet. Die Zeitdauer wird größer, darum werden Berg und Tal flacher (Vergl. Abbildung 31), bleiben zwischen Zünd- und Löschspannung und verlieren damit ihren Einfluß auf die Glimmlampe.

d) Elektronenröhre. Die Schaltung geht hervor aus der Abbildung 156 in Band II und führt zu der technisch wichtigen Anordnung der Abbildung 46. Bei geheiztem Glühfaden wählen wir die „Anodenspannung" so, daß der Zeiger des Galvanometers etwa in der Mitte zwischen Null und Vollausschlag steht. Wird beim Einbringen des Stabes in die Spule der Ausschlag vorübergehend größer, so wird er beim Herausziehen kleiner. Dem elektrischen Feld in der Röhre zwischen Glühfaden und Anode überlagert sich das Feld zwischen Glühfaden und Gitter und wirkt entweder in demselben oder entgegengesetzten Sinn auf die Elektronen

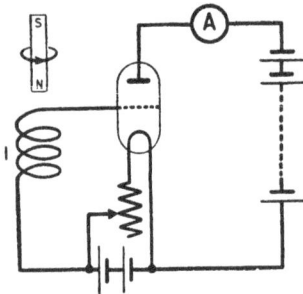

Das elektrische Feld zwischen den Spulenenden überlagert sich dem Feld in der Röhre.

– 46 –

wie das ursprüngliche Feld (Band II, § 39). Dabei läßt sich statt des Galvanometers auch eine Glimmlampe als Stromanzeiger benutzen. Die Heizstromstärke wird so eingestellt, daß die Lampe nicht vollständig glimmt; die Spannung im Anodenstromkreis soll etwa 220 Volt betragen.

§ 15. Der Induktionsfluß.

In Abbildung 47 sind drei Spulen von je 300, 600 und 1200 Windungen mit dem Zeigergalvanometer zu einem Leiterkreis geschaltet. Nacheinander bringen wir einen langen Magnetstab so in jede Spule, daß er beiderseits gleichweit herausragt, und ziehen ihn dann plötzlich heraus. Dabei beobachten wir:

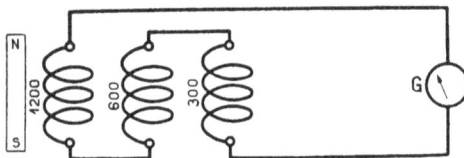

Abhängigkeit des Spannungsstoßes von der Windungszahl.

– 47 –

Windungszahl n	Ausschlag in Skalenteilen	Spannungsstoß W in Voltsekunden
1200	α	$\alpha \cdot c_1$
600	$\dfrac{\alpha}{2}$	$\dfrac{\alpha}{2} \cdot c_1$
300	$\dfrac{\alpha}{4}$	$\dfrac{\alpha}{4} \cdot c_1$.

Dabei ist c_1 die Konstante für den Leiterkreis, die angibt, wieviel Voltsekunden 1 Skalenteil bedeutet. Konstant ist bei unsern drei Versuchen der Quotient:

$$\Phi = \frac{W}{n} \; \left(= \frac{\alpha \cdot c_1}{1200} \right) \text{ (Voltsekunden)}.$$

(n ist reine Zahl ohne Bennung).

Dieser Quotient aus Spannungsstoß und Windungszahl ändert sich, wenn wir den benutzten Stabmagnet mit einem andern vertauschen. Er kennzeichnet das magnetische Feld, das die Spule durchsetzt und wird als „Induktionsfluß" bezeichnet.

Der Induktionsfluß eines Magnetfeldes gibt an, wieviel Voltsekunden in einer einzigen Windung induziert werden, wenn das Magnetfeld in eine Spule hineingebracht wird, oder wenn es aus ihr verschwindet.

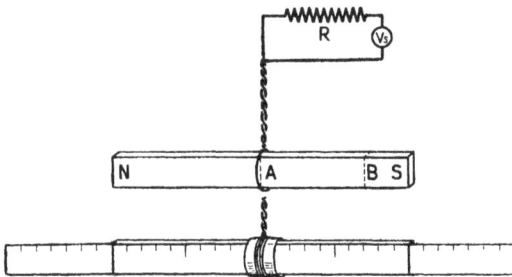

Oben: Beim Abziehen der Windung am Magnetstab entsteht
ein Spannungsstoß.
Unten: Magnetstab mit Skala versehen zur Untersuchung des
Induktionsflusses längs des Stabes.

−48−

Zur Erläuterung dieses Begriffs geben wir noch einen Versuch mit dem Spiegelgalvanometer: In Abbildung 48 ist ein biegsamer

Leiter einmal um den Stabmagnet herumgewickelt, dann verdrillt und mit dem Spiegelgalvanometer verbunden. Eingeschaltet ist noch ein Leiter mit einem Widerstand von 200 Ohm. Ziehen wir die Windung schnell von dem Magnetstab ab, so macht das Galvanometer einen Stoßausschlag und der Spannungsstoß, der diesem Stoßausschlag entspricht, ergibt den Induktionsfluß Φ in Voltsekunden. Benutzen wir zwei Windungen statt einer, so beträgt der Spannungsstoß $2\,\Phi$, bei n Windungen ist: $W = n \cdot \Phi$ (Voltsekunden).

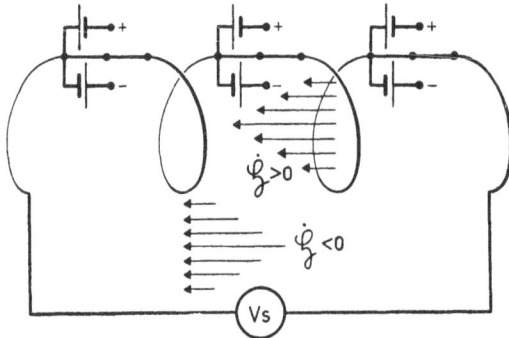

Das Feld wirkt auf jede Windung, als ob in ihr auf kurze Zeit ein Spannungserzeuger eingeschaltet wäre.

− 49 −

Es wirkt also jede einzelne Windung als Spannungserzeuger, und wenn wir den Vergleich des § 9 beibehalten wollen, so können wir sagen: Das Hereinbringen des Magnetfeldes in eine Spule wirkt, als ob in jede Windung ein Spannungserzeuger für kurze Zeit in der einen Richtung eingeschaltet würde, während der Spannungserzeuger beim Verschwinden des Feldes in der andern Richtung wirkt. Das ist in Abbildung 49 noch einmal für drei Windungen dargestellt. Das Entstehen des Feldes hat dieselbe Wirkung, wie wenn für eine kurze Zeit τ die drei Wechselschalter nach oben gelegt werden. Ist dann $\Delta'E$ die in jeder Windung induzierte Spannung, so addieren sich die Spannungen durch die Hintereinanderschaltung und geben die Gesamtspannung

$$\Delta E = n \cdot \Delta'E \text{ (Volt)},$$

und der Spannungsstoß beträgt für die ganze Spule

$$W = \tau \cdot \Delta E = \tau \cdot n \cdot \Delta'E \text{ (Voltsekunden)}.$$

Dem Verschwinden des Feldes entspricht dann ein Herunterlegen der Schalter für die gleiche Zeit τ, und der Erfolg ist ein Spannungsstoß gleicher Größe in der entgegengesetzten Richtung. Bei großer Windungszahl treten zwischen den Spulenenden große Spannungen auf. Sind die Enden durch einen Leiter verbunden, so entsteht ein Strom, der außer von dieser Spannung vom Widerstand der Spule und dieses Leiters abhängig ist. Wir haben in der Erhöhung der Windungszahl also ein Mittel, hohe Spannungen zu erzeugen.

Der Induktionsfluß ist längs des Magnetstabes keineswegs konstant. Legen wir die Schlinge nicht, wie in Abbildung 48 dargestellt, nahe der Mitte A um den Stab, sondern etwa bei B, so wird Φ viel kleiner. Um den Verlauf des Induktionsflusses im ganzen Stab zu untersuchen, kleben wir auf den Magnetstab einen Papierstreifen, der in Zentimeter eingeteilt ist und an beiden Enden ein Stück übersteht. In die Mitte des Stabes schreiben wir 0 und nach beiden Seiten die Zahlen 1, 2, 3, 4 usw. Damit die Ausschläge nicht zu klein werden, legen wir 10 Windungen um die Mitte einer Papphülle von 2 cm Länge und benutzen im übrigen die in Abb. 48 gezeichnete Schaltung. Wir bringen die Windungen auf die Zahl 0 und ziehen dann den Stab schnell heraus. Dann wiederholen

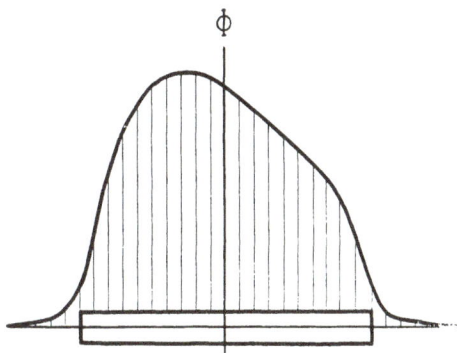

Induktionsfluß in dem unsymmetrisch magnetisierten Stahlstab, dessen Feldlinien in Abbildung 17 dargestellt sind.

– 50 –

wir den Versuch bei den Zahlen rechts, wobei wir den Stab zweckmäßig nach links herausziehen. Die Stoßausschläge stellen wir in Form einer Kurve dar. Dann kommen die Zahlen links dran, und der Magnetstab wird nach rechts herausgezogen. So erhalten wir die Kurve der Abbildung 50. Sie stellt den Verlauf des Induktionsflusses bei dem Magnetstab dar, dessen Feldlinienbild die Abbildung 15 gezeigt hat. Sie ist wie jenes unsymmetrisch.

Sein Maximum hat der Induktionsfluß dort, wo im Innern des
Stabes die Feldlinien am dichtesten laufen. Nach den Enden zu,
wo die Feldlinien am stärksten streuen, nimmt der Induktionsfluß
rasch ab und wird schon in geringer Entfernung von den Stab-
enden so klein, daß die Kurve in die waagerechte Achse läuft.

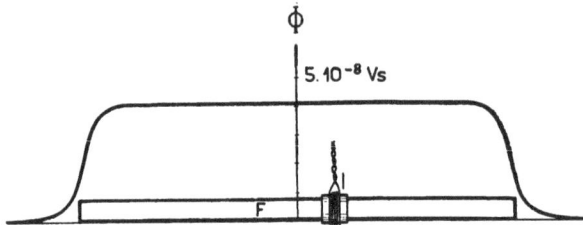

Induktionsfluß längs einer „Stabspule" von 60 cm Länge.

−51−

Ganz anders sieht die Kurve aus (Abbildung 51), wenn wir
statt des Magnetstabes eine Stromspule verwenden. Hier sind
die Polgebiete, d. h. die Stellen der stärksten Änderung des Induktionsflusses, viel ausgeprägter. Entsprechend den Stellen größter
Feldlinienstreuung liegen sie nahe den Spulenenden. Eine Spule,
wie die bei diesem Versuch benutzte, deren Durchmesser klein
ist gegen die Spulenlänge, werden wir im folgenden als „Stabspule" bezeichnen.

Bei dieser Art der Messung des Induktionsflusses ist eine
Vorsichtsmaßregel zu beachten. Die Induktionsspule soll möglichst
wenig von dem äußeren Feld mitumfassen. Denn dieses bringt
jedesmal einen Spannungsstoß in der entgegengesetzten Richtung
hervor wie das innere Magnetfeld, da seine Feldlinien umgekehrt
laufen. Darum darf der Durchmesser der Induktionsspule nicht
zu groß sein.

§ 16. Der Funkeninduktor.

Träger des magnetischen Feldes, das wir in die Induktionsspule einbrachten, war seither entweder ein Magnetstab oder eine
Spule. Während jedoch mit dem Magnetstab stets ein Feld verbunden ist, müssen wir in der Spule erst durch eine Pumpe die

Elektronen in Bewegung setzen, damit überhaupt ein Magnetfeld entsteht. Im folgenden bringen wir die Feldspule stromlos in die Induktionsspule hinein und lassen dann erst das Feld entstehen. Die Schaltung zeigt Abbildung 52. Beim Schließen des Schalters beobachten wir einen Stoßausschlag, beim Öffnen einen geradeso großen nach der anderen Seite, und zwar sind diese Ausschläge gleich denen, die beim schnellen Hereinschieben und Herausziehen der stromdurchflossenen Feldspule entstehen. Dabei können wir wie in § 6 die beiden Spulen nebeneinander so anordnen, daß ihre Achsen eine Gerade bilden. Öffnen und schließen wir jetzt den Schalter wiederholt, so beobachten wir einen von der Wechselspannung hervorgerufenen Wechselstrom.

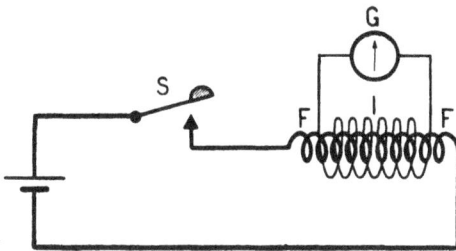

Grundversuch zum Induktor.

−52−

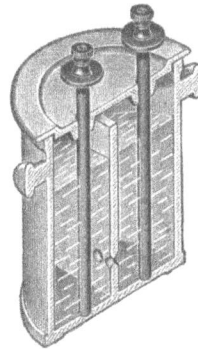

Selbsttätiger
Flüssigkeitsunterbrecher.

−53−

Den Schalter ersetzen wir jetzt durch einen selbsttätigen Unterbrecher (Abbildung 53). Der „Singerunterbrecher" besteht aus einem Porzellangefäß, das durch eine Scheidewand in der Mitte unterteilt und mit verdünnter Schwefelsäure gefüllt ist. In dieser Wand befindet sich nahe am Boden ein kleines Loch. Die das Loch ausfüllende Flüssigkeit stellt einen Leiter von kleinem Querschnitt und darum hohen Widerstand dar. Die in diesem Leiter bei der Stromstärke J in der Zeit t in Wärme umgeformte Arbeit beträgt nach Band II, § 44

$$J^2 \cdot R \cdot t \text{ (Wattsekunden).}$$

Da nun R sehr groß ist, wird die entstehende Wärmemenge schon in sehr kurzer Zeit so groß, daß die Flüssigkeit verdampft und die entstehende Dampfblase den Strom unterbricht. Dann kondensiert der Dampf wieder, Flüssigkeit tritt an seine Stelle, und das Spiel wiederholt sich unter lautem Geräusch in der Sekunde einige hundert mal. Um bei dem großen Widerstand eine hinreichende Stromstärke hervorzubringen, ist eine Spannung von über 40 Volt nötig. Damit die Flüssigkeit nicht zu heiß wird, ist es bei längerem Gebrauch vorteilhaft, das Unterbrechungsgefäß in ein größeres mit kaltem Wasser gefülltes Kühlgefäß zu stellen.

Schalten wir jetzt nach Abbildung 54, so leuchtet das Neonröhrchen anscheinend ununterbrochen. Doch zeigt die Betrachtung des Lämpchens im rotierenden Spiegel (vergl. Band II, Abbildung 193) einen Wechsel von Leuchten und Erlöschen, und zwar leuchtet immer nur die Elektrode, durch die Elektronen in das Röhrchen eintreten (Glimmhaut).

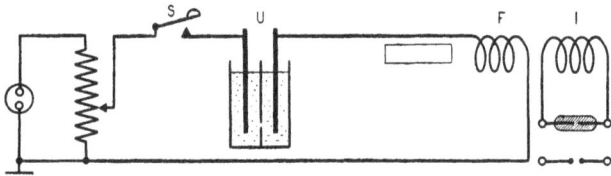

Funkeninduktor mit Singerunterbrecher, Eisenkern, Glimmröhrchen und Funkenstrecke.
−54−

Nach Entfernen der Induktionsspule bringen wir in die Spule einen Eisenkern von der doppelten Spulenlänge und nähern jetzt die Induktionsspule mit aufgesetztem Glimmröhrchen langsam. Jetzt leuchtet das Lämpchen schon in größerer Entfernung hell auf, und wir dürfen seine Spule nicht zu nahe heranbringen, um es nicht zu gefährden. Ersetzen wir das Glimmlämpchen durch eine Luftstrecke von einigen mm Länge und schieben wir die Induktionsspule ganz über den Eisenkern, so schließen wir aus dem sich entwickelnden Funkenspiel auf die große Spannung, die durch Summation der in den 12000 Windungen induzierten Spannungen entsteht.

Die Funkenbildung beruht, wie wir in Band II §, 48 auseinandergesetzt haben, auf Stoßionistion. Wir können die Ionenbildung durch eine Flamme fördern, deren Gase wir zwischen den Elektroden emporsteigen lassen (Abbildung 55). Die Funken bilden sich bei der besonderen Form der Elektroden unten, laufen dann zwischen den Elektroden nach oben und reißen oben ab.

Wichtig ist bei diesem Versuch die Steigerung der Wirkung durch den eingebrachten Eisenkern. Wir erklären diese Erscheinung damit, daß zu dem Strom in der Feldspule noch die vielen in den Eisenmolekülen fließenden Molekularströme mit ihren Magnetfeldern hinzukommen, die durch das Magnetfeld der Feldspule parallel gerichtet werden und beim Verschwinden des Spulenfeldes wieder in ihre ursprüngliche Lage zurückkehren.

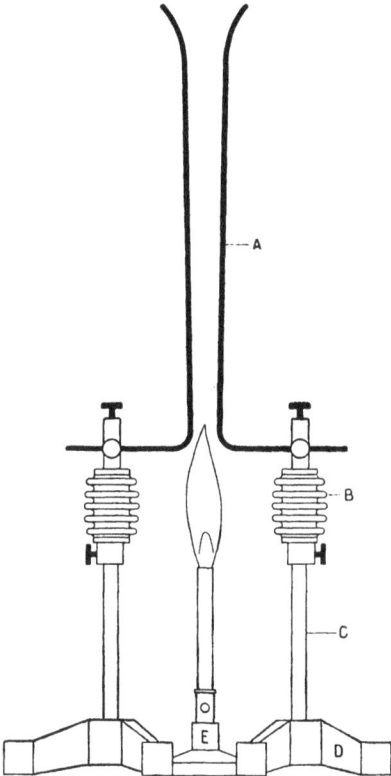

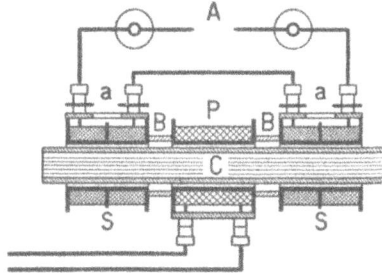

Förderung der Ionenbildung durch eine Gas- oder Spiritusflamme. Der Versuch macht besonders Eindruck bei Schattenprojektion.

–55–

Funkeninduktor aus Aufbauteilen. Eine Feldspule P mit 300 Windungen, zwei hintereinandergeschaltete Induktionsspulen S mit je 12000 Windungen, der Eisenkern und die Feldspule sind gegen die Induktionsspulen durchschlagsfest isoliert.

–56–

Der Apparat, bestehend aus Feldspule, Eisenkern, Unterbrecher und Induktionsspule, wird als Induktor bezeichnet. Erhöhung der Windungszahl steigert die Induktionsspannung. So sind im Versuch der Abbildung 56 zwei Induktionsspulen von je 12000 Windungen hintereinandergeschaltet. Die Gefahr des Durchschlagens der Isolation wächst mit der Spannungserhöhung.

Darum muß der Eisenkern mit einer isolierenden durchschlag-
festen Hülle umgeben sein, und Feld- und Induktionsspule müssen
mittels isolierender Ringe in einigem Abstand voneinander gehalten werden, sonst schließt sich der Induktionsstromkreis nicht
bei A, sondern über den Eisenkern oder die Feldspule und die
hohe Funkentemperatur richtet Unheil an.

Der Bau großer Funkeninduktoren ist darum eine Frage der
Isolation. Durch geschickte Wickelung wird erreicht, daß Windungen, zwischen denen eine hohe Spannung besteht, nicht nahe
zusammen kommen. Der in Abbildung 57 dargestellte Funkeninduktor liefert 20 cm lange Funken. Zu ihm gehört ein Flüssigkeitsunterbrecher. Andere Formen des Unterbrechers lernen
wir später kennen. Der in der Feldspule stoßweise in derselben
Richtung fließende Gleichstrom wird zerhackter oder pulsierender
Gleichstrom genannt. Entsprechend wird das erzeugte Magnetfeld als pulsierendes Magnetfeld bezeichnet. In der Induktionsspule fließt ein Wechselstrom, mit dessen besonderen Eigen-
schaften wir uns noch beschäftigen werden.

Großer Funkeninduktor. Funkenlänge 20 cm.
— 57 —

§ 17. Versuche im pulsierenden Magnetfeld.

Bei konstanter Stromstärke ist die Spule Träger eines unver-
änderlichen Magnetfeldes; in diesem beobachten wir die schon in

§ 1 behandelten Erscheinungen, Ordnen der Eisenfeilspäne zu Feldlinien und Einstellen der Magetnadel in die Richtung der Feldlinien. Den Feldlinienverlauf einer Normspule (Abbildung 28) zeigt uns noch einmal Abbildung 58. Beim sich ändernden insbesondere beim pulsierenden Magnetfeld können wir die Induktionserscheinung zur Untersuchung des Feldes benutzen. In der Schaltung der Abbildung 59 benutzen wir als Feldspule eine Normspule von 600 Windungen mit langem Eisenkern, die Induktionsspule hat 12000 Windungen und trägt oben in einem geeigneten Halter ein Neonröhrchen (Abbildung 54). Stellen wir die Induktionsspule mit ihrer Achse senkrecht zu den Feldlinien, so bleibt die Induktionserscheinung aus (Abbildung 59), drehen wir die Spule so, daß ihre Achse mehr und mehr sich der Tangentenrichtung der Feldlinien nähert (Abbildung 60), so leuchtet das Lämpchen heller und heller. Es zeigt als günstigste Bedingungen für die Induktionswirkung: Die Induktionsspule muß sich dort befinden, wo die Feldlinien dicht gedrängt verlaufen, und muß mit ihrer Achse so stehen, wie sich eine an dieselbe Stelle gebrachte Magnetnadel von selbst einstellt. Stecken wir auch in die Induktionsspule einen Eisenkern, so wird damit die Wirkung weiter verstärkt. Noch in 30 cm Entfernung leuchtet das Lämpchen, wenn der eine Eisenkern in der Verlängerung des anderen steht.

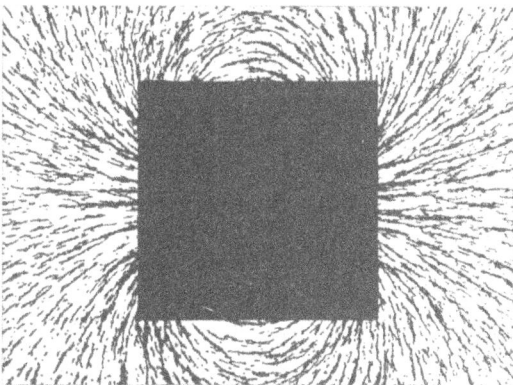

Feldlinienbild der Normspule.

−58−

Ersetzen wir das Glimmlämpchen durch ein kleines Glühlämpchen (4 Volt, 0,25 Ampere, also 1 Watt), so reicht die hohe
induzierte Spannungsdifferenz wegen des großen Widerstandes
der Spule von 12000 Windungen doch nicht aus, das Lämpchen
zum Glühen zu bringen, selbst wenn wir die Induktionsspule ganz
über den Eisenkern der Feldspule schieben. Dagegen leuchtet
das Lämpchen hell, wenn wir es an eine Spule aus dickerem
Draht mit nur 15 Windungen anschließen. Auch in Verbindung
mit einer Spule von 300 Windungen dicken Drahtes leuchtet das
Lämpchen, sogar schon bei größerem Abstand der Spulen.

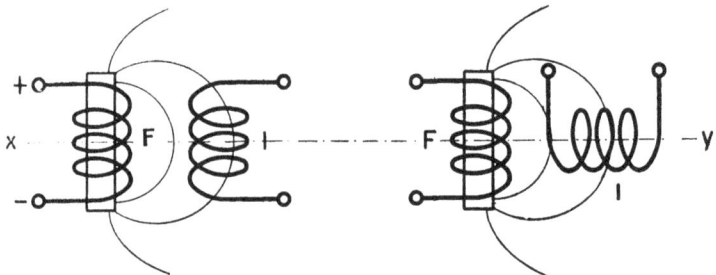

Induktionsspule in der Richtung der   Induktionsspule senkrecht zu den Feld-
Feldlinien: größte Induktionswirkung.   linien: Induktionserscheinung bleibt aus.

−59−   −60−

Die hohe Spannungsdifferenz, die in einer Spule von 12000
Windungen induziert wird, kann auch im menschlichen Körper
einen so starken Strom hervorbringen, daß seine Wirkung auf
die Nerven deutlich fühlbar wird (Band II, § 25). Verbinden wir
also die Enden der Induktionsspule mit zwei Handgriffen und
nehmen diese in die beiden Hände, so empfinden wir das be-
kannte Prickeln; wenn wir die Spule der Feldspule mehr und
mehr nähern, steigert sich das Gefühl bis zur Unerträglichkeit.
So können wir die in der Umgebung der Feldspule auftretende
Induktionsspannung, die nach Ort und Stellung der Induktionsspule verschieden ist, statt mit dem Glimmlämpchen durch die
physiologische Wirkung des Induktionsstromes nachweisen. Ebenso
eignet sich ein an die Induktionsspule angeschlossener Lautsprecher. Nur muß dann der Unterbrecher in einem andern Raum
aufgestellt werden, damit er den Lautsprecher nicht übertönt.

§ 18. Elektrisches Feld zwischen den Enden der Induktionsspule.

Die beiden Elektroden des Neonröhrchens bilden einen Kondensator, der bei Erreichung der Zündspannung durchschlägt (Band II, § 52). Dasselbe gilt für die beiden Enden der Funkenstrecke in Abbildung 54, nur ist hier die Durchschlagspannung höher. Der Funkenbildung geht, wie nicht anders zu erwarten, ein elektrisches Feld voraus, und dieses wollen wir nun untersuchen. Wir schalten nach Abbildung 61. Die Induktionsspule wird zunächst ohne den abgebildeten Kondensator mit dem Galvanometer verbunden und soweit über den Eisenkern geschoben, daß beim Einschalten des Feldstromes ein ordentlicher Ausschlag entsteht. Jetzt schneiden wir den Leiterkreis, in dem die Induktionsspule liegt, an irgend einer zugänglichen Stelle durch. Die beiden entstehenden Enden bilden einen Kondensator von sehr kleiner Kapazität; an seine Stelle setzen wir einen technischen Kondensator von etwa 4 Mikrofarad. Schließen wir jetzt den Schalter, so hören wir im Galvanometer ein leises Knacken, wie wir es schon bei der Kondensatorentladung (Band II, § 12e) beobachtet haben, nur fehlt der Stoßausschlag. Auch beim Öffnen tritt zwar das Knacken, aber kein Stoßausschlag auf.

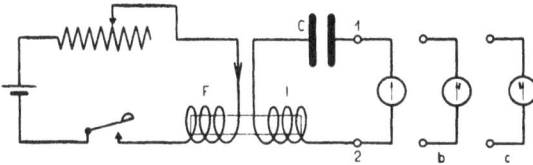

Laden und Entladen eines Kondensators mittels der induzierten Spannung, gehemmtes Galvanometer.

−61−

Wir erklären: Die induzierte Spannung bringt einen elektrischen Strom hervor, der sich in der Spule und den übrigen metallischen Leitern als Elektronenbewegung, im Dielektrikum des Kondensators als Verschiebungsstrom d. h. nach Band II, § 22 als sich änderndes elektrisches Feld äußert. Während des Entstehens des magnetischen Feldes lädt sich der Kondensator, bis die Spannung zwischen seinen Hälften gleich der in der Spule induzierten Spannung ist. Dabei müßte das Galvanometer nach rechts ausschlagen. Ist aber das magnetische Feld fertig, dann hört die Induktionswirkung auf, der Kondensator entlädt sich rückwärts über die Induktionsspule, es gibt einen Stromstoß in entgegengesetzter Richtung. Die beiden Stromstöße folgen in so kurzem Zeitabstand aufeinander, daß sie sich in ihrer Wirkung auf den Galvanometerzeiger gegenseitig aufheben.

Der Entladestrom läßt sich mit dem gehemmten Galvanometer zeigen. Wir heben durch den Anschlag nach Abbildung 61b die Wirkung des induzierten Stromstoßes auf, dann macht der Zeiger nach Schließen des Schalters einen Stoßausschlag nach links. Ebenso macht das ungehemmte Galvanometer beim Öffnen des Schalters keinen Ausschlag, das nach Abbildung 61c gehemmte einen Stoßausschlag nach rechts. Die Richtung der Feldlinien des elektrischen Feldes ist diesmal umgekehrt wie beim Schließen des Schalters. Beim wiederholten Öffnen und Schließen entsteht im Kondensator ein „elektrisches Wechselfeld". In Abbildung 62 ist der Schalter wieder durch den selbsttätigen Singerunterbrecher ersetzt. Die beiden Enden der Induktionsspule sind mit den beiden großen Kondensatorplatten (Band II, Abbildung 105 verbunden. Bringen wir in das elektrische Wechselfeld zwei leitend verbundene Kugeln wie in Band II, Abbildung 109, so tritt in ständiger Wiederholung die in Band II, § 5 behandelte Influenzerscheinung auf, zwischen den beiden Kugeln fließt ein Wechselstrom. Wir können ihn durch ein Neonröhrchen nachweisen, das wir zwischen die Kugeln in das Wechselfeld bringen (Abbildung 62).

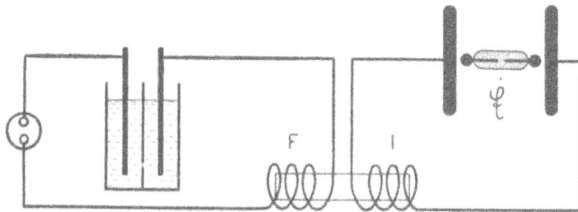

Elektrisches Wechselfeld zwischen den Kondensatorplatten.

-- 62 --

Das elektrische Feld können wir vor dem Zusammenbrechen bewahren, wenn wir den Elektronen das Zurückströmen über die Induktionsspule verwehren. Als elektrisches Ventil eignet sich, wie wir schon in Band II, Seite 104 auseinandergesetzt haben,

die Elektronenröhre, entweder als Zweielektrodenröhre (Gleich-
richterröhre) oder als Dreielektrodenröhre (Empfängerröhre, diese,
wenn wir Anode und Gitter verbinden, Abbildung 63). Die
Elektronen, die einmal auf K gelandet sind, können nicht mehr
zurück. Beim Einschalten des pulsierenden Gleichstromes in der
Feldspule beobachten wir daher an dem Elektroskop, wie sich
der Kondensator allmählich auflädt, dabei darf jedoch die Induktionsspule von 12000 Windungen nicht zu weit über den Eisenkern geschoben werden, sonst bilden sich zwischen den Zuleitungen im Röhrenfuß Funken, die den Kondensator wieder rückwärts über die Spule entladen. Auch dürfen wir aus demselben
Grund den Spannungsunterschied zwischen den Kondensatorplatten
nicht zu hoch ansteigen lassen. Wenn wir A erden, können wir
einer mit K verbundenen isolierten Kugel Elektronen mit der
Probekugel entnehmen und Versuche wie in Band II, § 20, aber
mit höherer Spannung als dort ausführen. Ersetzen wir den
Kondensator durch unser Zeigergalvanometer (Abbildung 63), so
beobachten wir einen konstanten Ausschlag in einer Richtung,
wir sagen, der Wechselstrom sei durch die Röhre gleichgerichtet
worden. Die Röhre wirkt tatsächlich wie ein Pumpenventil.

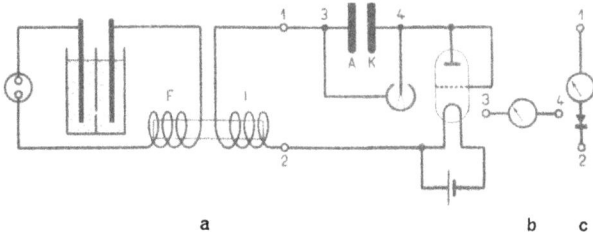

a   b   c

Das Zurückströmen der Elektronen wird durch die Röhre verhindert, darum
bleibt der Kondensator geladen. An Stelle des Kondensators kann ein Galvanometer, an Stelle der Röhre bei niedriger Spannung ein Detektor geschaltet werden.

– 63 –

Solch ein elektrisches Ventil ist auch der aus der Radiotechnik
wohlbekannte Detektor. Er besteht aus einem Kristall, meistens
Bleiglanz, der von einem dünnen Silberdraht berührt wird. Sein
Schaltsymbol enthält Abbildung 63 c. Der Übergangswiderstand
ist in der einen Richtung wesentlich größer als in der andern.
Bei Benutzung des Zeigergalvanometers der Abbildung 24 wird der
Detektor zwischen den Klemmen A und V eingeschaltet (Abbil-

4*

dung 64), Zu- und Ableitung werden bei AV und R angeschlossen. Wesentlich zuverlässiger als der Detektor arbeitet das Selengleichrichterelement. Es besteht aus einer vernickelten Eisenplatte, auf die eine Selenschicht aufgespritzt ist, und auf dieser liegt eine weitere Schicht einer Metallegierung. In der „Durchgangsrichtung" vom Selen zum Eisen ist der Widerstand viel kleiner (etwa $^1/_{1000}$), als in der umgekehrten, der Sperrichtung. Ein einfacher Versuch, um die Gleichrichterwirkung zu zeigen, ist in Abbildung 65 dargestellt. Nur dann, wenn die Batterie so angelegt wird, daß die Elektronen vom Selen zum Eisen fließen, leuchtet das Lämpchen. Wird ein solches Element in den Stromkreis, der aus einer Induktionsspule von 1200 Windungen und dem Zeigergalvanometer besteht, eingeschaltet, so läßt sich damit die Untersuchung des magnetischen Feldes in der Umgebung der Feldspule noch besser als mit den in § 17 benutzten Hilfsmitteln durchführen.

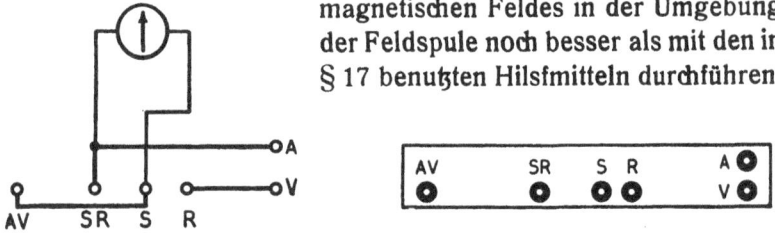

Schaltung des Zeigergalvanometers der Abbildung 24. Bei Wechselstrom kommt der Gleichrichter zwischen A und V, das Meßgerät wird dann mit den Klemmen AV und R in die Leitung gelegt.

— 64 —

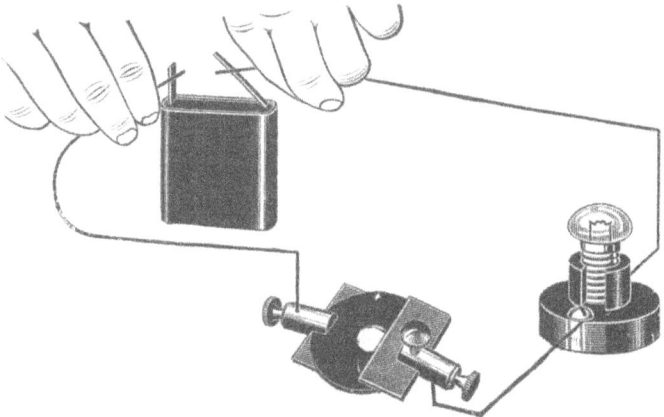

Das Selengleichrichterelement läßt die Elektronen nur in einer Richtung durch.

— 65 —

III. Das Induktionsgesetz.

§ 19. Gegenseitige Induktivität.

In den beiden ersten Abschnitten haben wir uns mit der Induktionserscheinung so vertraut gemacht, daß wir jetzt weiter mit Maß und Zahl an das magnetische Feld herangehen können. Im § 15 haben wir als erste das magnetische Feld kennzeichnende Größe den Induktionsfluß Φ kennen gelernt, das ist die Anzahl der Voltsekunden, die in einer einzigen Windung induziert werden, wenn das Magnetfeld in der Spule entsteht oder verschwindet. Das Produkt aus Φ und n ist die Größe W; sie gibt an, wieviel Voltsekunden in einer Induktionsspule aus n Windungen beim Entstehen oder Verschwinden des Feldes induziert werden. Daß die Größe Φ mit dem Verlauf der Feldlinien, die wir mittels Eisenfeilspänen darstellen können, auf das engste zusammenhängt, haben uns die Abbildungen 15 und 50 gezeigt.

Wenn wir als Träger des magnetischen Feldes eine Stromspule benutzen, haben wir zwei Mittel, die Induktionserscheinung hervorzurufen:

a) Wir können die gegenseitige Lage von Feld- und Induktionsspule ändern.

b) Wir können die Stromstärke in der Feldspule ändern.

Bei Benutzung des Stahlmagneten ist die zweite Art ausgeschlossen. Im folgenden wollen wir die Frage beantworten: Welchen Einfluß hat eine Änderung des Feldstromes auf die Induktionserscheinung, wenn dabei Feld- und Induktionsspule ihre gegenseitige Lage beibehalten?

Die Versuchsanordnung zeigt Abbildung 66. Als Feldspule dient eine Normspule von 600 Windungen, die Induktionsspule besteht aus zwei gleichen Spulen von je 1200 Windungen, die hintereinandergeschaltet möglichst nahe an die Feldspule herangedrückt werden, sodaß die Spulenachsen eine Gerade bilden.

Der Eisenkern der Abbildung 61 fällt weg. Mit der Induktionsspule ist das hochempfindliche Spiegelgalvanometer verbunden
(Abbildung 66 rechts). Die Änderung der Stromstärke i in der
Feldspule wählen wir möglichst einfach, d. h. wir lassen i stetig
und in jeder Sekunde um den gleichen Betrag anwachsen. Um
den Feldstrom zu erzeugen, benutzen wir daher die konstante
Spannung der städtischen Leitung, um seine Stromstärke zu
ändern, einen veränderlichen Leiter besonderer Art, wie er in der
Mitte der Abbildung 66 dargestellt ist. In einen länglichen Glastrog
tauchen als Elektroden zwei rechteckige Eisenbleche. Während
des Versuchs fließt aus einer Mariotteschen Flasche Sodalösung
in den Trog. Der Elektronenstrom geht durch die Feldspule,
den Trog und einen Stromstärkemesser (Meßbereich 1 Ampere),
und wir beobachten nun, daß während des Einströmens der
Flüssigkeit die Feldstromstärke anwächst. Das geht so gemächlich,
daß wir bequem die Änderung verfolgen und mit der Stoppuhr
die Zeit für einen Stromstärkezuwachs von 0,1 Ampere bestimmen
können. Dabei finden wir, daß i in gleichen Zeiten stets um
denselben Betrag anwächst, solange wir an dem Schraubquetschhahn, der die Mariottesche Flasche unten verschließt, nichts ändern.

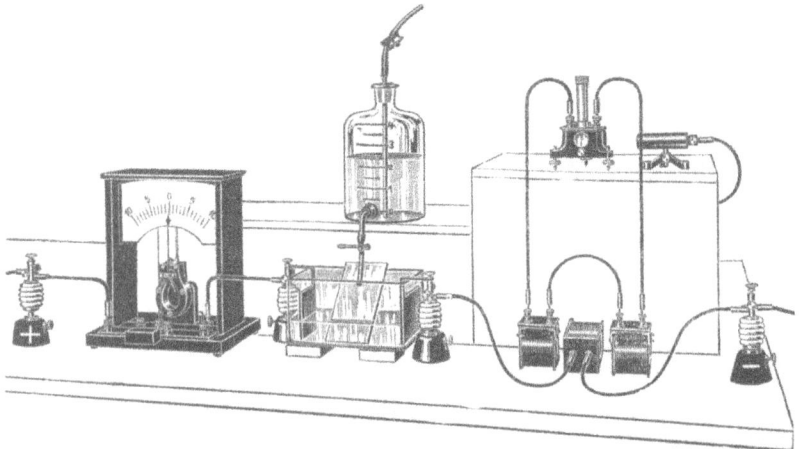

Induktionsversuch. Im Feldstromkreis liegt ein flüssiger Leiter, dessen Querschnitt mit
konstanter Geschwindigkeit wächst. Damit werden die Änderungsgeschwindigkeit der Feldstromstärke und die induzierte Spannung konstant.

Zur Ausführung des Versuchs ist noch zu bemerken: Um die richtige Konzentration der Sodalösung zu finden, wird der Trog in der fertigen Schaltung mit reinem Wasser bis obenhin gefüllt, dann wird gesättigte Sodalösung solange unter Umrühren zugegeben, bis die Stromstärke etwa 1 Ampere beträgt. Die Flüssigkeit kommt in die Flasche, und dann wird das Verfahren wiederholt, bis die Flasche voll ist. So bekommen wir einen Minimalwiderstand von ungefähr 220 Ohm, gegen den der Widerstand des übrigen Leiterkreises verschwinden soll. Darum muß auch jeder Schalttafelwiderstand ausgeschaltet sein. Ist diese Bedingung erfüllt, dann ist die Stromstärke in der Feldspule

$$i = \frac{220}{R} \text{ (Ampere)},$$

dabei ist die veränderliche Größe

$$R = \rho \cdot \frac{l}{q} \text{ (Ohm).}$$

ρ ist der spezifische Widerstand der Sodalösung, l die konstante Länge und q der sich ändernde Querschnitt des flüssigen Leiters. Aus beiden Gleichungen folgt:

$$i = \frac{220 \cdot l}{\rho} \cdot q \text{ (Ampere).}$$

Da nun q in jeder Sekunde um denselben Betrag zunimmt, gilt dies auch für die Stromstärke i, und damit erklärt sich die konstante Geschwindigkeit des Amperemeterzeigers, die wir beobachten.

Während so in der Feldspule die Stromstärke linear mit der Zeit anwächst, zeigt das Spiegelgalvanometer einen konstanten Ausschlag, d. h. die in der Induktionsspule induzierte Spannung ist unter den obigen Bedingungen konstant. Sie ändert sich erst, wenn wir die Feldstromstärke langsamer oder schneller anwachsen lassen, was wir erreichen, wenn wir den Hahn an der Vorratsflasche enger oder weiter stellen. Unterbinden wir den Zufluß ganz, so steht der Amperemeterzeiger still, der Lichtzeiger, der die induzierte Spannung anzeigt, geht auf Null zurück. Lassen wir jetzt durch einen Heber die Flüssigkeit aus dem Trog abfließen, so sinkt die Stromstärke, der Lichtzeiger geht nach der andern Seite, ein Zeichen, daß die induzierte Spannung ihr Vorzeichen gewechselt hat.

Dieses grundsätzlich wichtige Ergebnis bringen wir in mathematische Form. Wir messen:

i_1 die Anfangsstromstärke in Ampere,

i_2 die Endstromstärke nach Ablauf von

t Sekunden,

ΔE die induzierte Spannung in Volt.

Der Quotient

$$i = \frac{i_2 - i_1}{t} \text{ (Ampere/sec)}$$

mißt die „Änderungsgeschwindigkeit der Stromstärke".

Durch $\dot{i}$ dividieren wir das zugehörige ΔE; der Bruch

$$M = \frac{\Delta E}{\dot{i}} \text{ (Voltsekunden/Ampere)}$$

liefert jedesmal denselben Wert, wie wir auch t wählen. Die für die in Abbildung 66 dargestellte Versuchsanordnung konstante Größe M nennen wir die „Induktivität der Feldspule inbezug auf die Induktionsspule", für ihre Benennung Voltsekunden/Ampere ist die Abkürzung „Henry" allgemein üblich.

Wir legen also fest:

Die Einheit der Induktivität ist 1 Voltsekunde/Ampere oder 1 Henry. Die Induktivität zwischen Feld- und Induktionsspule beträgt 1 Henry, wenn bei der Änderungsgeschwindigkeit der Feldstromstärke 1 Ampere/sec die in der Induktionsspule induzierte Spannung 1 Volt beträgt.

Die Gleichung für M formen wir um:

$$M = \frac{\Delta E \cdot t}{i_2 - i_1} \text{ (Voltsekunden/Ampere)}.$$

Der Zähler gibt die Anzahl der induzierten Voltsekunden, die wir seither mit W bezeichnet haben. Dann können wir auch so sagen:

Die Induktivität 1 Henry besteht zwischen Feld- und Induktionsspule, wenn bei Änderung der Stromstärke um 1 Ampere in der Feldspule die Zeitsumme der Spannung oder der Spannungsstoß in der Induktionsspule 1 Voltsekunde beträgt.

Das Wort „Induktivität" ist der „Kapazität" nachgebildet. Die Kapazität 1 Farad besteht zwischen der Platte K und der Platte A eines Kondensators, wenn bei der Änderung der Spannung um

1 Volt auf K die Zeitsumme der Stromstärke oder der Stromstoß in der Leitung von A nach der Erde 1 Amperesekunde beträgt (Band II, § 15).

§ 20. Das Induktionsgesetz.

Den aus Feld- und Induktionsspule bestehenden Apparat wollen wir kurz als „Induktor" bezeichnen, indem wir den im § 16 eingeführten Begriff verallgemeinern. Was für den Leiter und das Strömungsfeld das Ohmsche Gesetz (Band I, § 23), für den Kondensator und das elektrische Feld das Kondensatorgesetz (Band II, § 16) ist, das bedeutet für das magnetische Feld und und den Induktor das Induktionsgesetz. Es ergibt sich aus den Gleichungen des vorhergehenden Paragraphen in zwei Formen:

$$\Delta E = M \cdot i \ (\text{Volt}). \tag{1}$$

Die induzierte Spannung ist gleich dem Produkt aus der Induktivität und der Änderungsgeschwindigkeit der Feldstromstärke. Oder

$$W = M \cdot (i_2 - i_1) \ (\text{Voltsekunden}). \tag{2}$$

Die Zeitsumme der induzierten Spannung ist gleich dem Produkt aus Induktivität und der Änderung der Feldstromstärke
Ist die Anfangsstromstärke $i_1 = 0$, so wird

$$W = M \cdot i \ (\text{Voltsekunden}), \tag{3}$$

wobei i die Endstromstärke bedeutet. Die Größe M entspricht der Konstanten R des Ohmschen und der Konstanten C des Kondensatorgesetzes.

Zum Zwecke der Messung müssen wir bei Benutzung der Gleichung (1) den Induktionsstromkreis nach Volt eichen und außerdem die Zeit messen, bei Benutzung der Gleichung (2) eichen wir den Induktionskreis nach Voltsekunden und messen die Größe W mittels Stoßausschlägen.

Die Bedeutung der Gleichung (2) läßt sich unter Abänderung des Versuchs der Abbildung 66 so veranschaulichen: Der Trog sei teilweise gefüllt, wir nehmen die Mariottesche Flasche weg, zapfen aus ihr 300 cm³ Sodalösung, gießen diese schnell in den Trog und beobachten einen Stoßausschlag, bei der Wiederholung mit derselben Flüssigkeitsmenge gibt es den gleichen Stoßaus-

schlag, und die Feldstromstärke steigt um den gleichen Betrag.
Dann nehmen wir nur 150 cm³, Stoßausschlag und Stromstärke-
zuwachs werden halb so groß usw. Es ist dabei vorteilhaft, den
Gesamtwiderstand des Induktionskreises durch Einschalten eines
Leiters von 150 bis 200 Ohm zu erhöhen, schon deshalb weil
dann der Lichtzeiger schneller in seine Ruhelage zurückkehrt.
Auf den Grund zu dieser Erscheinung gehen wir später ein.

Mit den Gleichungen (1) und (2) haben wir das Induktionsgesetz
im wesentlichen unter Dach und Fach. Was jetzt folgt, ist wieder
nichts anderes als die Aufgabe, die Induktivität M aus den Dimen-
sionen des Induktors zu berechnen. Wie wir früher das homogene Strömungsfeld (Band I, § 27) und das homogene elektrische
Feld unsern Betrachtungen zugrunde legten, so stellen wir jetzt
ein homogenes magnetisches Feld her. Zu seiner Untersuchung
benutzen wir die eine oder die andere Form des Induktionsge-
setzes, wie es gerade am zweckmäßigsten erscheint.

§ 21. Das homogene Magnetfeld.

Im Innern einer langgestreckten walzenförmigen Stromspule
— wir haben in § 15 für sie den Namen „Stabspule" eingeführt —
laufen die magnetischen Feldlinien parallel (Abbildung 10). Der
Induktionsfluß ist abgesehen von dem Bereich gegen die Spulenenden längs der Spule konstant. Es fragt sich nur noch, ob auch
im Innern der Spule in der Richtung quer zu den Feldlinien, die
Induktionswirkung dieselbe bleibt. Wir müssen also jetzt die
Induktionsspule in die Feldspule hineinbringen. Als
Feldspule benutzen wir daher die in Abbildung 68
dargestellte walzenförmige Spule von 50 cm Länge
und 10 Durchmesser. Sie besteht aus 336 isolierten
Kupferdrahtwindungen, die in einer Lage Schlag an
Schlag aufgewickelt sind. Die Induktionsspule ist kurz und von
kleinerem Durchmesser (Abbildung 67). Damit wir sie bequem
in die Feldspule einführen können, stecken wir durch sie einen
1 m langen Stab. Auf diesem läßt sich die Spule mit Reibung
verschieben, der Stab gibt zugleich die Richtung der Spulenachse.
Ihm entlang führen die verdrillten Zuleitungen aus Klingelleitungs-

Kleine Normspule.
−67−

liße zum Galvanometer. Bei den folgenden Versuchen ist der Stab stets parallel zur Achse der Feldspule zu halten. Zur Untersuchung des Magnetfeldes können wir verschiedene Verfahren anwenden.

1. Durch die Feldspule fließt ein konstanter Strom von etwa 10 Ampere. Wir schieben die Induktionsspule durch die Feldspule. Am Zeigergalvanometer beobachten wir beim Einbringen zunächst einen Ausschlag. Dieser geht auf Null zurück, während sich die Spule durch den mittleren Teil der Feldspule bewegt. In diesem mittleren Teil können wir die Spule hin- und herschieben in der Längsrichtung und in der Querrichtung, ohne daß ein Ausschlag entsteht, d. h. ohne daß sich das Magnetfeld in der Induktionsspule ändert. Erst wenn sich die Induktionsspule dem andern Ende der Feldspule nähert, gibt es wieder einen Ausschlag, diesmal nach der andern Seite, woraus wir schließen, daß dort wie bei der Spule der Abbildung 10 das Feld inhomogen wird.

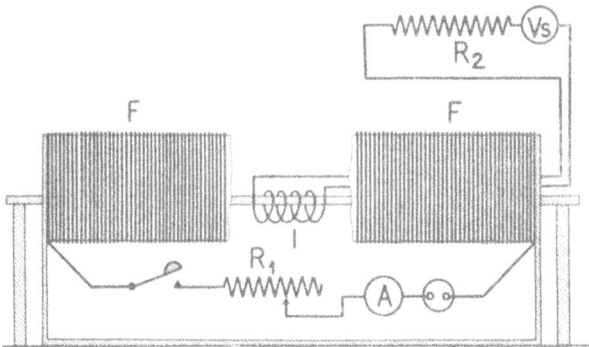

Große Feldspule mit 336 Windungen. Die Induktionsspule befindet sich im Innern. Der Induktionskreis besteht entweder aus einer kleinen Normspule (Abbildung 67) mit Zeigergalvanometer oder aus einer Walzenspule mit Spiegelgalvanometer und dem Leiter R_2 von 300 Ohm. An Stelle des Schalters kann der veränderliche flüssige Leiter der Abbildung 66 treten.

–68–

2. Wir bringen die Induktionsspule in den mittleren Teil der Feldspule und öffnen und schließen den Feldstrom. Wenn wir nur weit genug von den Spulenenden wegbleiben, erhalten wir stets denselben Stoßausschlag. Bei Annäherung an die Enden der Feldspule wird der Stoßausschlag kleiner. Ordnen wir die

Induktionsspule so an, daß sie gerade zur Hälfte in der andern
steckt, so wird der Stoßausschlag halb so groß wie in der Mitte.
Mit wachsender Entfernung zwischen den beiden Spulen nimmt
er dann schnell ab.

3. Wir ändern die Feldstromstärke nach Abbildung 66;
während der Feldstrom in der Spule der Abbildung 68 wächst,
untersuchen wir die induzierte Spannung bei ruhender Induktionsspule. Sie ist im mittleren Teil überall dieselbe, an den Enden
nur halb so groß, außerhalb der Feldspule um so geringer, je
weiter wir die Induktionsspule entfernen.

Zur Erklärung dieser Erscheinungen bemerken wir: Auf die
Induktionsspule wirken immer nur die Windungen der Feldspule,
die ihr nahe sind. Entfernte Windungen bringen keine nachweisbare Wirkung hervor, das haben wir am Ende der Versuche 2
und 3 festgestellt. Wenn wir die Feldspule nach beiden Seiten
beliebig weit verlängerten, so hätte das auf das Feld in der Mitte
der Spule gar keinen Einfluß, da die so angesetzten Windungen
zu weit entfernt sind, als daß sie das Feld in der Mitte noch
nachweisbar beeinflussen könnten. Bei der Induktionsspule, die
nur zur Hälfte in der Feldspule steckt, fehlt gerade die Hälfte
der benachbarten Windungen der Feldspule, darum ist bei ihr
die Anzahl der induzierten Voltsekunden oder Volt nur halb so groß.

§ 22. Die Induktionsflußdichte.

Die Induktivität M hängt mit von den geometrischen Verhältnissen des Induktors ab. Zur näheren Untersuchung wählen
wir diese wie beim Leiter und Kondensator möglichst einfach.
Als Feldspule dient die große Spule der Abbildung 68, als Induktionsspulen benußen wir durchweg kürzere Walzenspulen und
bringen diese (Abbildung 68) in die Feldspule hinein. Dadurch
unterscheidet sich die jeßige Versuchsanordnung von der Abbildung 52. Bei geschlossenem Schalter wird die Feldstromstärke
auf etwa 2 Ampere eingestellt. Die Induktionsspule ist unter
Zwischenschaltung eines Leiters R_2 von 300 Ohm mit dem Spiegelgalvanometer verbunden. Dieser hohe Widerstand hat den Vorteil, daß beim Auswechseln der Induktionsspulen deren Wider-

stand sich nicht bemerkbar macht, außerdem setzt er die Größe
der Ausschläge herab. Wir beobachten die Ausschläge beim
Öffnen und Schließen des Feldstromes unter Benutzung von Induktionsspulen vom selben Radius 2 cm, aber verschiedener Windungszahl, 60, 30, 20 Windungen und stellen fest: Der Stoßausschlag und damit die Anzahl der induzierten Voltsekunden sind
proportional der Windungszahl der Induktionsspule, ein Ergebnis,
das uns nicht neu ist.

W $\sim$ n, der Proportionalitätsfaktor ist der Induktionsfluß Φ,
der für jede der n Windungen der gleiche ist.

Sodann benutzen wir einen Satz von Spulen mit gleicher
Windungszahl n = 60 aber verschiedenem Radius r = 4 cm, 3 cm,
2 cm, 1 cm und finden Spannungsstöße, die sich verhalten wie
16 : 9 : 4 : 1, d. h. wie die Flächeninhalte der Querschnitte der
Induktionsspulen. Auf die Form des Querschnitts kommt es nicht
an, wir können geradesogut Spulen mit quadratischem Querschnitt
benutzen. Auch bei solchen ergibt sich:

W $\sim$ F. Dies sagt uns: Der Teil des homogenen Feldes,
der außerhalb der Induktionsspule verläuft, hat keinen Einfluß,
induzierend wirkt nur der Teil des Feldes innerhalb der Induktionsspule.

Wir fassen W $\sim$ n und W $\sim$ F zusammen:

W $\sim$ n · F, d. h. der induzierte Spannungsstoß ist proportional dem Produkt aus der Windungszahl n und dem Flächeninhalt F des Querschnitts der Induktionsspule. Das Produkt
n · F (cm^2) gibt die „Windungsfläche" der Induktionsspule an
d. h. die Summe sämtlicher Inhalte der von den Einzelwindungen
umschlossenen Flächenstücke. W $\sim$ n · F schreiben wir als Gleichung:

$$W = \mathfrak{B} \cdot n \cdot F \text{ (Voltsekunden)},$$

wobei $\mathfrak{B}$ eine für unsere Versuchsreihe konstante Größe bedeutet.
Dann ist

$$\mathfrak{B} = \frac{W}{n \cdot F} \text{ (Voltsekunden/cm}^2),$$

oder, da nach § 15 $\frac{W}{n} = \Phi$ ist,

$$\mathfrak{B} = \frac{\Phi}{F} \text{ (Voltsekunden/cm}^2).$$

Die Größe $\mathfrak{B}$ gibt also an, wieviel Voltsekunden der Induktionsfluß durch eine Windung vom Flächeninhalt 1 cm² beträgt, und wird darum als „Induktionsflußdichte" bezeichnet. Zusammenfassend und zugleich diesen Begriff verallgemeinernd können wir also sagen: Die Induktionsflußdichte an einer Stelle eines magnetischen Feldes beträgt $\mathfrak{B}$ Voltsekunden je cm², wenn folgende Bedingungen erfüllt sind: An die Stelle im Feld wird eine Windung von 1 cm² Flächeninhalt gebracht, so daß die Flächennormale in der Richtung der magnetischen Feldlinien verläuft. Dann wird beim Verschwinden oder Entstehen des Magnetfeldes in der Windung ein Spannungsstoß von $\mathfrak{B}$ Voltsekunden induziert.

§ 23. Die Windungsdichte.

Wir benutzen im folgenden die Versuchsanordnung der Abbildung 68 weiter, die Induktionsspule von 4 cm Durchmesser mit 60 Windungen bleibt bei den Versuchen dieselbe, dagegen untersuchen wir den Einfluß der Feldspule auf die Induktivität. Beim Einschalten des Feldstromes steigt die Stromstärke in der Feldspule plötzlich von Null auf den Wert i. Das Zeigergalvanometer macht einen Stoßausschlag entsprechend einer Anzahl Voltsekunden W. Die Feldspule wird sodann ersetzt durch eine Spule mit anderm Halbmesser, deren Länge wieder das Fünffache ihres Durchmessers ist und die mit derselben Anzahl Windungen bewickelt ist wie die erste Spule. Durch Änderung von R_1 stellen wir wieder auf die Stromstärke i ein und öffnen und schließen den Schalter. Wir stellen fest, daß die Anzahl der induzierten Voltsekunden wieder W beträgt: Die Anzahl der induzierten Voltsekunden und damit die Induktionsflußdichte in einer Stabspule sind unabhängig von dem Durchmesser der Spule.

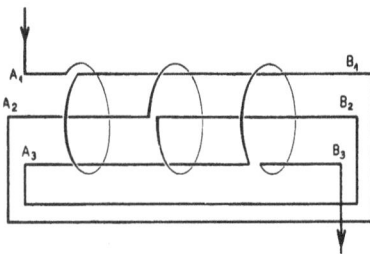

Wickelungsschema der großen Feldspule der Abbildung 68. Jeder der 3 gezeichneten Windungen entsprechen 112 Windungen in Wirklichkeit. Die Windungsgruppen lassen sich einzeln benutzen oder zusammengeschaltet.

— 69 —

Die Feldspule der Abbildung 68 ist in besonderer Weise gewickelt (Abbildung 69). Sie besteht aus drei gleich langen

Drähten, die parallel zueinander aufgewickelt sind. Diese sind dann durch die Verbindungsdrähte B_1 A_2 und B_2 A_3 hintereinandergeschaltet, so wurde die Spule oben benutzt. Jetzt lassen wir ein Drittel der Windungen weg, d. h. wir entfernen die Verbindung B_2 A_3 und benutzen B_2 als Abfluß. Dann beträgt beim Öffnen und Schließen des Feldstromes der Stoßausschlag nur noch zwei Drittel des früheren, und wenn wir noch ein Drittel der Windungen weniger nehmen, also die Spule A_1 B_1 für sich allein benutzen, geht die Anzahl der induzierten Voltsekunden auf den dritten Teil des ursprünglichen Wertes zurück.

Wir dürfen aus diesen Versuchsergebnissen nicht schlechthin schließen, daß einer Vergrößerung der Windungszahl der Feldspule eine proportionale Zunahme des Stoßausschlags entspräche. Die Windungszahl würde auch verdreifacht, wenn wir die Spule A_1 B_1 beiderseits um die Spulen A_2 B_2 und A_3 B_3 verlängerten. Aber in diesem Fall hätten die neuhinzukommenden Windungen auf die Induktionsspule keinen Einfluß, da sie zu weit von dieser entfernt wären. Vielmehr kommt es darauf an, daß die hinzukommenden Windungen mit ihrem Magnetfeld sich geradeso um die Induktionsspule herumlagern wie die schon vorhandenen. Darum die eigenartige Wickelung der Feldspule. Wenn wir zu der Spule A_1 B_1 noch die beiden andern hinzuschalten, so bleibt die Spulenlänge dieselbe, nur liegen jetzt die Windungen dichter. Wir führen daher den Begriff der „linearen Windungsdichte" oder kurz „Windungsdichte" ein. Wir wollen darunter die Anzahl der Windungen verstehen, die auf 1 cm Spulenlänge kommen. Bei unserer Spule von der Länge

$$l = 50 \text{ cm}$$

und der Windungszahl

$$m = 336 \text{ (reine Zahl ohne Benennung)}$$

beträgt die Windungsdichte

$$D = \frac{m}{l} = 6,72 \text{ cm}^{-1}$$

(zu lesen: „je cm" oder ausführlicher „Windung je cm"), wenn sämtliche Windungen eingeschaltet sind, sonst nur 4,48 cm^{-1} oder 2,24 cm^{-1}.

Diese Größe D enthält alle geometrischen Größen der Feldspule, die auf W Einfluß haben. Wir fassen zusammen:
Der induzierte Spannungsstoß ist proportional der Windungsdichte der Feldspule.

§ 24. Die magnetische Feldstärke.

Auf das magnetische Feld im Innern der Feldspule haben
Einfluß

1. die Windungsdichte $D = \dfrac{m}{l}$ (cm^{-1}) und

2. die Stromstärke in den Spulenwindungen.

Wir untersuchten das Feld mittels der Induktionserscheinung und
fanden $W \sim i$ (vergl. § 20, Gleichung (3), dort auch die Bedeutung von i).

Der § 23 lieferte $W \sim D$.

Wir fassen beides zusammen und schreiben: $W \sim D \cdot i$ oder
als Gleichung:

$$W = c_1 \cdot D \cdot i \text{ (Voltsekunden).}$$

Dabei bedeutet c_1 eine Konstante, die unter anderem von
den Maßen der Induktionsspule abhängig ist.

Wir setzen $\mathfrak{H} = D \cdot i = \dfrac{m \cdot i}{l}$ (Ampere/cm) und nennen die

so gemessene Größe $\mathfrak{H}$ die „magnetische Feldstärke".

Statt der Benennung Ampere/cm ist auch der ausführlichere
Ausdruck Amperewindung/cm gebräuchlich.

Bei der Stromstärke i gehen in jeder Sekunde durch den
Querschnitt einer Windung i Coulomb, durch einen Schnitt längs
einer Mantellinie der walzenförmigen Spule gehen also in der
Sekunde

$$J = m \cdot i \text{ Coulomb,}$$

d. h. die Gesamtstromstärke quer zu einer Mantellinie beträgt

$$J = m \cdot i \text{ (Ampere), und es ist}$$

$$\mathfrak{H} = \dfrac{J}{l} \text{ (Ampere/cm).}$$

Beispiele für magnetische Feldstärken:

1. Spule der Abbildung 68, $l = 50$ cm, Stromstärke in allen 336 Windungen 3 Ampere, Windungsdichte $D = 6{,}72$ cm^{-1}. Die Feldstärke $\mathfrak{H}$ beträgt 20,16 Ampere/cm.

2. Dieselbe Spule, es werden aber nur 224 Windungen benutzt, $i = 4{,}5$ Ampere, $D = 4{,}48$ cm^{-1}, $\mathfrak{H} = 20{,}16$ Ampere/cm.

3. Dieselbe Spule, jedoch nur 112 Windungen, Stromstärke 9 Ampere, $D = 2{,}24$ cm^{-1}, $\mathfrak{H} = 20{,}16$ Ampere/cm.

In allen drei Fällen ist $m \cdot i = J = 1008$ Ampere und darum $\mathfrak{H} = \dfrac{J}{l} = 20{,}16$ Ampere/cm. Beim Ein- und Ausschalten des Feldstromes wird in einer Induktionsspule jedesmal derselbe Spannungsstoß induziert.

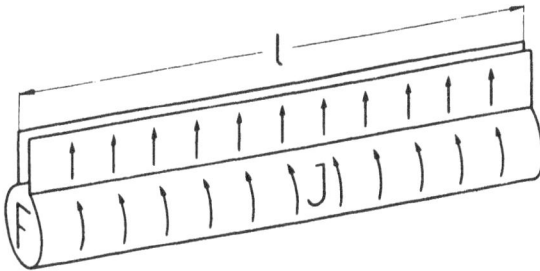

Spule mit einer einzigen Windung und der Mantelstromstärke J.
– 70 –

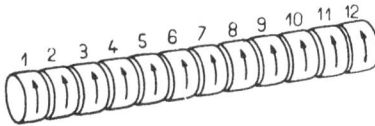

Die Spule der Abbildung 70 ist in 12 Windungen aufgeteilt. Die magnetische Feldstärke in der Spule ist dieselbe wie oben, wenn die Stromstärke in jeder Windung den 12 ten Teil von J beträgt.
– 71 –

In Abbildung 70 ist eine Spule aus einem gebogenen Blechstreifen der Länge l dargestellt. In diesem sei die Stromdichte (Band I, § 27) überall dieselbe, und die Gesamtstromstärke sei J. Dann beträgt die magnetische Feldstromstärke im Innern $\mathfrak{H} = \dfrac{J}{l}$ (Ampere/cm). Wird diese Windung in m gleich breite Windungen aufgeteilt (Abbildung 71), so ändert sich am Magnetfeld nichts, die Stromstärke in einer Windung beträgt $i = \dfrac{J}{m}$, und das ist die Stromstärke, die wir zur Erzeugung derselben Feldstärke $\mathfrak{H}$ brauchen, wenn sämtliche Windungen hintereinandergeschaltet werden.

Zur Rechtfertigung der Bezeichnung „magnetische Feldstärke" stellen wir nebeneinander:

Kondensator.	Spule.
ΔE (Volt) Spannung zwischen den Kondensatorplatten.	J (Ampere) „Mantelstromstärke" $=$ Summe der Stromstärken in den Einzelwindungen.
d (cm) Abstand der Kondensatorplatten.	l (cm) Länge der Spule.
$\mathfrak{E} = \dfrac{\Delta E}{d}$ (Volt/cm)	$\mathfrak{H} = \dfrac{J}{l}$ (Ampere/cm)
elektrische Feldstärke.	magnetische Feldstärke.

Die von uns am Anfang dieses Paragraphen benutzte Gleichung
$$W = c_1 \cdot D \cdot i \text{ (Voltsekunden)}$$
bedarf des Zusatzes, „wenn die Stromstärke von Null auf den Wert i wächst" (oder von i auf den Wert Null sinkt). Allgemeiner lautet sie: $W = c_1 D \cdot (i_2 - i_1)$ (Voltsekunden) (§ 21, Gleichung 2) mit dem Zusatz: „wenn die Stromstärke von dem Wert i_1 auf den Wert i_2 steigt". Wir nehmen D in die Klammer und finden:
$$W = c_1 (D \cdot i_2 - D \cdot i_1) = c_1 \cdot (\mathfrak{H}_2 - \mathfrak{H}_1) \text{ (Voltsekunden)}.$$
$\mathfrak{H}_1$ ist die Feldstärke am Anfang, $\mathfrak{H}_2$ die Feldstärke am Ende.

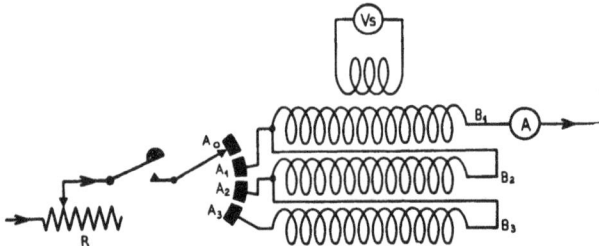

R veränderlicher Leiter mit so hohem Widerstand, daß dagegen der Gesamtwiderstand der drei hintereinandergeschalteten Feldspulen vernachlässigt werden kann. Die drei Windungsgruppen liegen nebeneinander auf derselben Walze. Die Induktionsspule befindet sich im Innern.

Wir können aber statt der Stromstärke auch den andern Faktor D von $\mathfrak{H}$ ändern. Das geschieht bei dem Versuch der Abbildung 72. Legen wir bei geschlossenem Hauptschalter den Wechselschalter von A_0 auf A_1, von A_1 auf A_2 oder von A_2 auf A_3 so beobachten wir denselben Stoßausschlag, und zwar ist dieser gerade so groß, wie wenn wir die Stromstärke um i vermehrten. Beim Übergang von A_0 nach A_2, von A_1 nach A_3 bekommen wir den doppelten und beim Übergang von A_0 nach A_3 den dreifachen Stoßausschlag. Diesmal bleibt i unverändert, dafür ändert sich D, und wir finden:

$$W = c_1 \cdot i \cdot (D_2 - D_1) = c_1 \cdot (i \cdot D_2 - i \cdot D_1) = c_1 \cdot (\mathfrak{H}_2 - \mathfrak{H}_1).$$
$$\text{(Voltsekunden)}.$$

Wir können nach § 19, Seite 56, schreiben:
$$W = \Delta E \cdot t = c_1 (\mathfrak{H}_2 - \mathfrak{H}_1) \text{ (Voltsekunden)}$$
oder:

$$\Delta E = c_1 \frac{\mathfrak{H}_2 - \mathfrak{H}_1}{t} \text{ (Volt)}.$$

Der Zähler rechts ist die Änderung der magnetischen Feldstärke, t die zugehörige Zeit, folglich ist der Bruch die „Änderungsgeschwindigkeit der magnetischen Feldstärke", die wir im folgenden mit $\dot{\mathfrak{H}}$ bezeichnen werden. Es ist also danach:

$$\Delta E = c_1 \cdot \dot{\mathfrak{H}} \text{ (Volt)}.$$

§ 25. Die Induktionskonstante.

Die Beziehung $W \sim n \cdot F$ aus § 22 enthält den Einfluß der Induktionsspule auf den Spannungsstoß; die Feldspule ist am Spannungsstoß beteiligt nach § 24 $W \sim (\mathfrak{H}_2 - \mathfrak{H}_1)$.

Beides fassen wir zusammen: $W \sim n \cdot F \cdot (\mathfrak{H}_2 - \mathfrak{H}_1)$ d. h. der Stoßausschlag ist proportional dem Produkt aus der Windungsfläche der Induktionsspule und der Änderung der magnetischen Feldstärke. Unter Einführung eines zunächst noch unbekannten Proportionalitätsfaktors μ können wir schreiben:

$$W = \mu \cdot n \cdot F \cdot (\mathfrak{H}_2 - \mathfrak{H}_1) \text{ (Voltsekunden)}.$$

In dieser Gleichung sind alle Größen außer μ der Messung zugänglich.

Wir benutzen sie zur Bestimmung von

$$\mu = \frac{W}{n \cdot F \cdot (\mathfrak{H}_2 - \mathfrak{H}_1)} \quad \text{(Voltsekunden/Ampere cm)}.$$

Da die Eichung nach Volt einfacher ist als die nach Voltsekunden, benutzen wir die Schaltung der Abbildung 66 aber mit der Spulenanordnung der Abbildung 68. Wir erläutern das Verfahren an einem Zahlenbeispiel:

Induktionsspule: $n = 1040, r = 4,05$ cm, mithin ist $F = 51,5$ cm² und die Windungsfläche beträgt $n \cdot F = 5,36 \cdot 10^4$ cm².

Feldspule: Windungszahl $m = 336$, Länge $l = 50$ cm, Windungsdichte $D = 6,72$ cm⁻¹.

Beobachtet wurde die Zeit, während der die Stromstärke von $i_1 = 0,2$ Ampere auf $i_2 = 0,6$ Ampere anwuchs. Die Feldstärke am Anfang betrug danach

$$\mathfrak{H}_1 = 1,344 \text{ Ampere/cm}$$

und am Ende:

$$\mathfrak{H}_2 = 4,032 \text{ Ampere/cm},$$

folglich der Feldstärkezuwachs

$$\mathfrak{H}_2 - \mathfrak{H}_1 = 2,69 \text{ Ampere/cm}.$$

Die Zeit für diesen Feldstärkezuwachs betrug $t = 47$ sec. Die während dieser Zeit induzierte Spannung gab das nach Volt geeichte Spiegelgalvanometer zu $\Delta E = 39 \cdot 10^{-6}$ Volt.

Danach betrug die Zeitsumme der konstanten Spannung $W = \Delta E \cdot t = 18,3 \cdot 10^{-4}$ Voltsekunden.

Wir finden damit für

$$\mu = \frac{18,3 \cdot 10^{-4}}{5,36 \cdot 10^4 \cdot 2,69} \quad \frac{\text{Voltsekunden}}{\text{cm}^2 \; \text{Ampere/cm}}$$

$= 1,27 \cdot 10^{-8}$ Voltsekunden/Ampere cm.

Als genauester mit den besten Mitteln der physikalischen Meßtechnik bestimmter Wert gilt heute:

$$1,25598 \cdot 10^{-8} \text{ Voltsekunden/Ampere cm}.$$

Die Größe μ gibt an, wieviel Voltsekunden in einer Windung, die eine Fläche von 1 cm² umschließt, induziert werden, wenn die Feldstärke des die Windung senkrecht durchsetzenden Feldes um 1 Ampere/cm sich ändert.

μ wird als **Induktionskonstante** bezeichnet. Der oben angegebene Wert bezieht sich wie die ihm entsprechende Dielektrizitätskonstante $\varepsilon = 8{,}84 \cdot 10^{-14}$ Amperesekunden/Volt cm (Band II, § 24) auf den leeren Raum.

Jetzt können wir die Induktivität durch die Spulendimensionen und die Induktionskonstante ausdrücken; Gleichung 2 in § 21 lautete:

$$W = M \cdot (i_2 - i_1) \text{ (Voltsekunden).} \tag{1}$$

Oben schrieben wir:

$$W = \mu \cdot n \cdot F \cdot (\mathfrak{H}_2 - \mathfrak{H}_1) \text{ (Voltsekunden).}$$

Die Bedeutung von $\mathfrak{H}$ enthält der § 25. Wir finden damit:

$$W = \mu \cdot n \cdot F \cdot \frac{m}{l} \cdot (i_2 - i_1) \text{ (Voltsekunden).} \tag{2}$$

Die Vergleichung dieser Gleichung mit der aus § 21 liefert:

$$M = \mu \cdot n \cdot F \cdot \frac{m}{l} \text{ (Voltsekunden/Ampere).} \tag{3}$$

Induktivität = Induktionskonstante · Windungsfläche der Induktionsspule · Windungsdichte der Feldspule.

Die Gleichung gilt in dieser Form nur, wenn die Induktionsspule von der Feldspule umfaßt wird.

In der Feldspule betrage die Stromstärke i (Ampere). Dann beträgt der Induktionsfluß durch die Induktionsspule, d. h. die Zahl der Voltsekunden, die in einer einzigen ihrer Windungen induziert werden, wenn die Stromstärke Null wird:

$$\Phi = \frac{W}{n} = \mu \cdot F \cdot \frac{m}{l} \cdot i \text{ (Voltsekunden)}$$

$$= \mu \cdot F \cdot \mathfrak{H}$$

$$\Phi = \mu \cdot \frac{F}{l} \cdot J \text{ (Voltsekunden).} \tag{4}$$

Wir stellen nebeneinander:

Elektrisches Feld.	Magnetisches Feld.

$$Q = \varepsilon \cdot \frac{F}{d} \cdot \Delta E \text{ (Amperesekunden)} \qquad \Phi = \mu \cdot \frac{F}{l} \cdot J \text{ (Voltsekunden).}$$

F ist der Flächeninhalt des Feldquerschnitts.

d ist die Länge der Feldlinien.	l ist die Länge der Spule.
ΔE ist die Spannung zwischen den Kondensatorplatten in Volt.	J ist die Mantelstromstärke in Ampere.
Wenn ΔE verschwindet, entsteht der Stromstoß Q (Amperesekunden).	Wenn J verschwindet, entsteht der Spannungsstoß Φ (Voltsekunden) in einer Windung.

Wie die Kapazität eines Kondensators von dem Dielektrikum, so ist auch die Induktivität von dem Stoff abhängig, in dem sich das magnetische Feld befindet. Wie wir früher (Band II, Seite 70) dimensionslose Zahlen angaben, mit denen ε zu multiplizieren ist, wenn an Stelle des Hochvakuums Materie tritt, so gibt es auch hier eine „relative Induktionskonstante" μ_r. Diese beträgt z. B.

für Luft 1,00000038	für Kupfer 0,9999912
für Platin 1,00036	für Wasser 0,999991.

Während die Werte für ε_r durchweg größer als Eins sind, treten hier auch echte Brüche auf. Doch unterscheiden sich die Werte für μ_r so wenig von der Einheit, daß diese Abweichung in den meisten Fällen vernachlässigt werden darf.

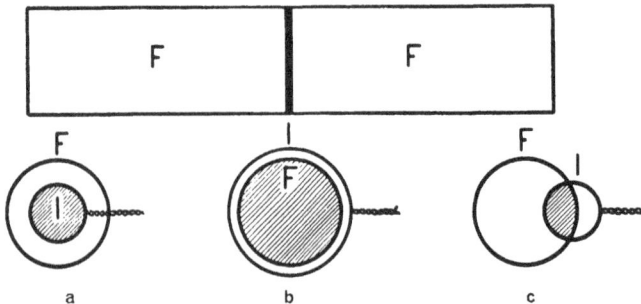

         a   b   c

Feldspule mit Schlitz. Die Windungen liegen auf der Rückseite Schlag an Schlag, auf der Vorderseite sind sie um den Schlitz herumgeführt. Der Inhalt der schraffierten Fläche ist die in die Gleichung eingehende Größe **F**.

Die relative Induktionskonstante μ_r wird auch als „Permeabilität" bezeichnet.

Über die Größe F, die in die Gleichung für die Induktivität eingeht, ist noch zu bemerken: Befindet sich die Induktionsspule im Innern der Feldspule, so ist F der Flächeninhalt des Querschnitts der Induktionsspule. Liegt jedoch die Induktionsspule um die Feldspule herum, so ist F der Flächeninhalt des Querschnitts der Feldspule. Befindet sich die Induktionsspule teils innerhalb, teils außerhalb der Feldspule, so ist F der Inhalt der Fläche, die beiden Querschnitten gemeinsam ist. F ist also in jedem Falle der **Flächeninhalt des Querschnitts des die Induktionsspule wirklich durchsetzenden von Feldlinien erfüllten Raumteiles.** Wenn die Induktionsspule das magnetische Feld vollkommen umfängt, hat ihr Durchmesser keinen Einfluß auf W und ΔE. Das läßt sich alles mittels einer Feldspule mit seitlichem Schlitz (Abbildung 73 und 74) und einer Induktionsspule aus einer Litzenschlaufe, im übrigen nach Abbildung 68 zeigen.

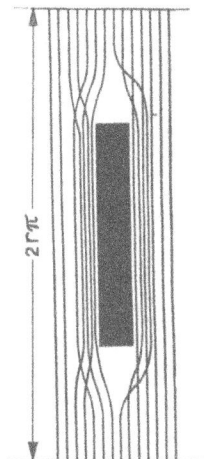

Abwickelung der Feldspule
mit dem Schlitz.
−74−

IV. Die Maxwellsche Deutung des Induktionsvorgangs.

§ 26. Ringförmig geschlossene elektrische Feldlinien

In § 9 und nachher an Hand der Abbildung 49 des § 15 haben wir zur Verdeutlichung der Wirkungsweise der Induktionsspannung eine Vorstellung herangezogen, die wir durch Unterstreichung des „als ob" mit allem Nachdruck als vorläufige Hilfsvorstellung bezeichneten. Diese ersetzen wir jetzt durch eine Betrachtungsweise, die den im vorhergehenden behandelten experimentellen Tatsachen besser gerecht wird als jenes Bild.

Alles unnötige Beiwerk bleibt weg. So nehmen wir aus den Versuchen der Abbildungen 73b und 66 das walzenförmige Magnetfeld mit dem Querschnitt F, in dem die magnetische Feldstärke $\mathfrak{H}$ (Ampere/cm) mit konstanter Geschwindigkeit $\dot{\mathfrak{H}}$ (Ampere/cm sec) zunimmt. Die Induktionsspule bestehe aus einer kreisförmigen Windung vom Widerstand R, deren Ebene senkrecht zur Magnetfeldachse und deren Mittelpunkt auf dieser Achse liege (Abbildung 75). Spezifischer Widerstand und Leiterquerschnitt seien längs dieser

Während die magnetische Feldstärke mit gleichbleibender Geschwindigkeit wächst, bleibt die Stromstärke im Drahtring dieselbe.

– 75 –

Windung konstant. Dann fließt in der Windung ein Elektronenstrom der konstanten Stromstärke i (Ampere), und ihm entspricht eine konstante induzierte Spannung

$$\Delta E = i \cdot R \text{ (Volt).}$$

Es sei t (sec) die Zeit, in der die magnetische Feldstärke vom Wert Null auf den augenblicklichen Betrag $\mathfrak{H}$ anwächst. Dann ist die Zeitsumme der induzierten Spannung, die wir, da die Induktionsspule nur eine Windung hat, als den Induktionsfluß bezeichnen:

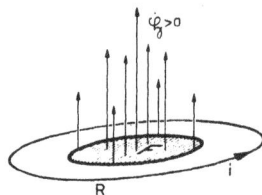

$$\Phi = \Delta E \cdot t = \mu \cdot F \cdot \mathfrak{H} \text{ (Voltsekunden)}, \tag{1}$$

wobei der zweite Teil der Gleichung aus § 25, Gleichung (4), stammt. Division durch t ergibt:

$$\Delta E = \mu \cdot F \cdot \frac{\mathfrak{H}}{t} = \mu \cdot F \cdot \dot{\mathfrak{H}} \text{ (Volt)}. \tag{2}$$

Die im Leiter beweglichen Elektronen müssen durch irgendwelche Kräfte in Bewegung gesetzt werden. Das Elektron hat eine Ladung von $1,6 \cdot 10^{-19}$ Amperesekunden oder Coulomb. Eine Kraft entsteht, wenn zu dieser Ladung noch eine Feldstärke hinzukommt (Band II, § 32). An dieser Stelle setzt nun die Theorie ein und sagt: Jedem Punkt der Umgebung des sich ändernden magnetischen Feldes ist eine bestimmte elektrische Feldstärke zugeordnet. Die elektrischen Feldlinien umschlingen das sich ändernde Magnetfeld in kreisförmigen Ringen. Die Richtung der Feldstärke ist tangential zu diesen.

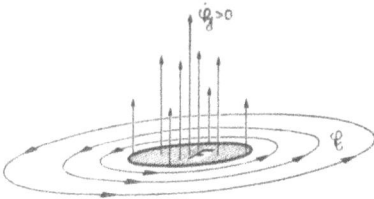
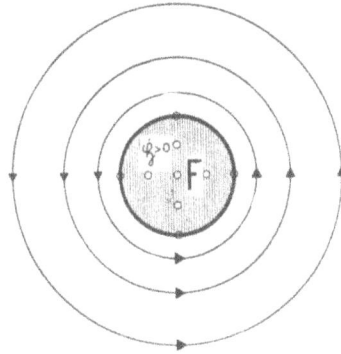

Ringförmig geschlossene elektrische Feldlinien um das entstehende Magnetfeld.
−76−   −77−

Die elektrischen Feldlinien, die wir seither beobachtet haben, gingen von Über(—)ladungen aus und endigten dort, wo durch Abwanderung von Elektronen Unter(+)ladungen entstanden waren (Band II, Abbildungen 34 ff, 44). Jetzt kommen zu den geschlossenen magnetischen Feldlinien ebensolche elektrische Feldlinien. Das ist etwas gänzlich neues. Es läge nahe, solche Feldlinien mit Grieß und Rizinus sichtbar zu machen. Leider sind die durch sich ändernde magnetische Felder erzeugten elektrischen Feldstärken zu gering, um diesen Versuch gelingen zu lassen. So müssen wir uns denn zur Veranschaulichung dieser Theorie, die wir dem englischen Physiker Maxwell verdanken, mit einer Zeichnung begnügen, die uns andeuten soll, wie die Grießkörner sich um das Magnetfeld anordnen müßten (Abbildung 76 und 77). Die Richtung des das Magnetfeld erzeugenden Elektronenstroms ergibt sich nach der Linkefaustregel, die gezeichneten induzierten elektrischen Feldlinien laufen umgekehrt.

Elektrische Felder mit ringförmig geschlossenen elektrischen Feldlinien werden mitunter als „elektrodynamische Felder" bezeichnet. Wir werden sie im folgenden induzierte elektrische Felder nennen.

§ 27. Feldstärke und Spannung im induzierten elektrischen Feld.

In den Abbildungen 76 und 77 ist die Induktionserscheinung alles Stofflichen entkleidet. Es bleibt nur noch das Magnetfeld, dessen Feldstärke mit konstanter Geschwindigkeit wächst, und das elektrische Feld mit ringförmig geschlossenen Feldlinien. Die Spannung zwischen zwei Punkten A und B derselben Feldlinie berechnen wir nach Band I § 28, Band II § 25 als die Liniensumme der Feldstärke. Irgend einem Punkt der Feldlinie können wir die Spannung Null geben, indem wir ihn erden. Den Feldlinien entgegen steigt die Spannung. Die Feldstärke längs einer kreisförmigen Feldlinie müssen wir als konstant ansehen, da sich kein Punkt des Kreises in seiner Lage zum Magnetfeld von dem andern unterscheidet.

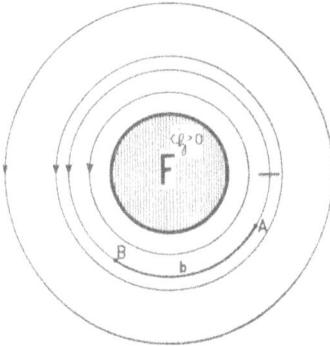

Spannung zwischen B und A ist die Liniensumme der Feldstärke von A bis B.

$$-78-$$

Ist dann (Abbildung 78) E_A (Volt) die Spannung in A, E_B (Volt) die Spannung in B, so ist

$$E_B - E_A = b \cdot \mathfrak{E} \text{ (Volt)}$$

die Spannung zwischen B und A, wobei b (cm) die Länge des Bogens AB bedeutet. Nähert sich B dem A in der Richtung der Feldlinien, so nimmt B die Spannung von A an. Geht jedoch B um das Magnetfeld herum entgegen den Feldlinien und nähert sich A von der andern Seite, so nimmt B die Spannung E_A vermehrt um die Liniensumme der Feldstärke längs $b = 2\pi r$, also den Wert

$$E_A = 2\pi r \cdot \mathfrak{E} \text{ (Volt)}$$

an. Danach gäbe es in der nächsten Umgebung von A zwei Spannungen, die sich um $2\pi r \cdot \mathfrak{E}$ (Volt) unterscheiden, und wir müssen fragen, wie sich das mit den Versuchstatsachen verträgt.

Zunächst eine Bemerkung über die Wirkungsweise des Elektroskops:

In dem Kondensatorfeld der Abbildung 79 betrage die Liniensumme der Feldstärke längs jeder Feldlinie ΔE, d. i. die Spannung zwischen den beiden Platten. In das Feld bringen wir ein kleines Elektroskop und verbinden die Blättchen mit K, das Gehäuse mit A durch zwei dünne gerade Drähte. In jedem dieser Drähte herrscht dann überall dieselbe Spannung, die Feldlinie, die an Stelle der Drähte verlief, ist verschwunden; die gesamte Spannungsabnahme, die sich vorher auf die Feldlinie verteilte, erscheint jetzt zusammengedrängt zwischen Blättchen und

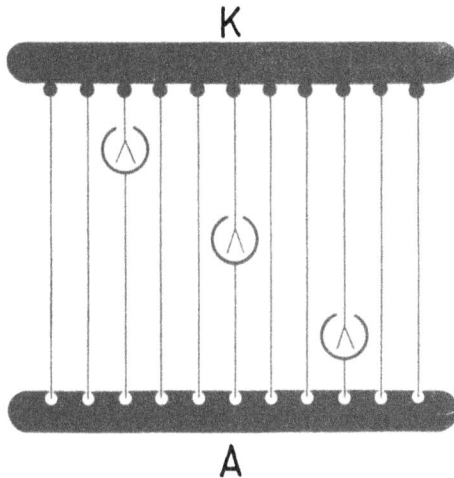

Die Elektroskope zeigen die Liniensumme der Feldstärke längs einer Feldlinie an.

− 79 −

Gehäuse und wird vom Elektroskop angezeigt. Sobald wir also eine Feldlinie durch einen Leiter ersetzen in den ein Elektroskop eingeschaltet ist, gibt das Elektroskop die Liniensumme der Feldstärke an, die längs jener Feldlinie vorhanden war. Dabei darf der Leiter nur im Elektroskop unterbrochen sein, denn sonst verteilt sich die Spannungsabnahme mit auf die andern Lücken im Leiter nach dem Gesetz des § 16 in Band II umgekehrt proportional der Kapazität der kleinen Kondensatoren, die diese Lücken darstellen.

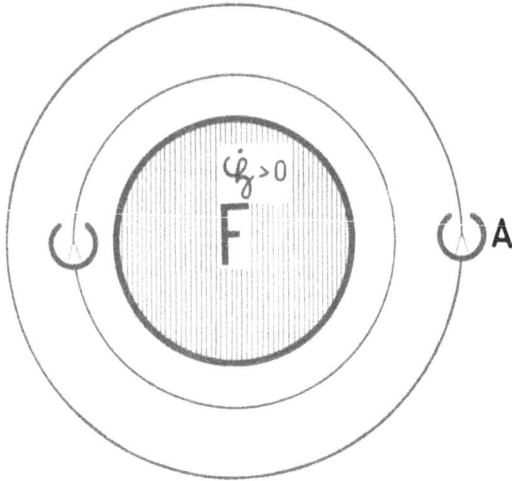

Die Elektroskope zeigen die Liniensumme der Feldstärke längs der kreisförmigen Feldlinien an. In der Umgebung von A gibt es zwei Spannungen, die des Gehäuses und die der Blättchen.

— 80 —

Geradeso ersetzen wir auch im induzierten Feld eine ganze Feldlinie durch einen Leiter, der an einer Stelle durch ein Elektroskop unterbrochen ist. Das Elektroskop müßte die ganze Liniensumme der Feldstärke $2\pi r \cdot \mathfrak{E}$ anzeigen, die vorher längs der Feldlinie vorhanden war, und das täte es auch, wenn es empfindlich genug wäre; so bleibt es beim Gedankenversuch, dessen Ergebnis in Abbildung 80 dargestellt ist. Die Berechtigung zu diesem Schluß geben uns die Versuche des § 19, wo wir einmal gezeigt haben, daß das mit konstanter Geschwindigkeit wachsende Magnetfeld die Elektronen in Bewegung setzt, und die Versuche des § 14, bei denen die Wirkung der auf die Elektronen wirkenden Kräfte als die vom Elektroskop angezeigte Spannung erschien. So ist also die Abbildung 77 als die zusammenfassende vereinfachte Veranschaulichung unserer Versuchsergebnisse, nicht als Darstellung eines wirklich ausgeführten Versuchs aufzufassen. Sie sagt uns: Ein Magnetfeld, dessen Feldstärke mit konstanter Geschwindigkeit sich ändert, ist von einem konstanten elektrischen Feld umgeben.

Ein wichtiger Schluß ist hier noch zu ziehen: F ist der Flächeninhalt des Feldquerschnitts, in den Gleichungen (1) und (2) des § 26 kommt der Inhalt der von der Induktionswindung umschlossenen Fläche nicht vor. Das heißt für eine Schleife, die das Magnetfeld kreisförmig umschlingt: die in der Schleife induzierte Spannung ist unabhängig vom Durchmesser. Fassen wir Schleife und Elektrometer als Indikator für diese Spannung auf, so bedeutet das:

Die Liniensumme der elektrischen Feldstärke ist längs aller kreisförmigen elektrischen Feldlinien, die dasselbe sich ändernde Magnetfeld umgeben, in jedem Augenblick dieselbe. Ist also r (cm) der Halbmesser irgend einer Feldlinie, $\mathfrak{E}$ (Volt/cm), die Feldstärke längs dieser Feldlinie, so ist für alle Feldlinien die Liniensumme der Feldstärke

$$\Delta E = 2\pi r \cdot \mathfrak{E} \text{ (Volt)}$$

dieselbe und das Produkt

$$r \cdot \mathfrak{E} = \frac{\Delta E}{2\pi} \text{ konstant, oder } \mathfrak{E} = \frac{\Delta E}{2\pi r} :$$

Die elektrische Feldstärke nimmt mit wachsender Entfernung von der Achse des sich ändernden Magnetfeldes ab, und zwar beträgt sie in der n-fachen Entfernung von der Achse nur noch den n-ten Teil.

§ 28. Der Inhalt der zweiten Maxwellschen Gleichung.

Der wertmäßige Zusammenhang zwischen den Größen des sich ändernden magnetischen und des induzierten elektrischen Feldes ist in der sogenannten zweiten Maxwellschen Gleichung enthalten. Wir versagen uns, diese Gleichung in ihrer ursprünglichen Form wiederzugeben, dazu sind größere mathematische Hilfsmittel erforderlich, als wir sie hier benutzen wollen. Aber den Inhalt der Gleichung können wir hier entwickeln.

Die Gleichung

$$\Delta E = \mu \cdot F \cdot \dot{\mathfrak{H}} \text{ (Volt)}$$

aus § 26 galt ursprünglich für einen kreisförmigen Leiter, in

§ 27 haben wir ihre Gültigkeit auf jede kreisförmige Feldlinie ausgedehnt. Wir zeigen jetzt, daß die Gleichung auch für jede andere Kurve gilt, die das Magnetfeld gerade einmal umschlingt.

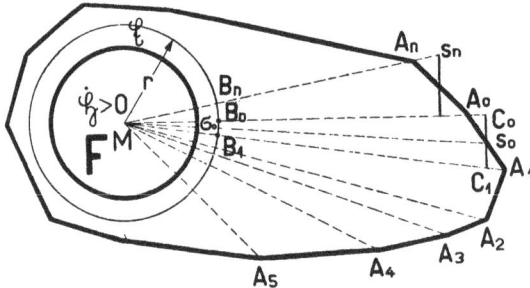

Berechnung der Liniensumme der Feldstärke längs einer Kurve, die das Magnetfeld einmal umschlingt.

— 81 —

In Abbildung 81 ist eine solche Kurve durch einen Streckenzug $A_0 A_1 A_2 \ldots A_n A_0$ dargestellt. Wir berechnen die Spannung zwischen A_0 und A_1. $A_0 M$ schneidet die Feldlinie mit dem Radius r in B_0, $A_1 M$ in B_1. Die Spannung in B_0 ist gerade so groß wie die Spannung in A_0, die in B_1 so groß wie in A_1, denn senkrecht zu den Feldlinien ändert sich die Spannung nicht. Als Feldstärke in A_0 und A_1 nehmen wir einen mittleren Wert $\mathfrak{E}_0$, dann ist die Feldstärke zwischen B_0 und B_1

$$\mathfrak{E} = \frac{\mathfrak{E}_0 \cdot r_0}{r} \text{ (Volt/cm) (§ 27),}$$

und die Spannung zwischen B_0 und B_1 oder A_0 und A_1 beträgt

$$\mathfrak{E} \cdot \sigma_0 = \frac{\mathfrak{E}_0 \cdot r_0 \cdot \sigma_0}{r} = \text{(Volt) } (\sigma_0 = B_0 B_1).$$

Weiter ergibt sich aus Abbildung 81:

$$\sigma_0 = s_0 \cdot \frac{r}{r_0}$$

und damit als Spannung zwischen A_0 und A_1 oder B_0 und B_1

$$\mathfrak{E}_0 s_0 = \mathfrak{E} \cdot \sigma_0,$$

wobei $s_0 = C_0 C_1$ die Komponente der Strecke $A_0 A_1$ in der Feldlinienrichtung bedeutet. Beim Durchlaufen des Streckenzuges addieren wir die Einzelspannungen und finden die Gesamtspannung:

$$\Sigma \mathfrak{E} \cdot s = \mathfrak{E}_0 \cdot s_0 + \mathfrak{E}_1 s_1 + \mathfrak{E}_2 s_2 + \ldots + \mathfrak{E}_n \cdot s_n =$$
$$= \mathfrak{E} \cdot \sigma_0 + \mathfrak{E} \cdot \sigma_1 + \mathfrak{E} \cdot \sigma_3 + \ldots + \mathfrak{E} \cdot \sigma_n.$$

Die letzte Summe ist die Liniensumme der Spannung längs der Feldlinie $B_0 B_1 B_2 \ldots B_n$, folglich ist:

$$\Sigma \mathfrak{E} \cdot s = \mu \cdot F \cdot \dot{\mathfrak{H}}.$$

Längs jeder Kurve, die ein sich änderndes Magnetfeld einmal umschlingt, wird eine Spannung induziert, die gleich ist dem Produkt aus der Induktionskonstanten, dem Flächeninhalt des Feldquerschnitts und der Änderungsgeschwindigkeit der magnetischen Feldstärke. Das ist im wesentlichen der Inhalt der zweiten Maxwellschen Gleichung.

§ 29. Folgerungen aus der zweiten Maxwellschen Gleichung.

In Abbildung 82 umfaßt die in sich geschlossene Kurve ABCDA das Magnetfeld nicht. A und C sind die Berührungspunkte der von M aus an die Kurve gelegten Tangenten. Die Liniensumme der Feldstärke längs dieser Kurve setzt sich zusammen aus den Liniensummen längs der beiden Teile ABC und CDA. Der erste Summand ist die Spannung zwischen den Punkten A' und C' gebildet in der Richtung gegen die Feldlinien, der zweite Summand ist geradesogroß, nur ist die Summe in der Richtung der Feldlinien gebildet und darum das Negative des ersten Summanden, folg-

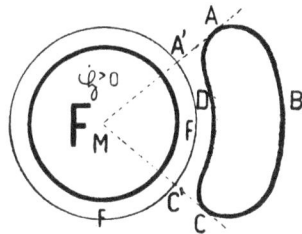

Längs einer Kurve, die das Magnetfeld nicht umschlingt, ist die Gesamtspannung Null.
—82—

lich ist die Liniensumme der Feldstärke längs der Kurve ABCDA Null, d. h. in einer Windung, die nicht von dem sich ändernden Magnetfeld durchsetzt wird, ist die gesamte induzierte Spannung Null, ein in sie geschaltetes Elektroskop schlägt ebensowenig aus wie ein Galvanometer. Geht die Windung durch das Magnetfeld hindurch, so wirkt induzierend nur der Teil des Feldes, der von der Spule umschlungen wird. Für F ist dann der Inhalt der schraffierten Fläche nach Abbildung 73 c zu nehmen. Wird diese gemeinsame Fläche Null, so kommen wir wieder zu dem obigen

Ergebnis: Die Liniensumme der Feldstärke längs einer Kurve, die das sich ändernde Magnetfeld nicht umschlingt, ist Null.

Eine Kurve umschlinge das Magnetfeld zweimal (Abbildung 83). Wir bilden zunächst die Liniensumme der Feldstärke von A_0 bis A_1 über B_0 und erhalten denselben Wert wie beim einmaligen Durchlaufen der Feldlinie f, dann summieren wir längs des Kurvenstücks von A_1 über B_1 bis A_0 und erhalten denselben Wert noch einmal. Wir verallgemeinern:

Die Liniensumme der elektrischen Feldstärke längs einer Kurve, die das sich ändernde Magnetfeld n-mal umschlingt, ist n-mal so groß wie längs einer Feldlinie. Das ist eben der Satz: Die in einer Induktionsspule von n Windungen induzierte Spannung beträgt

$$\Delta E = n \cdot \mu \cdot \mathfrak{H} \cdot F \text{ (Volt).}$$

Die Sätze des § 20 in Band I gelten nicht im induzierten elektrischen Feld.

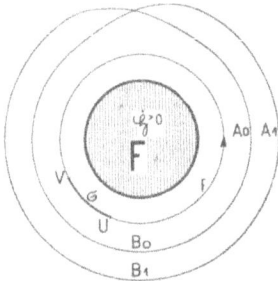

Doppelte Spannung bei zweifacher Umschlingung.

– 83 –

Hier kann auch zwischen zwei Punkten eines Leiters ein Strom fließen, ohne daß zwischen den beiden Punkten eine Spannung besteht: Der Kreis f in Abbildung 83 stelle einen kreisförmigen Kupferdraht dar. Aus ihm greifen wir ein Stück U V der Länge σ heraus, sein Querschnitt sei q, der spezifische Leitwert des Kupfers sei ρ, die Stromstärke im Kupferring sei i. Dann wirkt U V einmal als „Spannungserzeuger", die Liniensumme der Feldstärke von U bis V ist σ · ℰ (Volt), dann aber auch als „Spannungsverzehrer", der Ohmsche Spannungsverlust in ihm beträgt $\sigma \cdot \dfrac{\rho}{q} \cdot i$ (Volt), folglich die Spannung zwischen U und V

$$\sigma \cdot \mathfrak{E} - \sigma \cdot \frac{\rho}{q} \cdot i \text{ (Volt).}$$

Dabei ist

$$i = \frac{2\pi \cdot r \cdot \mathfrak{E}}{R} \text{ (Ampere);}$$

der Zähler ist die in dem ganzen Kreis f induzierte Spannung

(§ 27), der Nenner der Gesamtwiderstand des Ringes f.   Sind
ρ und q über den ganzen Leiter konstant, so wird

$$R = \frac{2\,\pi \cdot r \cdot \rho}{q} \;(\text{Ohm})$$

und

$$i = \frac{\mathfrak{E} \cdot q}{\rho} \;(\text{Ampere}).$$

Dann beträgt der Ohmsche Spannungsverlust auch

$$\sigma \cdot \mathfrak{E} = \sigma \cdot \frac{\rho}{q} \cdot \mathfrak{E} \cdot \frac{q}{\rho} \;(\text{Volt}),$$

und die Spannung zwischen U und V ist Null.   In jedem Leiter-
teil werden eben in einer bestimmten Zeit geradesoviel Voltse-
kunden induziert, wie durch die Elektronenströmung verschwinden.
Darum ist die Spannung zwischen je zwei Punkten des Leiters
Null, und doch fließt in dem Leiter ein Strom; der Satz aus Band I
Seite 51 unten gilt also im induzierten Feld nicht.

Ebenso kann im Gegensatz zu dem Satz aus Band I Seite 50
(oben) zwischen zwei Punkten eines Leiters eine Spannung bestehen, ohne daß ein Strom fließt.   In Abbildung 80 zeigt das
Elektroskop   eine   Spannung
zwischen Blättchen u. Gehäuse
an, dabei sind Blättchen und
Gehäuse   die   Enden   eines
Leiters, in dem kein Strom
vorhanden ist.   Es bleibt auch
in diesen Fällen immer wieder
bei dem „als ob".   Die im
induzierten elektrischen Feld
auf die Elektronen des Leiters
ausgeübten Kräfte wirken, a l s
o b in jedes noch so kleine
Leiterteilchen ein Spannungserzeuger eingeschaltet wäre.

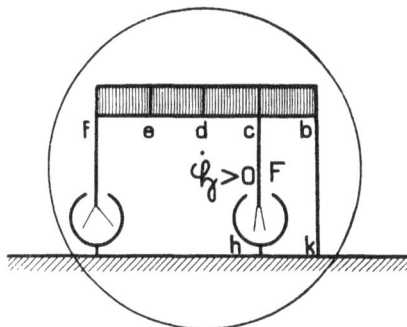

Zwischen f und c fließt kein Strom.

– 84 –

In Abbildung 84 ist derselbe Leiter wie in Band I Abbildung 96 auf Seite 50, diesmal von der städtischen Leitung getrennt, aber am anderen Ende geerdet dargestellt. Durchsetzt das
sich ändernde Magnetfeld die Fläche zwischen Leiter und Erde,
so müßte das bei f angeschaltete Elektroskop größere Spannung
anzeigen als das bei c angeschaltete. Denn bei diesem geht in
die zweite Maxwellsche Gleichung als F nur der Inhalt der klei-
neren Fläche hkbc ein. Dabei fließt zwischen f und c kein
Strom. Auch hier handelt es sich nur um eine gedankliche Folgerung aus der Maxwellschen Theorie, nicht um einen wirklich
ausgeführten Versuch.

§ 30. Der induzierte Verschiebungsstrom.

Wir haben seither die Änderungsgeschwindigkeit der magnetischen Feldstärke als konstant vorausgesetzt. Ist diese Bedingung nicht erfüllt, so können wir $\mathfrak{H}$ wenigstens für eine kurze
Zeit als unverändert ansehen. Dann gilt für jeden Zeitpunkt die
zweite Maxwellsche Gleichung

$$\Delta E = \Sigma \cdot \mathfrak{E} \cdot s = \mu \cdot \dot{\mathfrak{H}} \cdot F \text{ (Volt),}$$

wobei ΔE die im Augenblick induzierte Spannung, $\dot{\mathfrak{H}}$ die augenblickliche Änderungsgeschwindigkeit der magnetischen Feldstärke
bedeutet.

Wir wollen jetzt annehmen: $\mathfrak{H}$ wächst, das geschieht beim Grund-
versuch der Abbildung 66 während des Aufdrehens des Schraub-
quetschhahns; dadurch wird der Amperemeterzeiger beschleunigt,
und die vom Spiegelgalvanometer angezeigte Spannung wird
größer. Wie wirkt sich das im induzierten elektrischen Feld aus?

Wir unterscheiden drei Fälle:

1. Im induzierten Feld befindet sich ein ringförmig geschlossener Leiter, der das Magnetfeld umschlingt: Dann müßten die
Elektronen bei konstantem $\mathfrak{H}$ dauernd beschleunigt werden. Doch
nimmt die Elektronengeschwindigkeit und damit die Stromstärke
einen konstanten Wert an, da die Bewegung im widerstehenden
Mittel vor sich geht (Band II, § 43). Bei wachsendem $\mathfrak{H}$ wachsen
Elektronengeschwindigkeit und Stromstärke. Wird $\mathfrak{H}$ Null, so
verschwinden beide.

2. Im induzierten Feld befindet sich ein Nichtleiter: Mit dem Magnetfeld entsteht auch das elektrische Feld. Die Elektronen verschieben sich nur innerhalb ihrer Moleküle in der Richtung der Feldlinien; je zwei benachbarte Moleküle bilden einen Kondensator, und so entsteht die Verteilung, wie sie in Abbildung 85 versinnlicht ist. Bei konstantem $\dot{\mathfrak{H}}$ können wir die Abbildung als „Zeitaufnahme" betrachten. Im elektrischen Feld ändert sich nichts. Erst wenn $\mathfrak{H}$ größer wird, nimmt die Elektronenverschiebung zu, im Nichtleiter fließt ein Verschiebungsstrom (Band II, § 22). Erstarrt das Magnetfeld, so kehren die Elektronen in ihre normale Lage innerhalb ihrer Moleküle zurück. Den bei dieser Rückkehr entstehenden Strom haben wir in vergröberter Form beim Versuch der Abbildung 61b schon beobachtet.

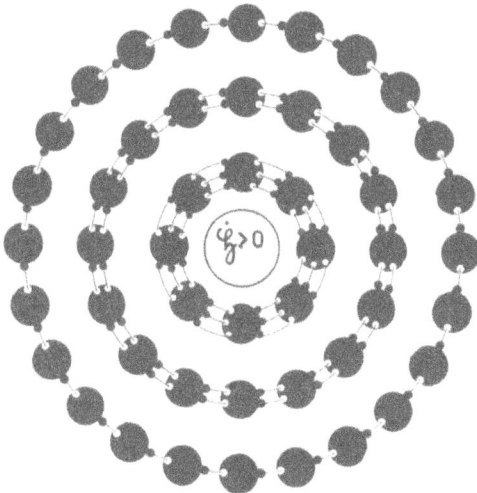

Grobsinnliche Veranschaulichung des elektrischen Feldes in der Umgebung eines sich ändernden magnetischen Feldes.

— 85 —

3. Der Raum, der von dem Magnetfeld durchsetzt wird, sei frei von jeder Materie. Dann bleibt nichts übrig als ein elektrisches Feld, das bei konstantem $\dot{\mathfrak{H}}$ selbst konstant ist, bei Änderung von $\mathfrak{H}$ sich mitändert. Diese Erscheinung haben wir schon in Band II, § 23, als Verschiebungsstrom im allgemeinsten Sinne bezeichnet, und wir können jetzt, wie wir dort schon angekündigt

6*

haben, sagen: Ein sich mit veränderlicher Geschwindigkeit änderndes Magnetfeld ist von einem Stromkreis umgeben, in dem lediglich
ein Verschiebungsstrom fließt. Das ist unsere letzte Abstraktion
aus der Induktionserscheinung. Experimentell zugänglich wird
uns dieser Verschiebungsstrom erst dann, wenn wir in sein Gebiet
Materie hereinbringen. Ihre Hauptstütze findet die Annahme des
auch im materiefreien Raum vorhandenen Verschiebungsstroms
— das sei hier mitgeteilt — in der Existenz sich raumzeitlich
ausbreitender elektrischer Wellen, auf denen der Rundfunk beruht
und zu denen wir auch die durch den leeren Raum von fernen
Himmelskörpern kommenden Lichtwellen rechnen. Eine Antenne
ist weiter nichts als ein in das Feld gebrachter Leiter, in dem
ein Leitungsstrom entsteht.

V. Der Induktionsvorgang, Ergänzungen und Erweiterungen.

§ 31. Änderung des Induktionsflusses durch Drehung der Induktionsspule.

Wir hatten in § 23 den Induktionsfluß definiert:

$$\Phi = \mu \cdot \mathfrak{H} \cdot F$$

als die Anzahl der Voltsekunden, die in einer einzigen Windung induziert werden, wenn die magnetische Feldstärke von Null bis zum Höchstwert anwächst. Befindet sich diese Windung innerhalb der Feldspule und wird sie von den Feldlinien senkrecht durchsetzt, so bedeutet F den Inhalt der von der Windung umschlossenen Fläche. Besteht die Induktionsspule aus n gleichen Windungen, so entsteht in ihr unter gleichen Umständen ein Spannungsstoß

$$W = n \cdot \Phi = \mu \cdot \mathfrak{H} \cdot n \cdot F \text{ (Voltsekunden)}.$$

Zur Erzeugung des Magnetfeldes benutzen wir bei den folgenden

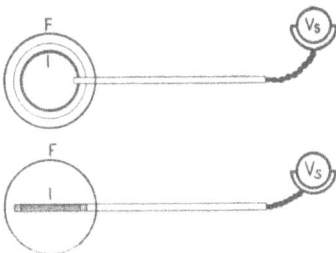

Versuchen die Feldspule mit dem Schlitz (Abbildung 74). Die Induktionsspule besteht aus

$$n = 120$$

Windungen dünnen Drahtes. Der Spulenkörper, der diese Windungen

Außen Feldspule, in diese ist durch seitlichen Schlitz die Induktionsspule eingeführt und kann gedreht werden.

trägt, ist durchsichtig, sodaß leicht festzustellen ist, daß sämtliche Windungen nahezu denselben Durch-

messer von 6 cm und denselben Flächeninhalt

$$F_s = 9\,\pi \ \mathrm{cm}^2$$

haben. Diese Flachspule sitzt an einem Stiel, durch den die Zuleitungen aus weicher Klingelleitungslitze führen.

Der Feldstrom wird mittels eines veränderlichen Leiters auf eine Stromstärke von 5 bis 10 Ampere eingestellt. Die Induktionsspule wird senkrecht zu den Feldlinien zwischen die beiden Spulen gebracht. Dann beobachten wir denselben Stoßausschlag,

1. wenn wir den Feldstrom öffnen und schließen,
2. wenn wir die Induktionsspule in das Feld hinein oder aus ihm herausbringen

und — das folgende ist neu —

3. wenn wir die Induktionsspule im Feld um $\dfrac{\pi}{2}$ aus ihrer ersten Lage heraus- oder aus der Lage parallel zu den Feldlinien in die ursprüngliche Lage zurückdrehen (Abbildung 86). Bei diesem Drehen ändert sich offenbar der Querschnitt des Feldes, das die Spule durchsetzt, also die Größe F, die in der Gleichung für W und Φ vorkommt, von dem größten Wert F_s (Scheitelwert von F) bis zum Wert Null oder umgekehrt, und diese Änderung bringt in der Induktionsspule ebenso wie die Änderungen unter 1 und 2 einen Spannungsstoß hervor.

Wir kommen damit zu der Frage: Wie hängt der Induktionsfluß

$$\Phi = \frac{W}{n} \quad \text{(Voltsekunden)}$$

mit der Lage der Spule zu den Feldlinien zusammen? Versuchsanordnung: Der Stiel der Induktionsspule kommt auf einen Lagerbock, auf dem er sich drehen läßt. Auf den Stiel wird senkrecht zur Ebene der Spule ein Zeiger aufgesteckt (Abbildung 87). Hinter dem Zeiger befindet sich eine Kreisscheibe mit Winkelteilung.

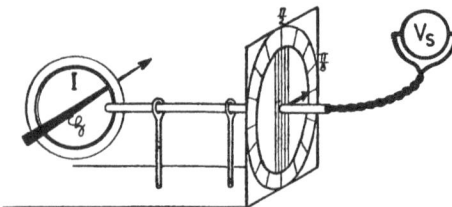

Die Feldspule, die in die drehbare Induktionsspule hineinragt, ist nicht gezeichnet.

$-87-$

Wir stellen den Zeiger auf Null und schließen dann den Feldstrom, der Stoßausschlag ist groß. Dann drehen wir den Zeiger (Abbildung 88) und wiederholen den Versuch, der Stoßausschlag nimmt ab und wird Null, wenn der Zeiger auf $\dfrac{\pi}{2}$ steht. Dann wird er wieder größer, nimmt bei π den größten negativen Wert an usw.

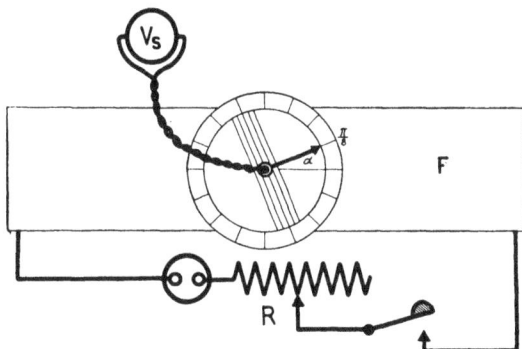

Bestimmung des Induktionsflusses durch die Spule mittels Stoßausschlägen.

$-88-$

Wir stellen die Ergebnisse graphisch dar, indem wir nur die Stoßausschläge beim Schließen des Feldstromes heranziehen und erhalten die Sinuskurve der Abbildung 89 oben. Die Kurve sagt uns: Der Induktionsfluß durch die Induktionsspule ist proportional dem Cosinus des Winkels, den die Achse der Spule mit den Feldlinien bildet.

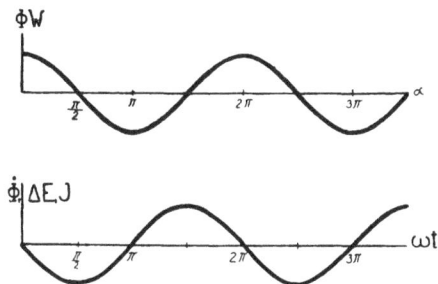

Oben: Kurve des Induktionsflusses.
Unten: Kurve der Änderungsgeschwindigkeit des Induktionsflusses.

$-89-$

Wir schreiben also:
$$W = c \cdot \cos \alpha \,,$$
bei $\alpha = 0$ hat der Spannungsstoß seinen größten Wert
$$W_s = c = \mu \cdot \mathfrak{H} \cdot n \cdot F_s \text{ (Voltsekunden)},$$
und wir erhalten für das veränderliche W die Gleichung:
$$W = W_s \cdot \cos \alpha = \mu \cdot \mathfrak{H} \cdot n \cdot F_s \cos \alpha \text{ (Voltsekunden)}$$
und entsprechend für Φ den Wert
$$\Phi = \Phi_s \cdot \cos \alpha = \mu \cdot \mathfrak{H} \cdot F_s \cdot \cos \alpha \text{ (Voltsekunden)},$$
dabei ist Φ_s der größte Induktionsfluß durch die Spule, der dann erreicht wird, wenn diese von den Feldlinien senkrecht durchsetzt wird.

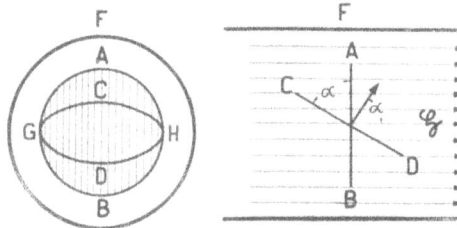

Ellipse als Querschnitt des Induktionsflusses durch die Spule.
$$-90-$$

Der Ausdruck $F_s \cdot \cos \alpha$ (cm^2) hat eine einfache geometrische Bedeutung: Die Gesamtheit der Feldlinien, die durch die gedrehte Induktionsspule hindurchgehen, bildet einen geraden Zylinder. Der Querschnitt dieses Zylinders senkrecht zu den Feldlinien ist eine Ellipse vom Flächeninhalt $F_s \cdot \cos \alpha$ (cm^2) (Abbildung 90). F_s ist der größte Wert, den jener Querschnitt annimmt. Verstehen wir unter F den sich bei Drehung der Induktionsspule verändernden Querschnitt des Feldes, das die Spule durchsetzt:
$$F = F_s \cdot \cos \alpha \text{ (cm}^2\text{)},$$
so lautet jetzt die Gleichung für den Induktionsfluß
$$\Phi = \Phi_s \cdot \cos \alpha = \mu \cdot \mathfrak{H} \cdot F_s \cdot \cos \alpha = \mu \cdot \mathfrak{H} \cdot F \text{ (Voltsekunden)}$$
und entsprechend die für den Spannungsstoß
$$W = W_s \cdot \cos \alpha = \mu \cdot \mathfrak{H} \cdot n \cdot F \text{ (Voltsekunden)}.$$

§ 32. Induzierte Spannung bei Drehung der Induktionsspule.

Eine Änderung des Induktionsflusses Φ durch die Induktionsspule haben wir früher dadurch herbeigeführt, daß wir $\mathfrak{H}$ änderten;
die Versuche des letzten Paragraphen haben uns gezeigt, daß bei
Drehung der Induktionsspule sich Φ ändert und daß auch bei
Änderung von F, dem Querschnitt des die Induktionsspule durchsetzenden Feldes, ein Spannungsstoß, also auch eine Spannung
induziert wird; um diese beobachten zu können, verlangsamen
wir die Drehung. Der Stiel, der die Induktionsspule trägt, wird
mit einem Schnurrädchen versehen, dieses wird über ein Vorgelege
mit Zahn- und Schneckenrad von einem Grammophonmotor in
Umdrehung versetzt, sodaß es sich in etwa einer Minute gerade
einmal ganz herumdreht. An dem Zeiger beobachten wir, wie in
Abbildung 88, die jeweilige Stellung der Induktionsspule (Abbildung 91). Die Skala, auf der der Lichtzeiger des Spiegelgalvanometers spielt, wird zweckmäßig unmittelbar über der Scheibe mit
der Gradeinteilung aufgehängt. Bei eingeschaltetem Feldstrom
lassen wir dann die Induktionsspule sich drehen. Die Zuleitungs
drähte zur Induktionsspule bestehen aus weicher Klingelleitungslitze, deren Verdrillung die Drehung nicht behindert, zumal wir
uns auf wenige Umdrehungen beschränken.

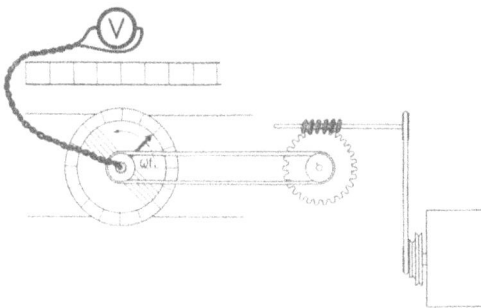

Langsame Drehung der Induktionsspule zur Beobachtung der
induzierten Spannung. Oben Spiegelgalvanometer mit Skala.
−91−

Wir lassen die Drehung beginnen, während der Zeiger auf
Null steht, und beobachten: Der Lichtzeiger geht bei passendem

Anschluß des Galvanometers zuerst nach links; der Ausschlag wächst und erreicht seinen größten Wert, wenn der Zeiger auf der runden Skala durch $\frac{\pi}{2}$ geht. Dann nimmt der Ausschlag ab, wird Null, wenn der Zeiger durch π geht; danach geht der Lichtzeiger nach rechts, kehrt um, wenn der Zeiger durch $\frac{3\pi}{2}$ geht, wird wieder Null bei 2π usw. Das heißt also: Gerade dann, wenn der Induktionsfluß Φ selbst Null ist, ist seine Änderungsgeschwindigkeit $\dot{\Phi}$ und damit die induzierte Spannung ΔE am größten; bei der Stellung der Induktionsspule, bei der Φ seinen größten Wert hat, ist ΔE Null.

Zur genaueren Untersuchung überlagern wir wieder der waagerechten Bewegung des Lichtzeigers die senkrechte Bewegung des langsam laufenden Drehspiegels der Abbildung 30. Folgen wir dem Lichtfleck auf der Tafel mit der Kreide, so erhalten wir den Verlauf der induzierten Spannung als Funktion der Zeit oder der Spulenstellung. Die regelrechte Sinuskurve, die wir dabei bekommen, ist in Abbildung 89 unten dargestellt. Wir sehen, wie die obere Kurve mit ihren höchsten und tiefsten Punkten und ihren Nullstellen hinter der unteren Kurve zurückbleibt. Diese Erscheinung wird als „Phasenverschiebung" bezeichnet. „Induzierte Spannung ΔE und Änderungsgeschwindigkeit des Induktionsflusses $\dot{\Phi}$ sind gegen den Induktionsfluß Φ selbst um $\frac{\pi}{2}$ in der Phase verschoben".

Mathematisch sieht dies so aus: Es sei T (sec) die Zeit für eine volle Umdrehung der Induktionsspule, also etwa 60 Sekunden. Dann ist:

$$\omega = \frac{2\pi}{T} \ (\text{sec}^{-1}) \tag{1}$$

die Winkelgeschwindigkeit und

$$\alpha = \omega \cdot t = \frac{2\pi}{T} \cdot t \tag{2}$$

der Winkel, um den sich der Zeiger in der Zeit t dreht. Zählen wir die Zeit von dem Augenblick an, wo der Zeiger auf Null steht, so ist „Schlag t"

$$\Phi = \Phi_s \cdot \cos\alpha = \Phi_s \cdot \cos\omega \cdot t \text{ (Voltsekunden) (§ 30).} \quad (3)$$

Um die kurze Zeit τ später, also „Schlag $t + \tau$" hat der Induktionsfluß den Wert

$$\Phi_1 = \Phi_s \cdot \cos\omega \, (t + \tau) \text{ (Voltsekunden)}.$$

Die Änderungsgeschwindigkeit des Induktionsflusses beträgt danach

$$\frac{\Phi_1 - \Phi}{\tau} = \Phi_s \cdot \frac{\cos\omega \cdot (t + \tau) - \cos\omega \cdot t}{\tau} \text{ (Volt)}$$

$$= - \Phi_s \cdot \frac{2 \sin\omega \cdot \dfrac{\tau}{2} \cdot \sin\omega \cdot t}{\tau}$$

$$= - \Phi_s \cdot \omega \cdot \frac{\sin\omega \cdot \dfrac{\tau}{2}}{\omega \cdot \dfrac{\tau}{2}} \cdot \sin\omega \, t.$$

Geht τ gegen Null, so nähert sich der Bruch dem Grenzwert 1, und wir finden:

$$\dot\Phi = - \Phi_s \cdot \omega \cdot \sin\omega \cdot t \text{ (Volt)}. \quad (4)$$

Den größten Wert den $\dot\Phi$ annehmen kann, bezeichnen wir mit

$$\dot\Phi_s = \Phi_s \cdot \omega \text{ (Volt)} \quad (5)$$

und setzen statt (4)

$$\dot\Phi = - \dot\Phi_s \cdot \sin\omega \cdot t \text{ (Volt)}. \quad (6)$$

Statt dessen können wir auch schreiben:

$$\dot\Phi = \dot\Phi_s \cdot \cos\left(\omega \cdot t + \frac{\pi}{2}\right) \quad (7)$$

$$= \dot\Phi_s \cdot \cos\left(\alpha + \frac{\pi}{2}\right) \text{ (Volt)}.$$

Wir lassen t nacheinander die Werte $0, \frac{1}{4}\, T, \frac{1}{2}\, T, \frac{3}{4}\, T,$ $T \ldots$ annehmen und berechnen α, Φ und $\dot\Phi$ nach den Gleichungen (2), (3) und (7). Die induzierte Spannung ist das n-fache von $\dot\Phi$.

t	α	Φ	$\dot{\Phi}$
O	O	Φ_s	O
$\frac{1}{4}\,T$	$\frac{1}{2}\,\pi$	O	$-\dot{\Phi}_s$
$\frac{1}{2}\,T$	π	$-\Phi_s$	O
$\frac{3}{4}\,T$	$\frac{3}{2}\,\pi$	O	$\dot{\Phi}_s$
T	$2\,\pi$	Φ_s	O

$\dot{\Phi}$ geht also immer eine Viertelumdrehungszeit früher durch Null
als Φ und erreicht ebensoviel eher seinen Höchst- und Tiefstwert.

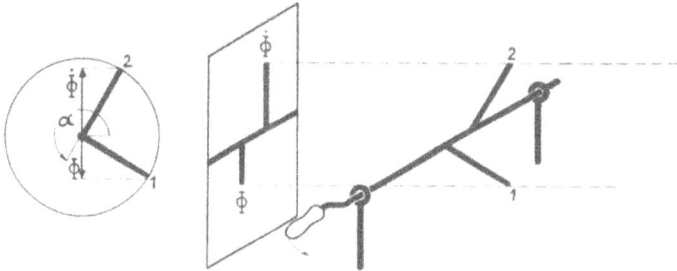

Darstellung des Verlaufs von Induktionsfluß und Spannung durch
Projektion zweier gedrehter Vektoren auf die Y-Achse. Links
geometrisch, rechts in Schattenprojektion.
−92−

Außer durch die Kurven der Abbildung 70 läßt sich die
Phasenverschiebung auch so veranschaulichen (Abbildung 92):
Von dem Nullpunkt eines rechtwinkligen Koordinatensystems
aus ziehen wir unter dem Winkel α gegen die Y-Achse eine
Strecke O 1, die uns Φ_s darstellen soll. An sie tragen wir in O einen

rechten Winken gegen den Uhrzeiger an, die Länge des zweiten
Schenkels O2 bedeute $\dot{\Phi}_s$. Beide Strecken projizieren wir senkrecht auf die Y-Achse. Dann ist die Projektion der ersten Strecke Φ,
die der zweiten $\dot{\Phi}$. Dann drehen wir den rechten Winkel gegen
den Uhrzeiger, die beiden Projektionen zeigen dann die Phasenverschiebung. Physikalisch läßt sich dies mit guter Annäherung
so verwirklichen: Auf eine waagerechte Achse schrauben wir zwei
aufeinander und auf der Achse senkrechte Stäbe (Abbildung 92).
Mittels einer punktförmigen Lichtquelle entwerfen wir auf einem
zur Achse parallelen Schirm ein Schattenbild des Gerätes und
beobachten dieses, während wir die Achse in langsame Umdrehung mittels einer Handkurbel setzen. Je weiter die Lichtquelle
vom Gerät entfernt steht, desto mehr nähert sich der Schatten-
wurf einer senkrechten Parallelprojektion, die es streng genommen
sein müßte.

§ 33. Der sinusförmige Wechselstrom.

Die untere Kurve in Abbildung 89, die wir bei umlaufender
Induktionsspule durch Überlagerung der Lichtzeigerbewegung mit
der durch den langsamen Drehspiegel erzeugten erhalten haben,
können wir als Darstellung der veränderlichen induzierten Spannung ΔE in Abhängigkeit vom Winkel oder der Zeit auffassen.
Lassen wir die Induktionsspule schneller laufen, so werden die
Ordinaten parallel zur senkrechten Achse größer, dafür rücken
die Nullstellen, d. h. die Schnittpunkte mit der Zeitachse näher
zusammen, die Flächeninhalte zwischen der Zeitachse und einem
Kurvenstück zwischen zwei Nullstellen bleiben dabei entsprechend
ihrer Bedeutung als Zeitsummen der induzierten Spannung konstant. Das Spiegelgalvanometer haben wir dabei als Voltmeter
benutzt.

Die Spannungsdifferenz im Induktionskreis bringt einen Strom
hervor, dessen Stromstärke nach dem Ohmschen Gesetz

$$J = \frac{\Delta E}{R} \text{ (Ampere)}$$

beträgt, wobei R (Volt/Ampere) den Widerstand des Induktionskreises bedeutet. Da

$$\Delta E = -n \cdot \dot{\Phi} = -n \cdot \dot{\Phi}_s \sin \alpha = -n \cdot \dot{\Phi}_s \cdot \sin \omega \cdot t \text{ (Volt)}$$

beträgt, wird die Stromstärke veränderlich nach der Gleichung

$$J = -\frac{n \cdot \dot{\Phi}_s}{R} \cdot \sin \omega t \text{ (Ampere)}.$$

Der höchste Wert, den J bei konstantem ω annimmt, ist dabei

$$J_s = -\frac{n \cdot \dot{\Phi}_s}{R} \text{ (Ampere)},$$

und wir erhalten:

$$J = -J_s \cdot \sin \omega t \text{ (Ampere)}.$$

Somit ändert sich J nach demselben Sinusgesetz wie ΔE und $\dot{\Phi}$, und wir können seine zeitliche Änderung durch die Kurve der der Abbildung 89 nur mit anderer Bezeichnung darstellen.

Ein Strom, dessen Stromstärke sich nach der letzten Gleichung oder, was dasselbe bedeutet, entsprechend der Kurve der Abbildung 89 ändert, wird als „Sinusförmiger Wechselstrom" bezeichnet. J_s heißt „Scheitelwert der Stromstärke", die Zeit T zwischen einem Durchgang durch Null und dem übernächsten „Periode des Wechselstroms", ihr Kehrwert

$$f = \frac{1}{T} \text{ (/sec)}$$

„Frequenz". f gibt an, wieviel Perioden auf eine Sekunde kommen, in unserm obigen Beispiel beträgt f also $\frac{1}{60}$ /sec (je Sekunde).

Das Gerät der Abbildung 91, mit dem wir den Wechselstrom erzeugen, ist eine „Wechselstromdynamomaschine". Sie gehört mit den galvanischen Elementen und der Influenzmaschine zusammen zu den Elektrizitätspumpen. Die Maschine setzt unter Benutzung magnetischer Felder Elektronen in Bewegung. Das häufig gebrauchte Wort „Generator" ist danach mit „Spannungs- oder Stromerzeuger" zu übersetzen. Verschiedene technische Formen solcher Generatoren werden wir noch kennen lernen.

§ 34 Einfluß eines Eisenkerns auf die Induktionswirkung.

Die Versuche des Paragraph 17 haben uns schon die Steigerung der induzierten Spannung durch einen Eisenkern gezeigt, den wir in die Spule hineinbringen. Doch bedürfen die dort behandelten Erscheinungen noch einiger Ergänzungen. Wir gehen von folgendem Versuch aus (Abbildung 93): Um eine Normspule aus 600 Windungen legen wir eine Schleife aus Litzendraht und verbinden diese über einen Leiter von 5000 Ohm mit unserm Lichtzeigergalvanometer. Durch den hohen Widerstand wird die von der induzierten Spannung erzeugte Stromstärke sehr herabgesetzt, sodaß wir beim Öffnen und Schließen des Feldstromes, dessen Stärke wir dadurch zwischen 0 und 2 Ampere ändern, nur eine ganz schwache Bewegung des Lichtzeigers beobachten. Dann bringen wir in die Feldspule einen einfachen Eisenkern. Der Stoßausschlag wird jetzt bedeutend größer. Er wächst noch mehr, wenn wir den Eisenkern durch einen andern von U-Form ersetzen. Legen wir über diesen noch als „Anker" den ersten Eisenkern, so wird der Stoßausschlag über hundertmal so groß wie ohne Eisen. Die Erklärung ist uns bekannt: Zu den 600 Amperewindungen der Spule kommen noch die unsichtbaren Amperewindungen der Molekularströme hinzu (§ 17).

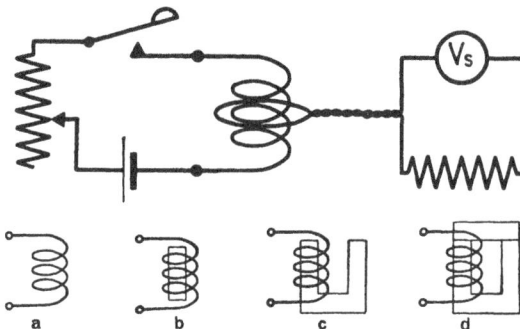

Vergleich des Induktionsflusses ohne und mit Eisenkern.
−93−

Dadurch wird die Induktionsflußdichte
$$\mathfrak{B} = \mu \cdot \mathfrak{H} \text{ (Voltsekunden/cm}^2\text{)}$$
um einen Betrag erhöht, der das Mehrerehundertfache von $\mathfrak{B}$ betragen kann. Wir schreiben

$$\mathfrak{B}_{fe} = \mathfrak{B} + \mathfrak{J} \ (\text{Voltsekunden/cm}^2)$$

und nennen $\mathfrak{J}$ die „Magnetisierung". $\mathfrak{J}$ ist bei geschlossenem Eisenkern wie in Abbildung 93 d meist so groß, daß $\mathfrak{B}$ gegen $\mathfrak{J}$ verschwindet.

Mit der Induktionsflußdichte wächst auch der Induktionsfluß selbst, und wir erhalten so das für die Elektrotechnik äußerst wichtige Ergebnis: Durch das Einbringen von Eisen in das Magnetfeld werden Induktionsfluß und Induktionsflußdichte bedeutend erhöht.

Doch ändern sich die uns gewohnten Erscheinungen beim Öffnen und Schließen noch in anderer Weise, wenn sich Eisen im Feld befindet. Wir nehmen das Joch noch einmal von der Spule ab, setzen es wieder auf und schalten den Feldstrom ein. Dann macht das Stoßgalvanometer einen Ausschlag — wir behandeln gleich ein Zahlenbeispiel — von $+50$ Skalenteilen (nach rechts). Diesem entspreche ein Induktionsfluß $+\Phi_1$; beim Ausschalten des Feldstromes müßte nach unseren seitherigen Beobachtungen der Stoßausschlag -50 Skt. erfolgen. Es tritt aber statt dessen ein wesentlich kleinerer Stoßausschlag von -38 Skalenteilen auf. Es fehlt also ein Betrag von Voltsekunden, der einem Stoßausschlag von $+12$ Skalenteilen entspricht. Diese 12 Skalenteile kommen zum Vorschein, wenn wir jetzt das Joch bei ausgeschaltetem Feldstrom von dem U-Kern abreißen, in diesem Augenblick macht das Galvanometer einen Stoßausschlag, dem ein Induktionsfluß Φ_3 entspreche, und jetzt ist

$$\Phi_1 - \Phi_2 - \Phi_3 = 0 \ .$$

Es ist also offenbar im Magnetfeld ein Induktionsfluß Φ_3 zurückgeblieben, der erst beim Abreißen des Joches verschwindet. Daß das magnetische Feld tatsächlich nicht verschwunden ist, obwohl kein Feldstrom mehr fließt, fühlen wir sehr deutlich: Wir müssen beim Abreißen eine Kraft überwinden, um den Rest des Induktionsflusses zum Verschwinden zu bringen. Wir erklären: Beim Einschalten des Feldstromes werden Molekularmagnete ausgerichtet, doch kehren beim Ausschalten nicht alle in ihr ursprüngliches Durcheinander zurück, eine Anzahl von ihnen bleibt in der Lage hängen, in die sie das Magnetfeld des Feldstromes gebracht hat. Um auch diese in ihre Anfangslage zurückzuführen, muß eine Kraft überwunden, d. h. eine Arbeit geleistet werden.

Noch ein paar ergänzende Versuche:

Wir schließen den Feldstrom, Ausschlag 50 Skt. entsprechend Φ_1, wir öffnen den Feldstrom, Ausschlag — 38 Skt. entsprechend Φ_2, im Feld bleibt $\Phi_1 - \Phi_2$, entsprechend $+$ 12 Skt.; lassen wir den Anker liegen und schließen wieder den Feldstrom, so kommen jetzt nur Φ_2 hinzu, wir beobachten einen Stoßausschlag von $+$ 38 Skt. Oder: Wir schließen und öffnen den Feldstrom, dann vertauschen wir die Anschlüsse an der Feldspule und schließen wieder, dann verschwindet zunächst der noch im Felde befindliche Induktionsfluß, das gibt — 12 Skt. Stoßausschlag, dann wird der Induktionsfluß — Φ_1, es kommen — 50 Skt. hinzu; tatsächlich beobachten wir einen Stoßausschlag von — 62 Skt. Oder: Wir schließen den Feldstrom, während sich das Joch nicht auf dem U-Kern befindet: Stoßausschlag $+$ 15 Skt., dann setzen wir das Joch auf, Stoßausschlag 35 Skt., zusammen also wieder 50 Skt.

Diese Eigenschaft des Eisens, die sich darin äußert, daß nicht alle Molekularmagnete in ihre Anfangslage zurückkehren, daß also das Feld beim Ausschalten des Feldstromes nicht ganz verschwindet, sondern daß noch ein Rest von Magnetisierung und Induktionsflußdichte zurückbleibt, wird als „Hysteresis" des Eisens bezeichnet.

Wir stellen noch einmal elektrisches und magnetisches Feld nebeneinander: Im elektrischen Feld beobachten wir die Aufspeicherung einer Elektrizitätsmenge, die wir beim Entladen des Kondensators, d. h. beim Verschwinden des Feldes in Amperesekunden messen. Der Elektrizitätsmenge entspricht im magnetischen Feld der aufgespeicherte Induktionsfluß, der beim Verschwinden des Feldes einen Spannungsstoß gemessen in Voltsekunden hervorruft.

§ 35. Sättigungswert des Induktionsflusses.

Nach Abbildung 94 schalten wir hintereinander: 6 parallelgeschaltete Glühlampen von je 15 Watt in Schraubfassungen und 2 Spulen von je 600 Windungen. Um die eine legen wir die schon oft benutzte Drahtschlinge und schließen an diese über einen hohen Widerstand das Spiegelgalvanometer an. Dieser

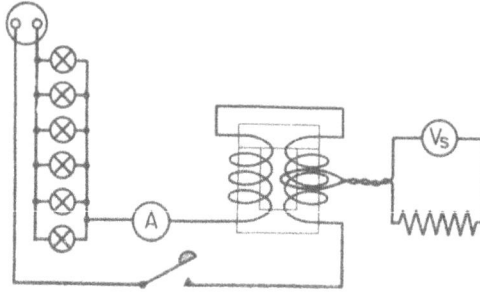

Abhängigkeit des Induktionsflusses von der Stromstärke.
Unten: Flüssigkeitswiderstand, der an Stelle der Glühlampen treten kann.
— 94 —

Widerstand sei so bemessen, daß bei Benutzung nur einer von den 6 Lampen — die andern sind vorläufig nur locker eingesetzt — der Lichtzeiger beim Ein- und Ausschalten des Feldstromes einen gerade noch sichtbaren Stoßausschlag macht. Jetzt kommen die beiden Spulen auf den U-Kern, und dieser wird durch das Joch (Abbildung 95) geschlossen. Dadurch wird der Stoßausschlag beim Einschalten wesentlich größer.

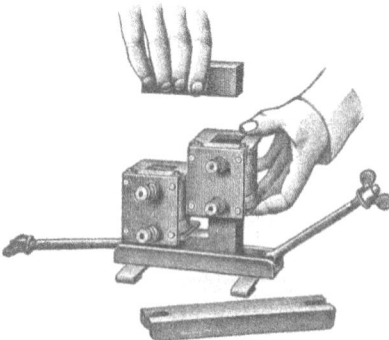

U-förmiger Eisenkern, Spulen und Joch.
— 95 —

Danach drehen wir die übrigen Lampen der Reihe nach in ihre Fassungen, jedesmal wenn eine Lampe neu aufleuchtet, macht der Lichtzeiger einen Stoßausschlag, aber diese Stoßausschläge werden kleiner, die letzten Lampen bringen fast überhaupt keinen Zuwachs mehr.

Wir deuten: Der Stoßausschlag ist uns ein Maß für den Induktionsfluß, hervorgerufen einmal durch den Feldstrom in den 1200 Windungen der Feldspulen, zum andern durch die unsichtbaren Molekularströme im Eisen. Die meisten Molekularmagnete werden beim Einschalten der ersten Glühlampe gleichgerichtet, das weitere Anwachsen der Feldstromstärke läßt die Anzahl der sich bei jedem Zuwachs ausrichtenden Molekularmagnete immer kleiner werden, schließlich sind alle Molekularmagnete ausgerichtet, und von da ab wird der Induktionsfluß nur noch um den Betrag vermehrt, der von dem Anwachsen des Feldstromes allein herrührt. Das Eisen ist „gesättigt".

Wollen wir die Abhängigkeit des Induktionsflusses von der Feldstromstärke bildlich darstellen, so müssen wir bei der Messung des Stoßausschlags jedesmal vom Induktionsfluß Null, d. h. vom unmagnetischen Zustand ausgehen. Doch kehrt, wie wir gesehen haben, das Eisen beim Ausschalten des Feldstromes nicht von selbst vollständig in diesen Zustand zurück. Darum müssen wir nach jedem Ausschalten das Joch herunternehmen und dann wieder aufsetzen. Wird dabei das Joch noch um 180 Grad in einer waagerechten Ebene gedreht, so verschwindet das Feld im Eisen bis auf einen kleinen Rest, den wir vernachlässigen können. Um auch den Induktionsfluß bei ganz kleinen Stromstärken messen zu können, ist es vorteilhaft, noch größere Widerstände als den einer Glühlampe einzuschalten. Sehr geeignet ist hier ein „Flüssigkeitswiderstand" (Abbildung 94 unten). In einen langen schmalen Glastrog tauchen zwei Eisenelektroden. Bei geschlossenem Schalter gießen wir in den Trog zunächst Leitungswasser, bis das Amperemeter eine Stromstärke von 0,05 Ampere anzeigt. Dann wird der Schalter geöffnet, das Joch abgenommen, gedreht und wieder aufgelegt, der Schalter geschlossen und der Stoßausschlag abgelesen. Den Widerstand des flüssigen Leiters können wir einmal dadurch vermindern, daß wir die beiden Elektroden einander nähern, zum andern dadurch, daß wir mehr Flüssigkeit eingießen, nötigenfalls durch Zugeben einer verdünnten Sodalösung. So ist die Kurve der Abbildung 96 gewonnen.

Der Induktionsfluß steigt zuerst rasch, dann wird sein Zuwachs bei gleicher Veränderung der Feldstromstärke immer kleiner, und dann geht die Kurve in eine Ge-

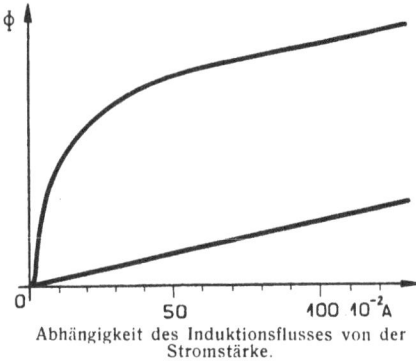

rade über, deren schwaches Steigen nur noch vom Wachsen der Feldstromstärke herrührt. Die Magnetisierung des Eisens wächst nicht weiter. Bei der Feldstromstärke 0,6 Amp. hat das Eisen seinen magnetischen Sättigungszustand erreicht, bei weiterer Steigerung der Feldstromstärke werden keine neuen Molekularmagnete mehr ausgerichtet. Enthielten die Feldspulen kein Eisen, so sähe die Kurve des Induktionsflusses aus wie die in Abbildung 96 unten gezeichnete Gerade.

Abhängigkeit des Induktionsflusses von der Stromstärke.

– 96 –

§ 36.　Entmagnetisierung durch den Feldstrom.

Bei aufgelegtem Joch magnetisieren wir mit Hilfe einer Stromstärke von 0,6 Ampere den Eisenkern bis zur Sättigung, dann lagern wir das ganze Gerät so auf zwei Holzklötze, daß sich der Anker unten befindet und beim Aufhören der Magnetisierung abfallen kann. Wir schalten darauf den Feldstrom aus, der magnetische Rückstand, der infolge der Hysteresis bleibt, hält den Anker weiter fest. Reißen wir ihn ab und versuchen wir, ihn ohne Einschalten des Feldstromes zum Haften zu bringen, so mißlingt dies.

Die Arbeit, die wir beim Abreißen leisten müssen, kann auch der Feldstrom liefern, wenn wir die Stromrichtung umkehren. Dies zu zeigen, benutzen wir die Schaltung der Abbildung 97. Bei dem Stromwender (Abbildung 98) ist die Diagonale AD entfernt. Unter dem U-Kern liegt in etwa 0,5 cm Entfernung der Anker. Wir legen den Doppelschalter zunächst nach rechts, der Magnetisierungsstrom erreicht die Sättigungsstromstärke und der Anker schlägt mit lautem Knall gegen den U-Kern. Beim Um-

legen des Doppelschalters bleibt der Anker hängen. Dann füllen
wir in den Trog ganz langsam Sodalösung, bis der Anker ab-
fällt. Wenn wir jetzt den Doppelschalter abwechselnd nach rechts
und nach links legen, wird der Anker einmal gehoben, dann
wieder fallen gelassen usw. Der umgekehrt fließende „Entmag-
netisierungsstrom" bringt auch den magnetischen Rückstand zum
Verschwinden. Wir messen die Stärke dieses Entmagnetisierungs-
stromes zu etwa 0,025 Ampere. Schieben wir die Elektrode K
(Abbildung 97) ein Stück nach rechts, so bleibt der Anker hängen,
schieben wir K schnell nach links, so wird das Eisen zwar zunächst entmagnetisiert, sofort aber in der umgekehrten Richtung
wieder magnetisiert; das geht so schnell, daß der Anker keine
Zeit zum Abfallen hat.

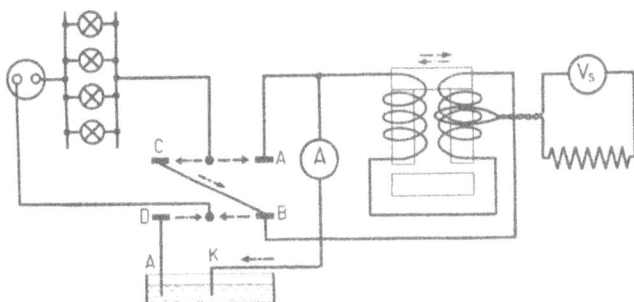

Beim Umlegen des Stromwenders wird der Anker abwechselnd angezogen und losgelassen.
— 97 —

Die zur Entmagnetisierung
nötige Stromstärke hängt sehr
von der Eisensorte ab. Der
oben gefundene Wert, dem
eine Feldstärke von etwa 2,5
Amperewindungen/cm in den
Spulen ohne Eisen entspricht,
ist recht klein, da U-Kern und
Joch aus sehr weichem Eisen
bestehen. Wesentlich höhere

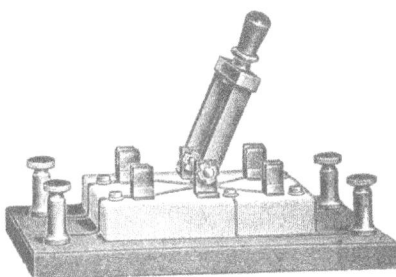

Stromwender zum Versuch der Abbildung 97.
— 98 —

erregende Feldstärken müssen z. B. bei Kobaltstahl angewandt
werden, um den Anker zum Abfallen zu bringen.

Bringen wir K und A zur metallischen Berührung, so wird der hohe Widerstand des flüssigen Leiters ausgeschaltet. Beim wiederholten Wenden des Feldstromes fließt dann durch die Spulen ein Wechselstrom. Beim jedesmaligen Umschalten werden die Molekularmagnete um 180 Grad gedreht. Ein Teil des gewendeten Stromes muß die Arbeit leisten, die früher die Hand geliefert hat, dabei werden Kräfte überwunden, die die Molekularmagnete festzuhalten suchen. Diese Arbeit kann nicht verschwinden, sie äußert sich in einer Erwärmung des Eisens. Je öfter in einer Sekunde der Strom seine Richtung ändert, je größer also die Frequenz des Wechselstroms ist, um so größer ist der Leistungsverlust, d. h. die Arbeit, die in jeder Sekunde in Wärme umgeformt wird. Durch Verwendung von Eisensorten, deren sogenannter Hysteresisverlust gering ist, gelingt es der Technik, diese Verluste zwar herabzusetzen, ganz vermeiden lassen sie sich nicht, und so sehen wir z. B. an der Außenseite großer Umformer Kühlrippen, die die Wärmeabgabe an die Luft fördern und eine übermäßige Erwärmung vermeiden. Bei ganz großen Transformatoren sind Spulen und Eisenkerne in Öl eingebettet, das beständig heiß abfließt, gekühlt und dann dem Transformator wieder zugeführt wird.

§ 37. Selbstinduktion.

Wenn in einer Spule ein magnetisches Feld verschwindet, so entsteht ein Spannungsstoß, wobei es ganz einerlei ist, woher das Feld stammt. Träger des Feldes kann ein Magnetstab sein, den wir aus der Spule herausziehen, oder eine Feldspule, in der die Elektronen zum Stillstand gebracht werden; mit dem Strom verschwindet auch sein stetiger Begleiter, das magnetische Feld. Es liegt nun nahe, die Feldspule selbst als Induktionsspule zu benutzen; wenn das vom Feldstrom erzeugte magnetische Feld verschwindet, dann muß in ihr eine Induktionsspannung entstehen. Zum Nachweis dieser dient die Schaltung der Abbildung 99. Von einem Spannungsteiler geht es zu einem Wechselschalter. Die beiden Kontakte 1 und 2 sind durch einen so schmalen Spalt voneinander getrennt, daß der drehbare Arm beim Umschalten

kurze Zeit beide Kontakte gleichzeitig berührt. Eine Morsetaste,
wie wir sie früher (Band II, Seite 29) benutzten, ist hier vollständig
unbrauchbar. 3 ist mit zwei Spulen von je 1200 Windungen auf
geschlossenem Eisenkern verbunden, vom anderen Ende dieser
Spulen führt die eine Leitung zum Spannungsteiler zurück, die
andere über ein Glimmlämpchen zum Kontakt 2. Am Spannungsteiler wird eine Spannung eingestellt, die unterhalb der Zündspannung des Glimmlämpchens liegt und etwa 40 Volt beträgt.
Dann erzeugt der Elektronenstrom, der durch die Spule fließt,
in dieser ein magnetisches Feld. Jetzt lassen wir den Hebel rasch
von 1 nach 2 gleiten. Wir beobachten, wie die Elektrode K des
Glimmlämpchens hell aufleuchtet, das bedeutet einen Spannungsstoß in derselben Richtung, wie in der Spule der Feldstrom floß,
in Übereinstimmung mit dem Ergebnis des Paragraphen 6.

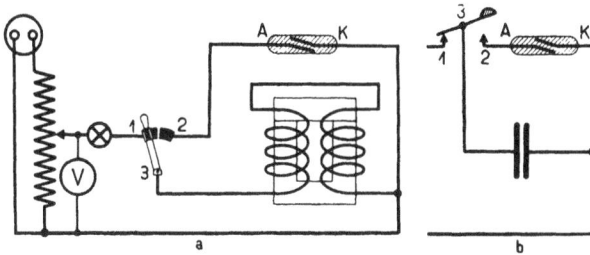

Selbstinduktionsversuch und Kondensatorentladung.
—99—

Diese Erscheinung hat die größte Ähnlichkeit mit dem Laden
und Entladen eines Kondensators. Wir brauchen nur, wie das
in Abbildung 99b dargestellt ist, die Spule durch einen Kondensator, den Wechselschalter durch eine Morsetaste zu ersetzen und
am Spannungsteiler über die Zündspannung des Glimmlämpchens
zu gehen und stellen folgende sich entsprechende Vorgänge fest.

Spule.	Kondensator.
	Schalter in Stellung 1.
In der Spule entsteht ein mag-netisches Feld.	Im Kondensator entsteht ein elektrisches Feld.
Damit ist verbunden ein Induk-tionsfluß Φ, gemessen in Volt-sekunden.	Damit ist verbunden eine Ladung Q, gemessen in Amperese-kunden.

Schalter in Stellung 2.

Das magnetische Feld bricht zusammen: Es entsteht ein Spannungsstoß als Maß für den Induktionsfluß.

Das elektrische Feld bricht zusammen: Es entsteht ein Stromstoß als Maß für die Ladung.

Unterschied.

Der Spannungsstoß hat dieselbe Richtung wie die den Ladestrom erzeugende Spannung (K leuchtet auf).

Der Stromstoß hat die entgegengesetzte Richtung wie der Ladestrom (A leuchtet auf).

Die Erscheinung des Spannungsstoßes in einer Spule, die zuerst als Feldspule, dann als Induktionsspule dient, wird als Selbstinduktion bezeichnet.

Für eine lange Stabspule können wir diesen Spannungstoß leicht berechnen. Wir lassen zunächst in der Spule als Feldspule einen Strom der Stärke J Ampere fließen. Dann beträgt die Feldstärke

$$\mathfrak{H} = \frac{n \cdot J}{l} \text{ (Ampere/cm) (§ 24)}$$

und der Induktionsfluß

$$\Phi = \mu \cdot \mathfrak{H} \cdot F \text{ (Voltsekunden) (§ 25).}$$

Dabei ist F der Flächeninhalt des Querschnitts der Spule, die wir jetzt als Induktionsspule betrachten. Φ ist der Spannungsstoß in einer Windung beim Verschwinden des Feldes. Das gibt für n Windungen:

$$W = n \cdot \Phi = \mu \cdot \mathfrak{H} \cdot n \cdot F = \mu \cdot \frac{n \cdot J}{l} \cdot n \cdot F = \mu \cdot \frac{n^2 \cdot F}{l} \cdot J$$
(Voltsekunden).

Wir schreiben

$$W = L \cdot J \text{ (Voltsekunden)}$$

und nennen

$$L = \mu \cdot \frac{n^2 \cdot F}{l} \text{ (Voltsekunden/Ampere)}$$

die Selbstinduktivität der Spule.

Die Selbstinduktivität einer Spule gibt an, wie groß der Spannungsstoß (Voltsekunden) ist, wenn das von einem Strom der Stärke 1 Ampere in der Spule erzeugte magnetische Feld zusammenbricht oder die Feldstromstärke um 1 Ampere vermindert wird.

Die Kapazität eines Kondensators gibt an, wie groß der Stromstoß (Amperesekunden) ist, wenn das von der Spannungsdifferenz 1 Volt erzeugte elektrische Feld zusammenbricht oder die Ladespannung um 1 Volt vermindert wird.

Fließt in einer Spule mit der Selbstinduktivität L (Voltsekunden/Ampere) ein Strom der Stärke J (Ampere), so entsteht ein Spannungsstoß

$$W = L \cdot J \text{ (Voltsekunden)},$$

wenn J verschwindet.

Besteht zwischen den Platten eines Kondensators der Kapazität C (Amperesekunden/Volt) eine Spannung ΔE (Volt), so entsteht ein Stromstoß

$$Q = C \cdot \Delta E \text{ (Amperesekunden)},$$

wenn ΔE verschwindet.

Für Voltsekunden/Ampere haben wir schon in § 19 die Abkürzung „Henry" eingeführt. Danach hat die Selbstinduktivität 1 Henry eine Spule, in der 1 Voltsekunde induziert wird, wenn das von einem Feldstrom der Stärke 1 Ampere in der Spule erzeugte magnetische Feld verschwindet.

L = 0,045 Henry   L = 0,2 Henry   L = 0.29 Henry   L = 5,6 Henry

Selbstinduktion einer Normspule von 1200 Windungen ohne Eisenkern und mit verschiedenen Eisenkernen.

– 100 –

Das Glimmröhrchen in Abbildung 99 werde durch ein Zeigergalvanometer mit Vorwiderstand ersetzt und der Kreis, in dem es liegt, nach Voltsekunden geeicht, dann kommt der Wechselschalter nach 1, und es wird eine Feldstromstärke J von etwa 0,1 Ampere eingestellt. Wird dann der Schalter schnell nach 2 hinübergelegt, so beobachten wir einen Stoßausschlag W (Voltsekunden). Der Quotient aus W und J liefert dann einen rohen Wert für L. Messungen nach einem genauerem Verfahren ergaben für eine

Spule von 1200 Windungen die Werte aus Abbildung 100. Die Feldstromstärke darf nicht zu groß sein, beim Herangehen an die Sättigungsstromstärke für das Eisen wird L kleiner.

Anmerkung: Für eine Stabspule mit nur einer Windung (Abbildung 70) ergibt sich als Wert für die Selbstinduktivität:

$$L = \mu \cdot \frac{F}{l} \text{ (Voltsekunden/Ampere),}$$

eine Formel, die ganz und gar der für die Kapazität

$$C = \varepsilon \cdot \frac{F}{d} \text{ (Amperesekunden/Volt)}$$

aus Band II § 24 entspricht.

§ 38. Einfluß der Selbstinduktion auf den Feldstrom.

Wir haben seither in § 37 nur die Induktionswirkung des verschwindenden magnetischen Feldes auf die Spule betrachtet. Wir müssen aber eine Induktionswirkung auch dann erwarten, wenn das magnetische Feld entsteht. Diese läßt sich gut mit der Schaltung der Abbildung 99 zeigen. Nur müssen wir mit der Spannung am Spannungsteiler über die Zündspannung des Glimmlämpchens gehen (etwa 120 Volt). Legen wir den Wechselschalter von 2 auf 1 um, so beobachten wir ein Aufleuchten der Elektrode A gerade in dem Augenblick, wo der Schleifhebel beide Kontakte berührt. Allerdings leuchtet A viel schwächer als beim Übergang von 1 nach 2. Lassen wir die Spule ganz weg, indem wir die Verbindung bei 3 lösen, so leuchtet das Lämpchen dauernd, wenn 1 mit 2 verbunden ist; ersetzen wir die Spule durch einen gewöhnlichen Leiter vom selben Widerstand (28 Ohm), so bleibt beim Umschalten in der einen oder andern Richtung jedes Aufleuchten aus.

Wir rechnen einmal nach: Die Glühlampe von 25 Watt für die Spannung 220 Volt bestimmt, hat einen Widerstand

$$R_1 = \frac{220^2}{25} = 1936 \text{ Ohm (Bd. II. § 44).}$$

Dazu kommt der Widerstand der Spulen

$$R_2 = 28 \text{ Ohm.}$$

Darum beträgt die Stromstärke, hervorgebracht durch die Spannung von 110 Volt,

$$J = \frac{110}{1964} \approx 0,055 \text{ Ampere,}$$

und zwischen den Enden der Spule herrscht eine Spannung

$$\Delta E = 0,055 \cdot 28 = 1,54 \text{ Volt;}$$

diese liegt weit unter der Zündspannung des Glimmlämpchens, sodaß dieses nicht leuchten kann, wenn 1 mit 2 verbunden ist. Der Ohmsche Widerstand, der parallel zum Lämpchen liegt, drückt eben die Spannung zwischen seinen Elektroden unter die Zündspannung herab. Zur Erklärung des Aufleuchtens ziehen wir jetzt die Selbstinduktion heran: Aus der Lage 2 werde der Hebel so gedreht, daß 1, 2 und 3 verbunden sind. Dann kommen die Elektronen in der Spule in Bewegung, das Anwachsen der Stromstärke ruft in der Spule einen Spannungsstoß hervor, der der stromerzeugenden Spannung entgegen gerichtet ist. Die erzeugte Spannung ist so groß, da das Anwachsen in kurzer Zeit vor sich geht, sie ist parallel zur Spannung von 120 Volt an das Lämpchen geschaltet, darum steigt die Spannung bei A bis zur Zündspannung, und das Lämpchen leuchtet auf. Das dauert höchstens so lange, bis die Stromstärke in der Spule aufhört zu wachsen. Dann wird keine Spannung in der Spule mehr induziert, die Spannung am Glimmlämpchen sinkt auf die Löschspannung, und das Lämpchen hört auf zu leuchten.

Die Spannung, die beim Anwachsen des Feldstromes in der Spule induziert wird, ist der Spannung, die den Feldstrom erzeugt, entgegengerichtet. Werden die Elektronen durch diese beschleunigt, so werden sie durch jene verzögert. Das hat zur Folge, daß der Feldstrom nicht sofort in seiner vollen Stärke fließt, sondern allmählich anwächst. Um diese Erscheinung mit einfachen Mitteln zeigen zu können, wählen wir die erste Spannung klein und setzen, um die Selbstinduktivität und damit die Gegenspannung groß zu machen, die beiden Feldspulen von je 600 Windungen auf einen geschlossenen Eisenkern. So kommen wir zu der Schaltung der Abbildung 101. Der Spannungsteiler wird so eingestellt, daß das Amperemeter mit dem Meßbereich $50 \cdot 10^{-3}$ Ampere voll ausschlägt. Beim Schließen des Feldstromes beobachten wir, daß der Zeiger langsam von Null bis zum Vollausschlag geht, es dauert 2 bis 3 Sekunden. Schalten wir den Feldstrom aus, so geht der Zeiger nur langsam wieder auf Null zurück. Im ersten Falle verhindert die Selbstinduktion, daß der Feldstrom in kürzerer Zeit seine volle Stärke erreicht, im zweiten verhindert sie, daß nach Abschalten der Spannung die Stromstärke sofort auf Null sinkt. Wir schließen so: Wäre in dem Stromkreis kein Ohmscher Widerstand vorhanden, würden also die Elektronen nicht gebremst, so flössen sie in derselben Richtung andauernd weiter, und die Stromstärke bliebe konstant. Der Ohmsche Widerstand vermindert die Elektronengeschwindigkeit und die Stromstärke. Die Verminderung des Induktionsflusses erzeugt eine Spannung; diese beschleunigt wieder die Elektronen, und das setzt sich so lange fort, bis das Feld bis auf den durch die Hysteresis bedingten Rest zusammengebrochen ist.

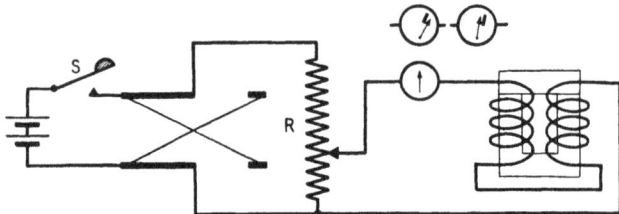

Verzögerung des Anwachsens und Verschwindens des Feldstromes.
Oben: nach links und nach rechts gehemmte Galvanometer.
$-101-$

Wir legen den Wechselschalter nach der anderen Seite und beobachten jetzt dieselben Erscheinungen in der anderen Stromrichtung. Vermindern wir die Selbstinduktion dadurch, daß wir den Anker abnehmen, so bewegt sich der Zeiger schnell, der Feldstrom wächst in kurzer Zeit auf seine volle Stärke an, der induzierte Strom sinkt nach dem Ausschalten schnell ab. Besonders deutlich zeigt sich das langsame Anwachsen bei aufge-

legtem Joch, wenn wir den Zeiger in ungefähr $^4/_5$ des Vollausschlags hemmen (Abbildung 101 oben links), dann dauert es nach
dem Einschalten eine ganze Weile, bis er sich von der Hemmung
loslöst. Oder wir hemmen nach Abbildung 102 oben rechts den
Zeiger in etwa $^1/_5$ des Vollausschlages, um die Verzögerung nach
dem Ausschalten zu beobachten.

Wie die Erhöhung der Selbstinduktion die Feldstromstärke
herabsetzt, zeigt folgender Versuch: Wir nehmen das Joch ab und
schalten ein, dann legen wir das Joch auf: Der Zeiger geht auf
den halben Ausschlag zurück und dann erst wieder langsam auf
Vollausschlag. Umgekehrt: Wir gehen am Spannungsteiler mit
der Spannung etwas zurück, sodaß der Zeiger auf etwa $^4/_5$ des
Vollausschlags steht, und reißen den Anker ab: Der Zeiger schlägt
stärker aus und geht dann wieder in seine alte Stellung zurück.
Denn Verminderung des Induktionsflusses bewirkt eine Spannung
in derselben Richtung wie die den Feldstrom erzeugende Spannung.

Wir fassen zusammen: Die Selbstinduktion bewirkt
einmal, daß beim Einschalten des Feldstromes dieser
nicht sofort, sondern erst allmählich zu seiner vollen
Stärke anwächst, nach Abschalten des Feldstromes bewirkt die Selbstinduktion eine Spannung, die die Elektronen in derselben Richtung weitertreibt.

Es sieht also so aus, als würde durch das magnetische Feld
die Trägheit der Elektronen bedeutend erhöht. Aus Spannungsgefälle und Ladung der Elektronen entsteht im Leiter eine Kraft,
die die Elektronen zunächst beschleunigt, dann wird die Stromstärke konstant, d. h. die Kraft genügt gerade, die reibungsartigen
Kräfte (daher der Name Widerstand) zu überwinden; beim Abschalten der felderzeugenden Spannung bewegen sich die Elektronen in dem über den Spannungsteiler geschlossenen Stromkreis noch weiter, bis sie vollkommen abgebremst werden.
Mechanische Beispiele gibt es in Menge, also etwa:

Ein Mann springt mit geöffnetem Fallschirm aus einem Flug-
zeug ab. Er wird zunächst beschleunigt, dann wird seine Geschwindigkeit konstant. Fällt er ins Wasser, so wird sein Gewicht,
das das Fallen verursachte, durch den Auftrieb aufgehoben,

dennoch fällt er weiter, und erst in gewisser Tiefe hört die Fallbewegung auf, er wird sanft gebremst.

Wir setzen das Beispiel fort: Kommt der fallende Körper statt ins Wasser auf den Erdboden, so werden Bremsweg und Bremszeit um so kürzer, je härter der Boden ist. Dafür werden die zwischen Boden und Körper wirkenden Kräfte um so größer. (Der Mann sucht den Bremsweg durch eine Kniebeuge zu verlängern, um diese Kräfte kleiner zu machen.) Das hieße ins Elektrische übersetzt: Je größer der Widerstand, um so kürzer die Zeit, in der die Elektronen zur Ruhe kommen, um so größer aber auch die auftretenden Kräfte und die von ihnen erzeugte Spannung. Das werden die Versuche des nächsten Paragraphen zeigen.

§ 39.   Weitere Selbstinduktionsversuche.

Die Erscheinung der Selbstinduktion ist für die Elektrizitätslehre und die gesamte Elektrotechnik von so grundlegender Bedeutung, daß sich weitere Versuche lohnen. Wir werden dabei mechanische Beispiele nicht scheuen. Nur ist dabei streng zu vermeiden, den Begriff Spannung mit Kraft zu verwechseln. Was bei dem benutzten Beispiel mit dem Fallschirm der Spannung entspricht, ist die Entfernung des fallenden Körpers vom Erdboden multipliziert mit der Fallbeschleunigung; die Fallbeschleunigung entspricht der elektrischen Feldstärke; multiplizieren wir sie mit der Trägheit (Masse) des fallenden Körpers, so erhalten wir die auf ihn wirkende Kraft, genau wie wir aus Spannungsgefälle und Ladung die elektrische Kraft finden, die auf einen geladenen Körper wirkt (Band II, § 32). Leider verführt eine in der Technik vielgebrauchte Bezeichnung für Spannung leicht dazu, die Begriffe Spannung und Kraft in Parallele zu setzen.

Das langsame Anwachsen des Feldstromes zeigen wir mit der Schaltung der Abbildung 102. Bei geschlossenem Schalter wird der veränderliche Leiter R so eingestellt, das sämtliche 4 Glühlämpchen (2,5 Volt) gleich stark leuchten, dann wird der Schalter geöffnet und wieder geschlossen. Wir sehen, wie beim Schließen die unteren beiden Lämpchen sofort hell aufleuchten, während das in der Spule entstehende Magnetfeld die Elektronen so verzögert, daß die beiden oberen Lämpchen wesentlich später aufleuchten. Benutzen wir die beiden Spulen ohne den geschlossenen Eisenkern, so wird die Selbstinduktivität so herabgesetzt, daß jetzt ein zeitlicher Unterschied im Aufleuchten nicht mehr zu bemerken ist. Wiederholen wir das Öffnen und Schließen öfter schnell hintereinander, so leuchten nur die unteren Lämpchen, in dem oberen Zweig hat der Feldstrom gar keine Zeit, zu seiner vollen durch Spannung und Widerstand bedingten Stromstärke anzuwachsen.

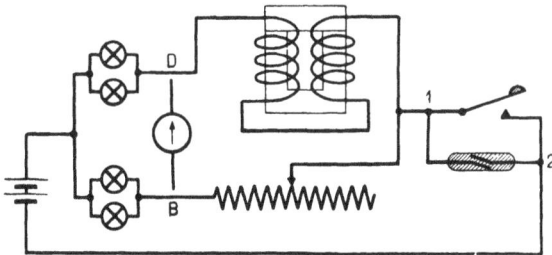

Selbstinduktionsversuch mit Glüh- und Glimmlämpchen.
−102−

Wir lockern dann die beiden unteren Lämpchen in ihren Fassungen, sodaß durch den unteren Zweig kein Strom mehr fließen kann. Dann beobachten wir beim Öffnen des Stromes, daß das Glimmlämpchen, das der Federtaste parallelgeschaltet ist, hell aufleuchtet und zwar fließen die Elektronen in der ursprünglichen Richtung weiter. Fehlt das Glimmlämpchen, so entsteht an der Unterbrechungsstelle ein Funken. (Großer Widerstand, kurze Bremszeit, hohe Spannung!) Schalten wir parallel zum Schalter unseren Körper, so fühlen wir einen heftigen Schlag. Alle diese Erscheinungen, Funke, Aufleuchten des Glimmlämpchens und physiologische Wirkung bleiben aus, wenn die beiden unteren Lämpchen ein- und die beiden oberen ausgeschaltet sind. Überbrücken wir die beiden oberen Lämpchen durch einen Kupferdraht, so leuchten die beiden unteren Lämpchen bei geschlossener Taste nur schwach, blitzen aber hell auf, wenn die Taste geöffnet wird. Das magnetische Feld täuscht eine Trägheit der Elektrizität vor, wie wir sie bei dem Wasser in unseren Häusern beob-

achten können. Wird ein Wasserhahn schnell zugedreht, so
wirkt die Wucht der plötzlich gebremsten Wassersäule auf die
Rohre und würde diese lockern, wenn nicht Vorkehrungen ge-
troffen wären. Am oberen Ende der Rohrleitung befindet sich
ein „Windkessel"; die darin enthaltene Luft wirkt wie ein Polster,
der Bremsweg wirkt länger, der entstehende Druck und die auf
jeden Teil der Rohrwand wirkende Kraft werden kleiner; außerdem
sind die Wasserhähne im Gegen-
satz zu den Gashähnen so eingerichtet, daß sie sich nur langsam
schließen. Dem Windkessel entspräche in unserer Versuchsanordnung ein Kondensator, der
statt des Glimmlämpchens in Abbildung 102 einzuschalten wäre.
Er verhindert das Durchschlagen
des Dielektrikums, also die Funkenbildung. Wir geben noch

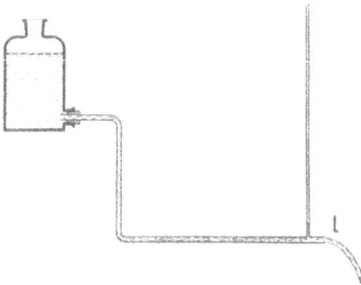

Trägheit einer Wassersäule.

— 103 —

einen Parallelversuch. Aus dem Rohr in Abbildung 103 lassen
wir das Wasser ausfließen, wenn es seine volle Geschwindigkeit
erreicht hat, schließen wir plötzlich die Öffnung bei D mit dem
Finger, dann „schießt" das Wasser in dem seitlich angebrachten
dünneren Steigrohr wesentlich höher als die Wasseroberfläche
im Vorratsbehälter links. (Die Höhe dieser Oberfläche über D
multipliziert mit der Erdbeschleunigung g entspricht der Akkumulatorspannung, die Höhe, die das Wasser im Steigrohr erreicht
multipliziert mit g entspricht der beim Zusammenbruch des Feldes
in der Spule induzierten Spannung, dem Aufleuchten des Glimmlämpchens das Ausfließen des Wassers aus dem oberen Ende
des Steigrohrs).

In Abbildung 104 ist die Taste durch einen Flüssigkeitsunterbrecher ersetzt. Die zu ihm parallel liegende Glimmlampe leuchtet
schon bei der Betriebsspannung von etwa 45 Volt, die der Unterbrecher verlangt, während doch die Zündspannung der Glimmlampe bei 150 Volt liegt. Bei einer Betriebsspannung von etwa
100 Volt leuchtet eine an Stelle der Glimmlampe eingeschaltete
Glühlampe, die für 220 Volt bestimmt ist, in heller Weißglut.

Fehlt der Unterbrecher, so leuchtet die Glühlampe nur schwach, die Glimmlampe überhaupt nicht.

Die Versuchsanordnung der Abbildung 104 läßt sich zum Laden eines Kondensators verwenden. Wird dieser parallel zum Unterbrecher statt der Glimmlampe eingeschaltet, so lädt er sich beim Unterbrechen, entlädt sich aber sofort wieder. Das können wir vermeiden, wenn wir zwischen 1 und Kondensator ein elektrisches Ventil in Form einer Elektronenröhre einschalten. So entsteht die Schaltung der Abbildung 104c. Der Kondensator lädt sich auf mehrere hundert Volt, und diese werden von dem Elektrometer angezeigt.

Brückenschaltung: Wenn wir in Abbildung 102 die beiden Stromzweige zwischen den Punkten D und B über ein Zeigergalvanometer verbinden und dieses bei geschlossener Taste durch Veränderung von R auf seine Nullage einstellen, so erhalten wir die in Band I, § 24 behandelte Wheatstonesche Brückenschaltung. Beim Unterbrechen des Stromes macht das Instru-einen Stoßausschlag in der Richtung B D; beim Schließen in der Richtung D B.

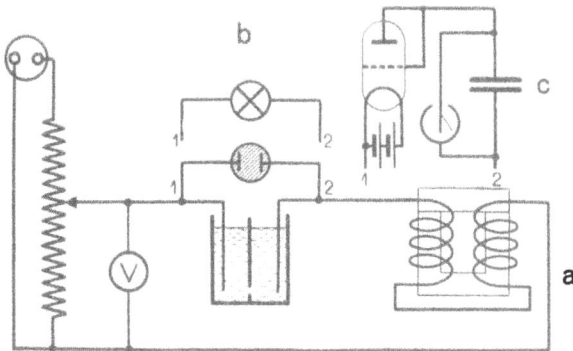

Erzeugung hoher Spannungen durch Selbstinduktion.
−104−

Einen konstanten Dauerausschlag statt des Stoßausschlags erhalten wir bei der Versuchsanordnung der Abbildung 105. Die Spannung liefert ein einziger Akkumulator, der Trog wird mit Wasser gefüllt, und dann wird soviel Sodalösung zugegeben, bis

das Amperemeter mit dem Meßbereich $5 \cdot 10^{-3}$ Ampere voll ausschlägt. Dann erst wird das Spiegelgalvanometer in die Brücke
gelegt und der Schleifkontakt bei A so eingestellt, daß es auf
Null zeigt. Beim Abhebern der Flüssigkeit zeigt das Spiegelgalvanometer einen Strom in der Richtung B D an, denn das in
den Spulen verschwindende Magnetfeld treibt die Elektronen
weiter und drückt die Spannung bei D unter die Spannung bei B.

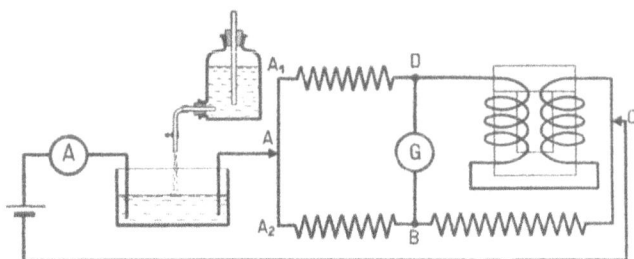

Nachweis der induzierten Spannung mittels der Brückenschaltung.
$-105-$

Lassen wir dagegen aus der Mariotteschen Flasche die Sodalösung
wieder einfließen, so induziert das anwachsende Magnetfeld in
den Spulen eine Gegenspannung, dadurch wird die Spannung in
D höher als die in B, und das Spiegelgalvanometer zeigt einen
Elektronenstrom in der Richtung D B an. Die Spannung, die
diesen Strom verursacht, bleibt solange konstant, solange wir an
dem Flüssigkeitsstrom nichts ändern. Im übrigen verläuft die
Erscheinung genau so wie bei dem Versuch der Abbildung 66.

§ 40. Selbstinduktionserscheinungen bei der elektrischen Klingel.

Die Wirkungsweise eines heute weitverbreiteten Geräts, der
elektrischen Klingel (Abbildung 106), läßt sich ohne Heranziehung
der Selbstinduktion nicht befriedigend erklären. Die Schaltung
ist in Abbildung 107 dargestellt. Der Anker mit der Hauptfeder
(oben) und dem Klöppel stellt ein Pendel dar. Die Hauptfeder
drückt die „Kontaktfeder" gegen eine Spitze. Im Augenblick 0
werde der Schalter geschlossen, dann zieht der Elektromagnet
so lange den Anker an, wie die sich entspannende Kontaktfeder

den Stift berührt, das Pendel schwingt nach links und unterbricht den Strom. Darauf schwingt es von der Hauptfeder getrieben nach rechts, schließt wieder den Stromkreis, wird wieder angezogen usw., das ist die landläufige Erklärung. Aber diese genügt nicht. Dem Pendel muß, um es in Schwingung zu erhalten, Energie zugeführt werden. Bei der Bewegung nach rechts wird, sobald die Feder den Stift berührt, der Anker durch das magnetische Feld nach links, also der Bewegung entgegen, gezogen; erst nach der Umkehr des Pendels, also zwischen 3 und 4 in unserer Darstellung, wirkt die magnetische Kraft im Sinne der Pendelbewegung. Wäre also diese Kraft zwischen 2 und 3 gerade so groß wie zwischen 3 und 4, so würde das Pendel zwischen 2 und 3 gerade um soviel verzögert, wie es nachher zwischen 3 und 4 beschleunigt wird, die gesamte Energiezufuhr wäre Null, und die Schwingung könnte nicht aufrecht erhalten werden.

Elektrische Klingel.
— 106 —

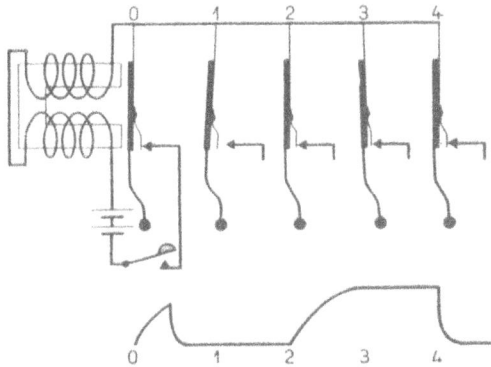

Wirkung der Selbstinduktion bei der elektrischen Klingel.
Langsamer Anstieg und schneller Abfall der Stromstärke.
— 107 —

Es würde sich statt einer Schwingung ein Ruhezustand ausbilden, der sich so kennzeichnen ließe: Die Kontaktfeder liegt nur lose an der Spitze an. Dadurch entsteht ein hoher „Übergangswiderstand", durch diesen wird die Stromstärke gerade soweit herabgesetzt, daß sich die nach links wirkende magnetische Kraft und die nach rechts wirkende Federkraft gerade das Gleichgewicht hielten. Daß dieser Zustand nicht eintritt, dafür sorgt die Selbstinduktion.

8*

Beim Einschalten im Zeitpunkt 0 steigt die Stromstärke nicht plötzlich auf ihren vollen Wert, sondern, wie wir bei dem Versuch der Abbildung 101 gesehen haben, allmählich an. Die Feder wird nach links beschleunigt, die Stromstärke sinkt rasch beim Los-lösen der Feder von der Spitze auf Null. Sie bleibt Null bis zum Zeitpunkt 2, dann aber steigt sie auch nicht wieder schnell, sondern langsam an, bis sie erst bei 3 ihren vollen Wert erlangt. Darum sind beim Nachrechtsschwingen Stromstärke und magnetische Kraft im Mittel kleiner, als wenn das Pendel zwischen 3 und 4 nach links schwingt; die Energiezufuhr zwischen 3 und 4 über-wiegt den Energieverlust zwischen 2 und 3, und die Schwingungs-weite wächst oder bleibt mindestens erhalten. Im Zeitpunkt 5 liegen dann die Verhältnisse wieder geradeso wie im Zeitpunkt 1. Erst das Öffnen des Schalters läßt das Pendel zur Ruhe kommen.

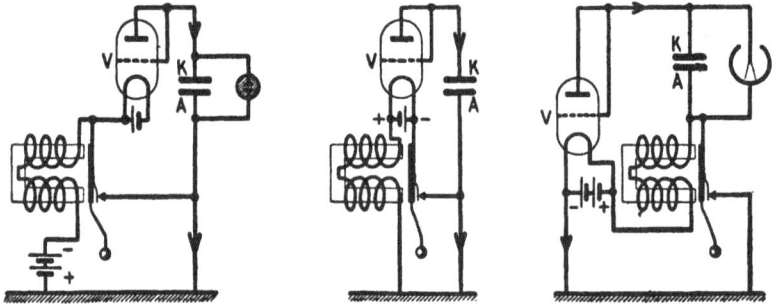

a   b   c
Erzeugung hoher Spannungen mittels der elektrischen Klingel.
—108—

Die elektrische Klingel oder der „Wagnersche Hammer", wie sie mitunter genannt wird, hat als selbsttätiger Unterbrecher vor dem Flüssigkeitsunterbrecher den großen Vorzug, daß sie nur eine Spannung von 2 bis 4 Volt zum Betrieb braucht. Die beim Öffnen in den Spulen induzierte hohe Spannung äußert sich in Form eines Unterbrechungsfünkchens zwischen Spitze und Kontakt-feder. Bringen wir an Spitze und Kontaktfeder oder an den beiden Spulenenden zwei Handgriffe an und nehmen in jede Hand einen von diesen, so macht sich die Wirkung dieser hohen Spannung auf die Nerven bis zum Schmerz bemerkbar. Ein an derselben

Stelle eingeschaltetes Glimmlämpchen leuchtet bei jeder Unterbrechung auf. Ja wir können mit einer gewöhnlichen elektrischen Klingel den Versuch der Abbildung 104c anstellen und mit 4 Volt Spannung einen Kondensator auf über 100 Volt laden. Schaltungen dazu sind in Abbildung 108 dargestellt. Die erste entspricht ganz der Abbildung 104c, bei der zweiten ist die Heizbatterie der Elektronenröhre zugleich zum Betrieb des Unterbrechers benutzt, bei ihr muß die Verbindung zwischen Spule und Unterbrecher gelöst werden, die dritte vermeidet jeden Eingriff in die Klingelapparatur. Die Unterbrechungen haben geringere Frequenz als beim Flüssigkeitsunterbrecher. Die parallel zum Kondensator eingeschaltete Glimmlampe leuchtet immer erst dann auf, wenn ihre Zündspannung erreicht ist, und erlischt wieder, sie „kippt" (Vergl. Band II, § 52).

Wesentlich stärkere Wirkungen lassen sich mit dem in Abbildung 109 dargestellten aus Aufbauteilen zusammengesetzten Modell des Wagnerschen Hammers erreichen. Wird in der Anordnung der Abbildung 108a eine Glimmlampe parallel zum Kondensator geschaltet, so tritt die Kipperscheinung nur dann auf, wenn entweder der Kondensator

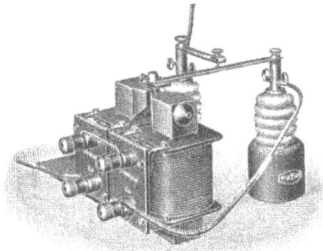

Wagnerscher Hammer aus Aufbauteilen als selbsttätiger Unterbrecher.

– 109 –

sehr große Kapazität hat, oder wenn wir durch Verminderung der Stromstärke im Heizfaden die Zufuhr von Elektronen zum Kondensator drosseln, sonst leuchtet die Glimmlampe bei jeder Unterbrechung.

Der Wagnersche Hammer wird häufig als selbsttätiger Unterbrecher an Stelle des Flüssigkeitsunterbrechers der Abbildungen 54 und 56 besonders bei kleinen Funkeninduktoren benutzt. Die Schaltung zeigt Abbildung 110. Beim Entstehen und Verschwinden des Magnetfeldes werden in der Induktionsspule gleich viel Voltsekunden induziert. Da aber die Feldstromstärke und damit der Induktionsfluß viel längere Zeit zum Entstehen als zum Verschwinden braucht (Abbildung 107), ist die induzierte Spannung beim Schließen des Feldstromes kleiner als beim Öffnen. Befindet sich die Spitze bei dem Gerät der Abbildung 111 nahe der Platte, so wird das Dielektrikum beim Öffnen und beim Schließen durchschlagen. Wird die Spitze von der Platte entfernt, so springt nur beim Öffnen des Feldstromes ein Funken zwischen Spitze und Platte über. Die Funkenstrecke wirkt wie ein Gleichrichter, und in der Induktionsspule fließt stoßweise ein Strom in derselben Richtung.

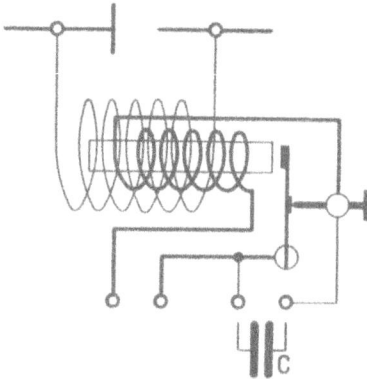

Schaltung des Funkeninduktors mit Hammerunterbrecher.
−110−

Funkeninduktor, aufgebaut aus Feldspule
mit Wagnerschem Hammer, Normspule mit
12000 Windungen als Induktionsspule und
Kondensator.
−111−

Großer Funkeninduktor mit Hammerunterbrecher.
Der Kondensator befindet sich im Kasten darunter.
−112−

Der Funke, der infolge der Selbstinduktion im Feldstromkreis an der Unterbrechungsstelle entsteht, verzögert das Verschwinden des Magnetfeldes. Ein Kondensator C, der parallel zu Stift und Feder eingeschaltet ist, setzt die Spannung zwischen diesen herab, bringt dadurch den Funken schneller zum Abreißen und erhöht die in der Induktionsspule entstehende „Öffnungsspannung". Der Unterschied der Induktionsspannung beim Öffnen und Schließen des Feldstromes ist auch schon beim Versuch der Abbildung 54 zu beobachten. In größerer Entfernung von der Feldspule leuchtet nur die eine Elektrode des auf der Induktionsspule sitzenden Glimmlämpchens.

§ 41. Selbstinduktionsfreie Spulen.

Die Induktionserscheinung haben wir seither bei spulenförmig aufgewickelten Leitern beobachtet. Sie tritt auch beim geraden Leiter auf, denn dieser hat ja das in Abbildung 2 dargestellte Magnetfeld. In Abbildung 113 ist F ein geradlinig ausgespannter „Felddraht", ihm parallel läuft der „Induktionsdraht". Für den Versuch eignet sich am besten doppelte Gummiaderlitze mit gemeinsamer Umspinnung. Auf eine plötzliche Änderung der Feldstromstärke antwortet das Galvanometer mit einem Stoßausschlag. Werden die beiden Drähte durch ein eisernes Rohr gesteckt, so werden die Ausschläge bei gleicher Änderung der Feldstromstärke viel größer. Die gegenseitige Induktivität der beiden Leiter wächst auch dann, wenn wir die Doppellitze zu einer Spule aufwickeln.

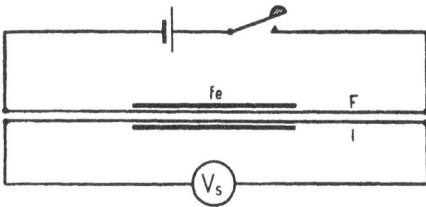

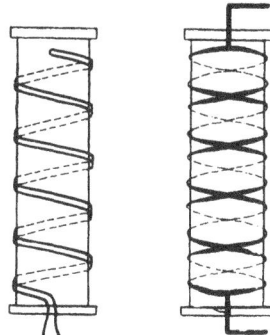

Induktionserscheinung zwischen 2 parallelen geraden Drähten. Im Grunde genommen handelt es sich auch hier um zwei Spulen mit je einer Windung).

– 113 –

– 114 –   – 115 –

114. Bifilare selbstinduktionsarme Wicklung.
115. Selbstinduktions- und kapazitätsarme Wicklung.

Ein einzelner gerader Leiter hat auch Selbstinduktivität. Sie ist kleiner, als wenn der Draht zu einer Spule aufgewickelt ist. Die Spule hat geringeren Raumbedarf als der gestreckte Leiter.

Darum ist der Draht in den Widerstandskästen aufgewickelt. Die Meßtechnik verlangt jedoch in vielen Fällen selbstinduktionsarme Leiter mit großem Widerstand. Um solche herzustellen, werden die Spulen „bifilar" gewickelt. Eine solche Spule ist in Abbildung 114 dargestellt. Der Draht wird in der Mitte geknickt und dann von einem Ende her doppelt aufgewickelt (Abbildung 114). Der Feldstrom durchfließt die beiden Drahthälften in entgegengesetzter Richtung, so entstehen zwei Magnetfelder, die sich bis auf die Richtung der Feldlinien gleichen und sich gegenseitig aufheben, daher wird die Selbstinduktivität einer solchen Spule praktisch Null. Damit bekommt aber die Spule eine andere für die Meßtechnik mitunter nicht erwünschte Eigenschaft. Die Windungen, zwischen denen der größte Spannungsunterschied auftritt, liegen längs einer größeren Strecke nahe beieinander und bilden einen Kondensator, dessen Kapazität stören kann. Bei der

Selbstinduktions- und kapazitätsarmer
Widerstandssatz.
— 116 —

in Abbildung 115 dargestellten „selbstinduktions- u. kapazitätsfreien (besser: -armen)" Spule ist diese Kapazität bedeutend herabgesetzt. Die beiden Hälften des Leiters sind parallel geschaltet, aber in entgegengesetztem Sinn aufgewickelt. An den Stellen, wo sich die beiden Drähte überschneiden, herrscht jedesmal dieselbe Spannung.

§ 42. Zweite Form der Induktionserscheinung.

Die Induktionserscheinungen, wie wir sie seither beobachtet und behandelt haben, lassen sich auf folgende beiden Fälle zurückführen:

a) Magnetisches Feld und Induktionsspule ändern ihre gegenseitige Lage; ob dabei das Feld sich bewegt, oder ob beide sich dabei bewegen, ist einerlei. Es kommt nur darauf an, daß sich der Induktionsfluß in der Spule ändert (Versuche der Abbildungen 25 und 26).

b) Feld und Spule ändern ihre gegenseitige Lage nicht. Dagegen ändert sich die magnetische Feldstärke (Versuche der Abbildungen 52, 66 u. a.).

In beiden Fällen kommen wir einmal zu einem größten
Wert des Induktionsflusses in der Spule, z. B. beim Versuch
der Abbildung 25 im allgemeinen dann, wenn der Magnetstab
symmetrische Lage zur Spule hat. Beim Versuch der Abbildung 66
scheitert weitere Steigerung der Feldstromstärke früher oder
später an unseren beschränkten technischen Hilfsmitteln. Ist das
Maximum einmal erreicht, so kann eine weitere Änderung des
Feldes nur in einer Abnahme des Induktionsflusses bestehen,
sobald aber diese eintritt, ändert die induzierte Spannung ihr
Vorzeichen. Bei keinem der betrachteten Versuche können wir
eine beliebig lang andauernde Gleichspannung in der Induktionsspule herstellen. Alle betrachteten Versuchsanordnungen liefern
schließlich Wechselspannung und Wechselstrom in der Induktionsspule, mag die Frequenz auch noch so klein sein.

Neben dieser Form des Induktionsvorganges gibt es noch eine
zweite, mit der wir uns zunächst durch Versuche bekannt machen:

In Abbildung 117 wird ein konstantes Magnetfeld mittels
einer Spule von 600 Windungen und einem Strom der Stärke
2 Ampere erzeugt. Der Eisenkern ist durch einen Eisenstab nach
oben verlängert. Um diesen liegt eine Holzrinne,
in der sich Quecksilber befindet. Durch die Wand
der Rinne führt eine Leitung vom Quecksilber zu
einer Steckbuchse. In der Verlängerung der Spulenachse ist ein gerader Leiter drehbar aufgehängt, sein
unteres Ende taucht in das Quecksilber. Das obere
Ende des Leiters und das Quecksilber werden mit
dem Spiegelgalvanometer verbunden, dann setzen
wir den Leiter mit der Hand in Umdrehung um die
verlängerte Spulenachse. Während dieser Bewegung In dem bewegten
zeigt das Galvanometer einen Ausschlag; dieser ist Leiter wird eine
um so größer, je schneller der Leiter bewegt wird.   Spannung
                                                      induziert.
                                                      – 117 –
Erst bei Umkehrung des Drehungssinnes ändert sich die Richtung
des Induktionsstromes.

Der gerade Leiter wird durch eine Metallschale ersetzt, der
Verlängerungsstift durch einen kürzeren (Abbildung 118). Die
Schale, etwa die Bronzeglocke einer elektrischen Klingel, wird von
einem unten zugespitzten Stift getragen. Während sich die Glocke

dreht, beobachten wir einen Dauerausschlag des Spiegelgalvanometers.

Im Versuch der Abbildung 119 tritt an Stelle der Schale eine
Metallscheibe, das Magnetfeld liefert ein Stahlmagnet mit Polschuhen. Die Scheibe taucht unten in eine Quecksilberrinne, die
eine von den beiden Steckbuchsen ist mit dem Quecksilber, die
andere über die Achsenlager mit der Achse verbunden. Zwischen
beiden liegt wieder das Spiegelgalvanometer. Es schlägt beim
Drehen der Scheibe aus. Die Richtung der zwischen Rand und
Achse induzierten Spannung hängt vom Drehungssinn ab.

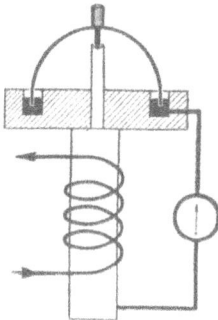

Bei Drehung der Glocke zeigt
das Spiegelgalvanometer einen
Ausschlag.

−118−

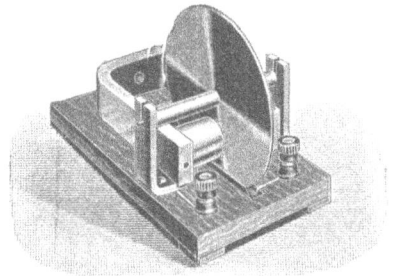

Ein zwischen die Klemmen geschaltetes
Spiegelgalvanometer zeigt bei Drehung
der Scheibe eine Gleichspannung an.

−119−

Mit einer Versuchsanordnung aus Aufbauteilen läßt sich die
gleiche Erscheinung zeigen: In Abbildung 120 sind zwei Spulen
von je 300 Windungen über einen langen Eisenkern geschoben.
Der Induktionsstromkreis ist über diesem unterbrochen, die Lücke
ist durch einen flachen Kupferstreifen überbrückt, der an den
Rändern nach Art eines umgekehrten U umgebogen ist. Dieser
Streifen schleift auf zwei L-förmig nach oben gebogenen Kupfer-
stiften, die von Fußklemmen getragen werden. Von diesen Fußklemmen führen Verbindungsdrähte nach dem Spiegelgalvanometer. Wird bei eingeschaltetem Feldstrom der Streifen hin- und
herbewegt, so zeigt das Spiegelgalvanometer einen Induktionsstrom an, der bei Änderung der Bewegungsrichtung des Streifens
seine Richtung ändert. Würde der Streifen zu einem waagerechten

Ring gebogen, der sich um eine senkrechte Achse dreht, so entstünde ein dauernder Gleichstrom, damit nähern wir uns der Versuchsanordnung der Abbildung 119.

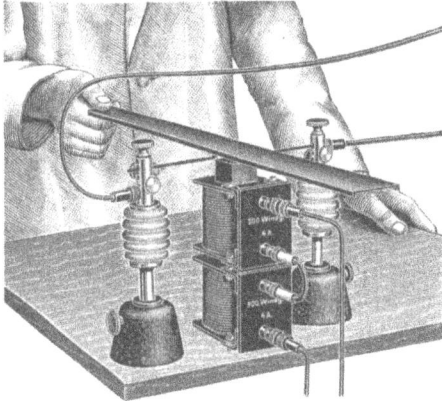

Induktionsstrom entsteht, während nur ein Teil des Induktionskreises bewegt wird.
— 120 —

Bei allen diesen Versuchen — abgesehen vielleicht von dem ersten, — ändert die Bewegung an der gegenseitigen Lage von Induktionskreis und Magnetfeld überhaupt nichts. Der Induktionsfluß durch die Induktionsspule bleibt derselbe, ja er kann Null sein. Das läßt sich am einfachsten beim letzten Versuch zeigen. Durch geeignetes Verschieben des Magnetfeldes bei aufgelegtem unbewegten Streifen läßt sich erreichen, daß der Lichtzeiger beim Öffnen und Schließen des Feldstromes in Ruhe bleibt. Dennoch kommt er in Bewegung, sobald der Streifen bewegt wird. Von einer gegenseitigen Bewegung von Induktionskreis und Magnetfeld, die mit einer Änderung des Induktionsflusses verbunden wäre, kann nicht die Rede sein. Der größte Teil der Induktionsspule steht fest, bewegt wird nur ein Teil von ihr. Die seitherige Deutung versagt, diese zweite Form der Induktionserscheinung müssen wir anders erklären:

Mit dem Leiter werden auch die in ihm leicht beweglichen Elektronen bewegt, bewegte Elektronen umgeben sich mit einem magnetischen Feld, auf dieses wirkt das vom Feldstrom erzeugte Magnetfeld — dabei verstehen wir unter Feldstrom auch die

Molekularströme im Stahlmagnet (Abbildung 119) — so entstehen magnetische Kräfte, die auf die Elektronen senkrecht zur Bewegungsrichtung wirken; Elektronen werden im Leiter senkrecht zur Bewegungsrichtung getrieben, auf der einen Seite des bewegten Leiters entsteht Elektronenmangel, auf der andern Überschuß, das entstehende elektrische Feld durchsetzt den ruhenden Teil des Induktionskreises und bringt die Elektronen in ihm in Bewegung, die abfließenden Elektronen werden aus dem bewegten Leiter immer wieder ersetzt, während diesem auf der andern Seite Elektronen zufließen.

Bevor wir uns im nächsten Kapitel eingehend mit den Kräften beschäftigen, die im Magnetfeld auf bewegte Elektronen wirken, zeigen wir durch einen Versuch die Ablenkung eines Elektronenstrahls durch ein Magnetfeld.   Abbildung 121 zeigt ein Kathodenstrahlrohr, in dem die aus bewegten Elektronen bestehenden Kathodenstrahlen einen Leuchtschirm entlang streifen und das Zinksulfid auf ihm zum Leuchten bringen. Die Elektronen werden hier im Gegensatz zu unsern obigen Versuchen statt durch die Hand durch ein elektrisches Feld in Bewegung gesetzt. Nähern wir der Röhre einen Magnetstab, so daß die magnetischen Feldlinien senkrecht zum Schirm verlaufen, so wird der Strahl je nach der Richtung der magnetischen Feldlinien nach oben oder unten gekrümmt.

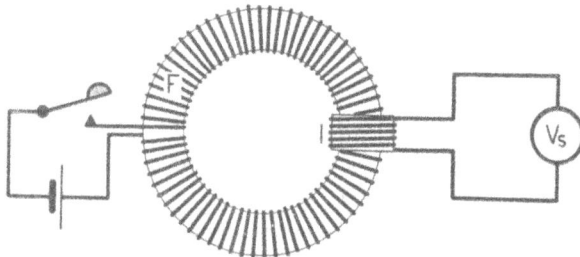

Krümmung des Elektronenstrahls, wenn von vorn ein Nordpol genähert wird.
– 121 –

Ringförmig geschlossene Feldspule mit Induktionsspule.
–122–

Von unseren früheren Ergebnissen, die wir auf den Maxwellschen Satz: Ein sich änderndes Magnetfeld ist von ringförmigen elektrischen Feldlinien umgeben, zurückgeführt haben, lassen sich einige auch auf die oben behandelte Art des „Schneidens der magnetischen Feldlinien durch einen bewegten Leiter" deuten. Bei den Versuchen mit ruhender Feld- und ruhender Induktionsspule (§§ 16 und 19) fällt diese Art der Erklärung schon schwerer. Abbildung 122 zeigt eine ringförmige Feldspule mit geschlossenem Eisenkern; legen wir um diese eine Induktionsspule, so zeigt das Galvanometer beim Ein- und Ausschalten des Feldstromes eine Induktionsspannung an. Eine solche geschlossene Ringspule hat nur im Spuleninnern ein magnetisches Feld (vergl. Abbildung 7). Von einem Schneiden der Windungen der Induktionsspule durch magnetische Feldlinien kann also nicht gesprochen werden, es bleibt nur die Maxwellsche Deutung übrig.

　　Anmerkung: Die Zwiespältigkeit zwischen den beiden Formen der Induktionserscheinung wird in der Relativitätstheorie beseitigt.

VI. Mechanische und magnetische Größen.

§ 43. Kräfte im Magnetfeld.

Wir haben alle bisher behandelten magnetischen Felder als die Begleiter bewegter Elektronen betrachtet und damit die magnetischen Erscheinungen aufs engste mit den elektrischen verknüpft. Bei der Induktionserscheinung beobachteten wir, daß Elektronen in Bewegung kamen. Es müssen also Kräfte vorhanden sein, die die Elektronen in Bewegung setzen. Für das Zustandekommen dieser Kräfte hatten wir zwei Deutungsweisen, die wir noch einmal einander gegenüberstellen:

Gegeben sind ein ruhendes magnetisches Feld in diesem und eine Ladung. Die kann entweder von einem Körper getragen werden; wir hätten also einen geladenen Körper, von dem wir zunächst einmal annehmen wollen, er habe zuviel Elektronen; im Grenzfall wäre dieser Körper ein Über(—)ion oder ein einzelnes Elektron.

a) Das Feld ändert sich. Das kann dadurch geschehen, daß sich der Träger des Feldes, die stromdurchflossene Feldspule, bewegt oder daß die Feldstromstärke sich ändert. Dann entstehen elektrische Feldlinien und aus Feldstärke und der vorhandenen Ladung eine elektrische Kraft. Durch diese kann die Ladung und der mit ihr verbundene träge Körper in Bewegung gesetzt werden.

b) Das Feld bleibt in Ruhe. Dagegen wird der geladene Körper bewegt. Um die bewegte Ladung bildet sich ein magnetisches Feld. Auf dieses und den mit ihm verbundenen Körper wirkt das ruhende Feld ein, es entsteht eine magnetische Kraft.

Nun ist jede Bewegung relativ. Welche von den beiden Erklärungsweisen für die Kraft wir annehmen wollen, ist eine

Frage der Zweckmäßigkeit im einzelnen Fall. Sind Feld und Ladung in Bewegung etwa gegen den Experimentiertisch, so müssen wir uns entweder für ruhendes Feld oder ruhende Ladung entscheiden und von dem gewählten Standpunkt die Bewegung des andern betrachten, wollen wir die Beschreibung und Erklärung der Vorgänge nicht weit verwickelter werden lassen als die Betrachtung der Venusbewegung vom Standpunkt der ruhenden Erde, (d. h. in einem mit der Erde festverbundenen Koordinatensystem). In den meisten Fällen werden wir im folgenden das magnetische Feld als ruhend betrachten können.

§ 44. Magnetfeld und Elektronenstrahl.

Bewegte Elektronen in Reinkultur haben wir in Band II § 50 als Kathodenstrahlen kennengelernt. Lassen wir den Elektronenstrahl in der Braunschen Röhre zwischen den Platten des eingebauten Kondensators hindurchgehen und laden diesen, so wird der Strahl in der Richtung der elektrischen Feldlinien abgelenkt. Lassen wir dagegen den Strahl durch ein magnetisches Feld gehen, so erfolgt die Ablenkung senkrecht zu den magnetischen Feldlinien. So kommt die Krümmung des Strahls der Abbildung 121 dadurch zustande, daß der Röhre von vorn der Nordpol eines Magnetstabs genähert wird.

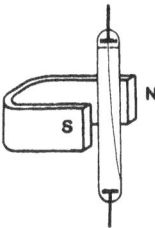  

a   b   c

Im Magnetfeld abgelenkter Elektronenstrahl.   Dreifingerregel.

−123−

Im magnetischen Feld wirkt auf ein Elektron, das sich senkrecht zu den Feldlinien bewegt, eine Kraft senkrecht zur Bewegungsrichtung und senkrecht zu den Feldlinien.

Wir müssen uns klar werden, wie die drei Richtungen des Elektronenstroms, der magnetischen Feldlinien und der entstehenden Kraft zusammenhängen. Um in einen folgenden Versuch Übereinstimmung bringen zu können, hängen wir die Röhre senkrecht auf, die Kathode kommt oben hin. Wir umfassen die Röhre mit einem Hufeisenmagnet nach Abbildung 123a, so daß die Feldlinien von dem hinten befindlichen Nordpol auf uns zu nach dem Südpol laufen und beobachten: Der Strahl wird nach rechts abgelenkt. Damit bekommen wir für die drei Richtungen die der Pfeile der Abbildung 123b. E gibt die Richtung des Elektronenstroms, H die Richtung der magnetischen Feldlinien, K die Richtung der Kraft.

§ 45. Der gerade Leiter im Magnetfeld.

In Abbildung 124 sind zwei Hufeisenmagnete mit ihren gleichnamigen Polen aneinandergelegt, die Feldlinien laufen von hinten nach vorn. Zwischen beiden hängt ein gewebtes Metallband, die Elektronen in ihm werden durch einen Akkumulator von oben nach unten in Bewegung gesetzt. Das Band schlägt nach rechts aus. Auf die bewegten Elektronen wirkt also wie bei dem vorhergehenden Versuch eine Kraft nach dem Muster der Abbildung 123b. In der Röhre konnten sich die Elektronen frei bewegen, jetzt sind sie an den Leiter gebunden und können nicht seitlich aus ihm heraustreten, daher nehmen sie den Leiter mit. Den Feldlinienverlauf zeigt Abbildung 125.

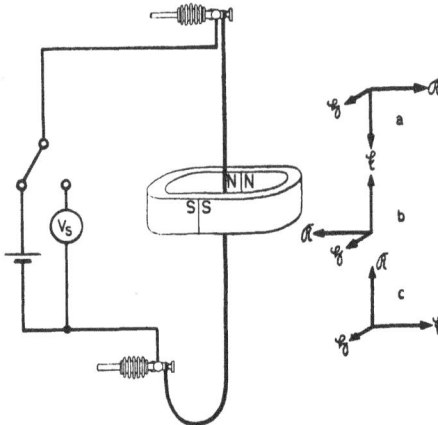

Gerader Stromleiter im Magnetfeld.
— 124 —

Das Bild kommt zustande durch Überlagerung des angenähert homogenen Feldes der Hufeisenmagnete (Abbildung 126)

und des Ringfeldes des Leiters (Abbildung 127). Die Kraft wirkt
also nach der Seite auf den Leiter, wo die Feldlinien weniger
dicht laufen.

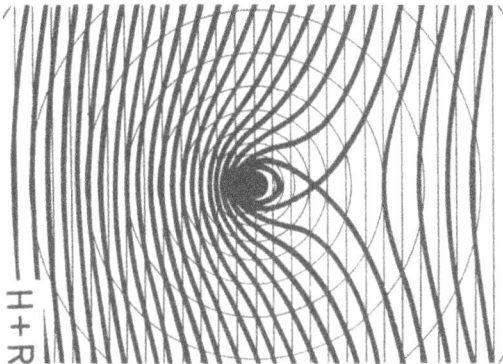

Das Magnetfeld beim Versuch der Abbildung 123, entstanden
durch Überlagerung der beiden unten dargestellten Felder.

− 125 −

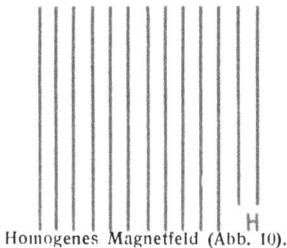

Homogenes Magnetfeld (Abb. 10).

− 126 −

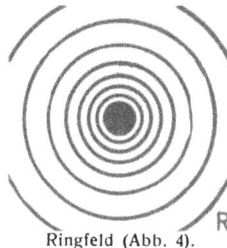

Ringfeld (Abb. 4).

− 127 −

Kehren wir die Stromrichtung um, so ändern der Pfeil ℭ
und der Pfeil ℛ gleichzeitig ihre Richtung, wir erhalten Abbildung 124b, sie entsteht aus 124a durch Drehung von ℭ und ℛ
um die Achse ℌ, Drehungswinkel 180°.

Für die Schaltung 124 galten die Pfeilrichtungen 124a. Wir
legen jetzt den Schalter um und ersetzen dadurch den Akkumulator
durch das Spiegelgalvanometer. Dann fassen wir das Band mit
der Hand und führen es von links nach rechts durchs Magnetfeld.
Das Galvanometer zeigt einen Strom an, der im Leiter von unten
nach oben fließt. Denn mit dem Leiter werden auch die Elek-

tronen nach rechts bewegt, es muß darum eine Kraft auf die
Elektronen entstehen nach 124a, nur mit dem Unterschied, daß
der Pfeil $\mathfrak{E}$ um 90⁰ gegen den Uhrzeiger gedreht ist; darum
müssen wir auch $\mathfrak{K}$ um 90⁰ drehen, auf jedes Elektron wirkt eine
Kraft nach oben, und so entsteht der vom Galvanometer angezeigte Induktionsstrom von unten nach oben (Abbildung 124c).

Für diese Erscheinung ergibt sich eine einfache Regel:
Sehen wir entgegen den magnetischen Feldlinien, so ist
die Richtung der entstehenden Bewegung (des Leiters
oder der Elektronen) um 90⁰ gegen den Uhrzeiger gedreht gegen die ursprüngliche Bewegung (der Elektronen
oder des Leiters).

Dieser Satz läßt sich als „Dreifingerregel" so fassen: Wir
halten den rechten Daumen in die Richtung der Magnetfeldlinien,
den Zeigerfinger in die Richtung der gegebenen Bewegung, dann
gibt der Mittelfinger die Richtung der entstehenden Bewegung an
(Abbildung 123c).

Mit der Linke-Faust-Regel und dieser Dreifingerregel kommen
wir aus.

Beispiel: In Abbildung 128 befindet sich in dem engen
Schlitz zwischen den Polschuhen eines Elektromagneten die eine
Seite eines Leiterrechtecks aus dickem
Kupferdraht. Beim Einschalten des Feld-
stromes entsteht ein Magnetfeld, dessen
Feldlinien von hinten nach vorn laufen;
dieses ruft in der Spule einen Induktions-
strom hervor, dessen Umlaufsinn dem
Feldstrom entgegen, also in der Abbil-
dung gegen den Uhrzeiger, gerichtet ist.
Zwischen den Polschuhen fließen darum
die Elektronen von oben nach unten.
Nach der Linke-Faust-Regel wirkt auf
diese Elektronen eine Kraft, die das an

Beim Einschalten des Feldstromes
bewegt sich das Leiterrechteck nach
rechts.
— 128 —

zwei Fäden aufgehängte Rechteck nach
rechts bewegt. Wird der Feldstrom unter-
brochen, so beobachten wir, daß der Leiter einen Stoß nach links
bekommt. Bei diesem Versuch ruft also das entstehende oder

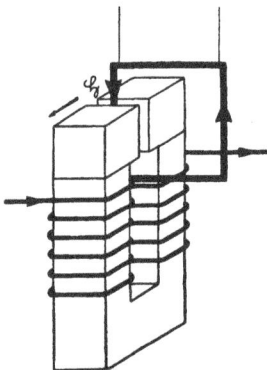

verschwindende Magnetfeld zunächst einen Strom und dann Leiter-
bewegung hervor.

§ 46. Kraft auf den vom Induktionsstrom durchflossenen Leiter. Dämpfung.

Wenn der Leiter der Abbildung 124 von der Hand von links
nach rechts bewegt wird, so entsteht nach 124c ein Strom von
unten nach oben; dann gilt aber 124b, d. h. es entsteht eine
Kraft, die der von der Hand ausgeübten Kraft entgegenwirkt.
Gegen diese Kraft leistet die Hand Arbeit. Als Gegenwert dieser
mechanischen Arbeit erhalten wir den elektrischen Strom, der
während der Bewegung im Leiter induziert wird. Die Elektronen
werden im Leiter ein Stück weiter geschoben; dabei verwandelt
sich die von der Hand geleistete Arbeit teilweise in Wärme, zum
Teil auch in die Bewegungsenergie der Drehspule des eingeschalteten Galvanometers.

Wir verallgemeinern: Wenn in einem magnetischen
Feld ein geschlossener Leiter so bewegt wird, daß in
dem Leiter ein Elektronenstrom induziert wird, so entsteht durch diesen im Magnetfeld eine Kraft, die der Kraft
entgegenwirkt, die die Bewegung hervorruft.

Versuche, die diese Verallgemeinerung stützen, gibt es in
Menge. Wir brauchen nur ein Fünfmarkstück durch den Schlitz
zwischen den Polschuhen des Elektromagneten der Abbildung 129
hindurchfallen zu lassen und beobachten, daß es dabei gebremst
wird, wie wenn sich zwischen den Polen ein zähe Flüssigkeit
befinde. In dem Teil der Metallscheibe, der ins Magnetfeld eindringt, wird eine Spannung induziert; die Strömungslinien schließen
sich über dem Teil der Scheibe, der sich außerhalb des Feldes
befindet. Bei dem kleinen Widerstand wird die Stromstärke groß
trotz niedriger Spannung. Die Scheibe ist der Grenzfall einer
Spule mit einer Windung, wir brauchen uns nur in die Mitte ein
beliebig kleines Loch gebohrt zu denken. Derselbe Versuch ist
in Abbildung 129 wesentlich hübscher und übersichtlicher dargestellt. Ein Kupferring schwingt als Pendelkörper in dem engen
Spalt zwischen den Polschuhen eines Elektromagneten. Sobald

wir den Feldstrom einschalten, kommt der Ring zum Stillstand.
An Stelle des geschlossenen Rings können die in Abbildung 130
dargestellten Pendelkörper dienen. 108 c ist eine Kupferscheibe,
108 d ein Kupferstreifen, bei beiden tritt dieselbe kräftige Bremswirkung wie beim Ring auf; dagegen fehlt
diese fast ganz bei dem geschlitzten Ring
108 b und der geschlitzten Scheibe 108 e;
durch die Schlitze wird die Elektronenbewegung gehindert, es kommt kein starker
Induktionsstrom und darum auch keine magnetische Kraft zustande.

Es lohnt sich auch, die Scheibe d für
sich allein mit der Hand zu fassen und zu
versuchen, mit ihr wie mit einem Messer
durch das Magnetfeld hindurchzuschneiden.
Es entsteht das eigenartige Gefühl, als sei
das magnetische Feld mit einem zähen Stoff
wie Kuchenteig ausgefüllt.

Die Dämpfung durch den Induktionsstrom hat sich schon oft bei unsern Versuchen mit dem Spiegelgalvanometer der
Abbildung 30 bemerkbar gemacht. In der
bewegten Drehspule fließt ein Induktions-

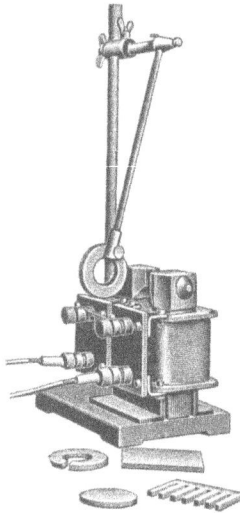

Der zwischen den Polschuhen
pendelnde Kupferring kommt
beim Einschalten des Feldstromes in Ruhe.

— 129 —

strom, wenn die beiden Klemmen durch einen Leiter verbunden
sind; seine Stärke und mit ihm die Dämpfung sind um so größer,
je geringer der äußere Widerstand ist.   Das zeigen wir mit der
Schaltung der Abbildung 131.

a   b   c   d   e
Verschiedene Pendelkörper, bei b und e fehlt die Bremswirkung.
— 130 —

Ein Akkumulator ist über einen Leiter von sehr hohem
Widerstand R_1 und einen Wechselschalter mit dem Spiegelgalvanometer verbunden.   Durch den Schalter kann das Meßinstrument
über einen veränderlichen Leiter R_3 (Stöpselwiderstand) geschlossen

werden. Zunächst wird der Lichtzeiger bei Lage 1 des Schalters aus seiner Nullage abgelenkt, dann wird der Schalter so gedreht, daß er weder 1 noch 2 berührt. Der Zeiger macht 40 bis 50 volle Schwingungen ehe er zur Ruhe kommt. Die Zahl dieser Schwingungen, wird sofort kleiner, wenn wir den Schalter auf 2 stellen und den Widerstand R_2 mehr und mehr verringern. Bei 2000 Ohm sind es etwa noch 20 Schwingungen, bei 1000 Ohm etwa noch 12, schließlich erreichen wir bei „dem äußeren Grenz-widerstand" von etwa 140 Ohm, daß der Zeiger nicht mehr schwingt, sondern aus dem Ausschlag „aperiodisch" in seine Ruhelage zurückkehrt. Bei weiterer Verringerung des äußeren Widerstands wird die Rückwärtsbewegung des Zeigers immer langsamer, der Zeiger kriecht in seine Ruhelage. Der Leiter R_2 hat 150 bis 200 Ohm und vermeidet das lästige Warten, bis sich der Licht-zeiger immer wieder beruhigt. Der hochohmige Leiter R_1 be-steht aus einem Tonstäbchen, dessen beide mit Bleistiftgraphit überzogene Enden in zwei Fußklemmen eingespannt sind, zwischen beiden befindet sich ein Bleistiftstrich; durch Entlangstreichen mit einem Bleistift läßt sich der Widerstand verkleinern, mittels Radier-gummi vergrößern.

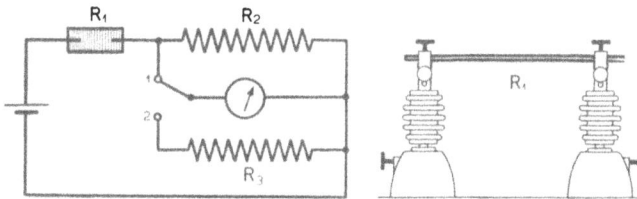

Dämpfung des Spiegelgalvanometers durch den Induktionsstrom.
−131−

Der Induktionsstrom, der in der Drehspule eines Galvano-meters entsteht, wenn diese sich bewegt, läßt sich durch folgenden Versuch zeigen: Wir verbinden die Klemmen des Zeigergalvano-meters mit dem Spiegelgalvanometer (Abbildung 132). Sobald jenes nur ein ganz klein wenig gekippt wird, schlägt der Licht-zeiger weit aus. Der Aluminiumzeiger läßt sich auch durch Annäherung eines geriebenen Hartgummistabs von außen in Bewegung setzen. Das Zeigergalvanometer dient bei diesem

Versuch als „Dynamomaschine", das Spiegelgalvanometer als
„Elektromotor". Bei dem Zeigergalvanometer macht sich die
dämpfende Wirkung des Induktionsstromes weniger bemerkbar,
da die Trägheit des Zeigers und der übrigen bewegten Teile
groß ist.

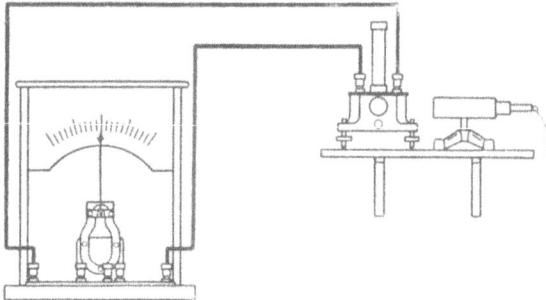

Nachweis des im Zeigergalvanometer induzierten Stromes mittels des Spiegelgalvanometers.
—132—

Die Nadel des Quadrantenelektrometers der Abbildungen 88
und 89 in Band I besteht aus Aluminium, die Quadranten sind
aus Stahl hergestellt und stellen Magnete dar, deren Feldlinien
senkrecht laufen. Dreht sich die
Nadel, so entstehen in ihr
Ströme und Kräfte, die die
Nadelbewegung zu verhindern
suchen.

Allgemeiner läßt sich der
ausgesprochene Satz so fassen:
Wenn sich ein geschlossener
Leiter und ein magnetisches
Feld inbezug aufeinander bewegen, so treten Kräfte auf,
die diese Relativbewegung zu

Die Spule mit einer Windung in Innern des
Becherglases wird von dem sich drehenden
Magnetfeld mitgenommen.
—133—

vernichten suchen. Dazu nur
zwei Versuche: Abbildung 133.
Um eine senkrechte Achse wird
ein Hufeisenmagnet schnell gedreht. Zwischen seinen Schenkeln
befindet sich ein Becherglas und in diesem ein Aluminiumrähmchen,

das sich um eine senkrechte Achse leicht drehen läßt. Das Rähmchen wird vom Magnetfeld mitgenommen; zwar erreicht es nicht dieselbe Umdrehungsgeschwindigkeit wie dieses, aber die Relativgeschwindigkeit des Rähmchens gegen das Feld wird durch das Mitdrehen kleiner.

Wir können die Rolle von Feldträger und Leiter vertauschen: Abbildung 134. Auf einer Glasplatte steht eine leicht drehbare Magnetnadel, unter der Glasplatte dreht sich eine Kupferscheibe mit großer Geschwindigkeit, jetzt werden die Nadel und das mit ihr verbundene Magnetfeld mitgenommmen. Die Nadel braucht nicht unbedingt sich mit ihrer Mitte in der Verlängerung der Achse zu befinden. Auch bei exzentrischer Lage üben die Kupferscheibe und die Nadel ein Drehmoment aufeinander aus.

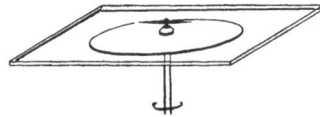

Umkehrung des Versuchs der Abbildung 133. Magnetnadel über der sich drehenden Kupferscheibe. Dazwischen eine Glasplatte.
−134−

Die Ströme, die bei der Bewegung geschlossener Metallkörper im magnetischen Feld in den Körpern entstehen, werden als „Wirbelströme" bezeichnet.

§ 47. Berechnung der Kraft auf den geraden Leiter.

In Abbildung 135 stelle $\mathfrak{H}$ ein homogenes Magnetfeld dar. Die Feldlinien laufen auf den Beschauer zu. Von links nach rechts bewegen wir mit der Hand den rechteckigen Leiter ABCD um die Strecke $x = DD_1$ (cm) in die Lage $A_1B_1C_1D_1$ in der Zeit t (sec). Die induzierte Spannung hängt ab von der Geschwindigkeit, mit der sich der Induktionsfluß durch die Spule, also die

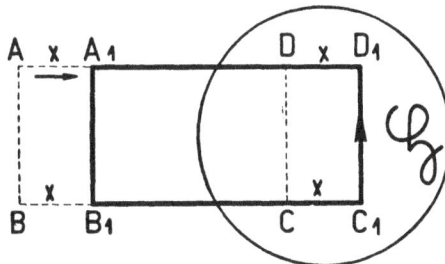

Arbeitsleistung bei Bewegung des Rechtecks **ABCD** um die Strecke x.
−135−

Größe $\mu \cdot \mathfrak{H} \cdot F$ (Voltsekunden) ändert. Die Änderung der vom

Felde durchsetzten Fläche beträgt $x \cdot l$, (cm²); $l = CD$ (cm). Folglich beträgt die induzierte Spannung

$$\Delta E = \frac{\mu \cdot \mathfrak{H} \cdot x \cdot l}{t} \text{ (Volt).}$$

Diese Spannung ruft in der Induktionsspule ABCD einen Strom hervor, dessen Stärke mit durch den Widerstand des Rechtecks ABCD bestimmt wird, seine Stärke sei i. Die in der Zeit t geleistete elektrische Arbeit berechnen wir nach Band II § 43 als Produkt aus Stromstärke, Spannung und Zeit. Es ist also

$A = i \cdot \mu \cdot \mathfrak{H} \cdot x \cdot l$ (Voltamperesekunden oder Wattsekunden).

Diese Arbeit muß geradesogroß sein wie die von der Hand geleistete. Ist $\mathfrak{K}$ die Kraft, die von der Hand ausgeübt wird, so ist die Arbeit gleich dem Produkt aus Kraft und Weg

$$A = \mathfrak{K} \cdot x,$$

aus beiden Gleichungen folgt

$$\mathfrak{K} = i \cdot \mu \cdot \mathfrak{H} \cdot l = \mathfrak{B} \cdot i \, l$$

(Wattsekunden/cm) (vergl. § 22 und § 31),

dabei ist nach Band II, Seite 115,

1 Wattsekunde/m $= 0{,}102$ Kilogrammkraft,

1 Wattsekunde/cm $= 1{,}02$ Kilogrammkraft.

Da nur der Leiter CD senkrecht zu den Feldlinien verschoben wird, beträgt die im magnetischen Feld mit der Induktionsflußdichte $\mathfrak{B}$ auf den Leiter der Länge l ausgeübte Kraft

$$\mathfrak{K} = \mathfrak{B} \cdot i \cdot l \text{ (Wattsekunden/cm).}$$

    Zur Prüfung dieser Formel durch den Versuch dient die Stromwaage der Abbildung 136. In den Spulenschlitz der dreilagigen Feldspule taucht von oben ein Drahtrechteck. Dieses ist durch zwei Stecker in Buchsen des Waagebalkens befestigt. Stromzuführung und -ableitung gehen über den hohlen Waagebalken selbst und eine Leitung in seinem Innern. Der Waagebalken wird von einem Querbalken getragen, die Lagerpfannen sind schalenförmig, in den Schalen befindet sich zur Vermeidung eines großen Übergangswiderstandes je ein Tropfen Quecksilber. Die Elektronen fließen über die eine Pfanne zu, über die andere ab. Durch einen verschiebbaren Läufer La wird zunächst das Gleichgewicht hergestellt. Dann hängen wir auf den rechten Waagebalken einen Reiter Re von 1 g Gewicht. Durch passende

Wahl der Feldstromstärke (Amperemeter A_1) und der Stromstärke im Leiter I (Amperemeter A_2) stellen wir wieder Gleichgewicht her. Aus der linearen Windungsdichte, der Feldstromstärke und der Induktionskonstanten berechnen wir die Induktionsflußdichte $\mathfrak{B}$, sie wird multipliziert mit der Stromstärke i im
Leiter und seiner Länge I,
das Produkt gibt die mag-
netische Kraft $\mathfrak{K}$ in Watt-
sekunden/cm. Das von ihr
hervorgebrachte Drehmo-
ment muß gleich sein dem
Produkt aus dem Gewicht
des Reiters Re und der
Länge des rechten Hebel-
arms. Das Leiterrechteck
läßt sich ersetzen durch eine

Messung der Kraft auf einen Stromleiter im homogenen magnetischen Feld.
− 136 −

rechteckige Spule; die obere
waagerechte Seite des Recht-
ecks bleibt außerhalb des Magnetfeldes. Hat diese Spule n Windungen, so wird die Kraft unter sonst gleichen Umständen n-mal
so groß. Das können wir auf zwei Arten deuten: Entweder
fließen jetzt durch den Querschnitt des Leiters in der Sekunde
n-mal soviel Elektronen, oder die magnetische Kraft wirkt jetzt
auf n Leiterteile der Länge I.

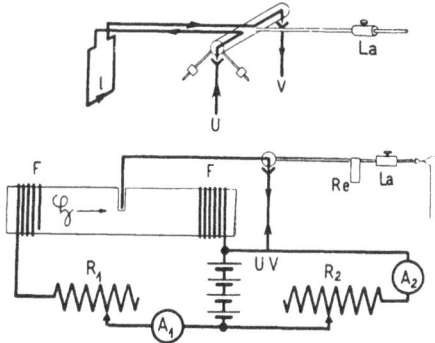

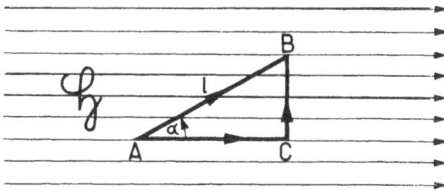

Kraft auf einen Leiter, der mit den Feldlinien einen Winkel bildet.
− 137 −

Wir berechnen noch die Kraft $\mathfrak{K}$ auf einen Leiter, der mit
den magnetischen Feldlinien den Winkel α bildet. Den Leiter
AB in Abbildung 137 ersetzen wir durch AC und CB. Die Anwendung der Dreifingerregel auf AC versagt; auf AC wirkt keine

Kraft. Es bleibt also nur die Kraft auf $CB = l \cdot \sin \alpha$, und diese beträgt:

$$\mathfrak{K} = \mathfrak{B} \cdot i \cdot l \, \sin \alpha \; \text{(Wattsekunden/cm)}.$$

Das ist die allgemeinste Formel für die Kraft auf einen geraden Leiter der Länge l durchflossen von einem Strom der Stärke i in einem Magnetfeld der Induktionsflußdichte $\mathfrak{B}$, wenn der Leiter mit den magnetischen Feldlinien den Winkel α bildet.

Die Richtung dieser Kraft ergibt sich aus der Dreifingerregel, in Abbildung 137 ist die Kraft auf den Beschauer zu gerichtet. Fließen die Elektronen von B nach A, so hat die Kraft die Richtung in die Zeichenebene hinein.

§ 48. Zwei gerade parallele Leiter.

Zwei gerade parallele Leiter werden in derselben Richtung vom Elektronenstrom durchflossen (Abbildung 138 a). Wir betrachten zunächst den linken Leiter als fest, den rechten als beweglich. Die Linke-Faust-Regel der Abbildung 5 gibt zunächst die Richtung der magnetischen Feldlinien dort, wo sich der rechte Leiter befindet. Dann wenden wir die Dreifingerregel an; aus ihr ergibt sich eine Kraft, die auf den rechten Leiter in der Richtung nach links wirkt.

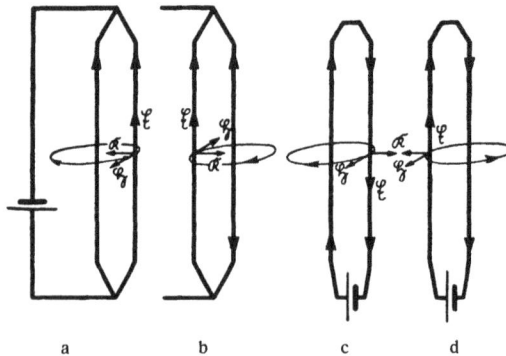

a   b   c   d
Wirkung paralleler Stromleiter aufeinander.

−138−

Oder wir sehen den rechten Leiter als fest an und finden eine Kraft, die auf den linken Leiter in der Richtung nach rechts

wirkt. Der Versuch der Abbildung 139 bestätigt beide Ergebnisse zugleich; die beiden Leiter aus gewebtem Metallband nähern
sich einander.

Fließen jedoch die Elektronen im entgegengesetzten Sinn
durch beide Leiter, so liefert die Anwendung derselben beiden
Regeln jedesmal eine Kraft in der entgegengesetzten Richtung wie
oben. Bei dem in Abbildung 140 dargestellten Versuch spreizen
die Leiter auseinander.

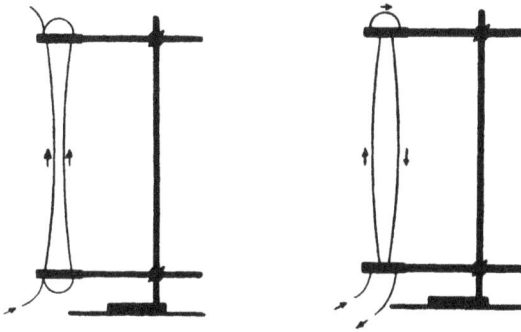

Leiter aus gewebtem Metallband.
— 139 —   — 140 —

Wir heben noch einmal ausdrücklich hervor, wie wir geschlossen haben:

1. Die Richtung der magnetischen Feldlinien wird nach der
Linkefaustregel festgestellt.

2. Dann wird die Dreifingerregel angewandt, ohne daß
dabei das magnetische Feld des zweiten Leiters beachtet wird.

Käme jetzt noch ein dritter Stromleiter hinzu, dann müßte
der Betrachtung das gemeinsame Magnetfeld der beiden ersten
Leiter als gegeben zu Grunde gelegt werden. Es ist für gleiche
Stromrichtung in Abbildung 141, für entgegengesetzte Stromrich-
tungen in Abbildung 142 durch Eisenfeilspäne dargestellt.

Diese Feldlinienbilder könnten die Vorstellung erwecken, als
seien die beiden Leiter in ein elastisches Mittel eingebettet, das
sich längs der Feldlinien zusammenzuziehen, quer zu den Feldlinien zu dehnen sucht und dabei die Leiter mitnimmt. Da jedoch
ein derartiges Mittel bis jetzt keinem physikalischen Versuch zu-

gänglich geworden ist, — die Erscheinungen treten im Hochvakuum gerade so gut wie in Luft auf — verzichten wir auf eine
solche Deutung. Doch kann das „als ob" beim Lesen solcher
Feldlinienbilder nützlich sein.

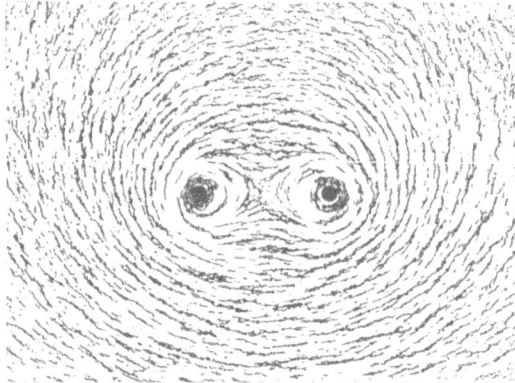

Feldlinienbild bei gleicher Stromrichtung (Abbildung 139).
−141−

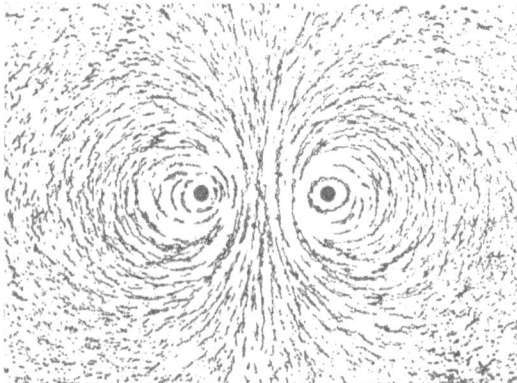

Feldlinienbild bei entgegengesetzter Stromrichtung (Abbildung 140).
−142−

§ 49. Spule im homogenen Magnetfeld.

In Abbildung 143 befindet sich eine rechteckige Stromspule
mit den Seiten $AB = a$ (cm) und $BC = b$ (cm) in einem homo-

genen Magnetfeld der Feldstärke $\mathfrak{H}$. In der Spule fließt ein Elektronenstrom der Stromstärke i. Die beiden Kräfte, die auf AB und CD wirken, heben sich gegenseitig auf. Auf DA wirkt eine Kraft $\mathfrak{K}$ (Wattsekunden/cm) senkrecht nach unten, auf BC eine gleiche Kraft senkrecht nach oben, beide bringen ein Drehmoment hervor. Ist α der Winkel zwischen der Feldlinienrichtung und der Flächennormale, so ist der senkrechte Abstand der beiden Kräfte $a \cdot \sin \alpha$ (cm), mithin ihr Drehmoment

$$\mathfrak{M} = \mathfrak{K} \cdot a \cdot \sin \alpha \text{ (Wattsekunden)}.$$

Da aber nach Paragraph 47

$$\mathfrak{K} = \mathfrak{B} \cdot i \cdot b \text{ (Wattsekunden/cm)}$$

ist, wird

$$\mathfrak{M} = \mathfrak{B} \cdot i \cdot b \cdot a \cdot \sin \alpha = \mathfrak{B} \cdot i \cdot F \cdot \sin \alpha \text{ (Wattsekunden)},$$

wobei F (cm^2) die Windungsfläche bedeutet. Diese Gleichung gilt auch, wenn die Windung nicht rechteckig ist. Eine Windung von anderer Form können wir nach Art der Abbildung 90 zerlegen und kommen durch einen einfachen Grenzübergang zum gleichen Ergebnis. Besteht die Spule aus n gleichen Windungen, so wird das Gesamtdrehmoment

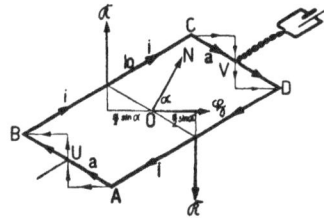

Drehmoment auf eine Stromwindung im homogenen Magnetfeld.
– 143 –

$$\mathfrak{M} = \mathfrak{B} \cdot i \cdot n \cdot F \cdot \sin \alpha \text{ (Wattsekunden)}.$$

Folglich wirkt auf eine Spule im magnetischen Feld ein Drehmoment, das zu errechnen ist als Produkt von $\mathfrak{B}$, der Induktionsflußdichte des Magnetfeldes (Voltsekunden/cm^2), i, der Stromstärke in der „Drehspule" (Ampere), $n \cdot F$, der Windungsfläche der Drehspule (cm^2) und dem Sinus des Winkels α, den die Achse der Drehspule mit der Feldlinienrichtung bildet.

Dieses Drehmoment nimmt für $\alpha = \dfrac{\pi}{2}$ seinen größten Wert

$$\mathfrak{M}_s = \mathfrak{B} \cdot i \cdot n \cdot F \text{ (Wattsekunden) an}.$$

Das Feldlinienbild für diesen Fall ist in Abbildung 144 dargestellt; es entsteht durch Überlagerung des Feldes der Abbildung 10
mit dem homogenen Magnetfeld der Abbildung 13. Die letzte
Gleichung läßt sich auf folgende Art nachprüfen: Im Magnetfeld
der großen Feldspule (Abbildung 145) befindet sich eine kleine
Spule mit rechteckigem Querschnitt; sie wird getragen von dem
einen Hebelarm der Stromwaage der Abbildung 136. Die n Windungen der Spule liegen waagerecht, wenn die Waage mittels
des Läufers La ins Gleichgewicht gebracht ist. Dann wird der
Strom in der Feld- und „Drehspule" eingeschaltet und mittels des
Reiters Re wieder Gleichgewicht hergestellt. Das Drehmoment wird
wie oben angegeben gefunden und in Grammkraftzentimeter umge-
rechnet. Es muß gleich sein dem Produkt aus dem Gewicht des
Reiters und seiner Entfernung vom Drehpunkt des Waagebalkens.

Feldlinienbild zu Abbildung 143 für den Fall des größten Drehmomentes.
—144—

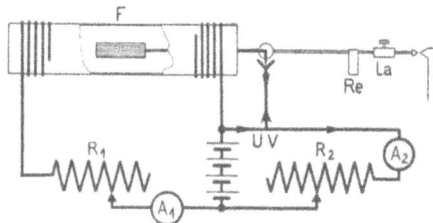

Das auf die Spule im Magnetfeld wirkende Drehmoment
ist gleich dem vom Reiter Re hervorgebrachten
—145—

§ 50. Das magnetische Moment.

Zwischen Induktionsflußdichte $\mathfrak{B}$ und magnetischer Feldstärke $\mathfrak{H}$ besteht nach § 31, Seite 88 und § 22 die Gleichung:

$$\mathfrak{B} = \mu \cdot \mathfrak{H}.$$

Nach § 49 ist dann:

$$\mathfrak{M} = \mu \cdot \mathfrak{H} \cdot i \cdot m \cdot F \cdot \sin \alpha \cdot \text{(Wattsekunden)}.$$

In dieser Gleichung fassen wir zusammen:

$$G = \mu \cdot i \cdot m \cdot F \quad \text{(Voltsekunden/cm)} \qquad (1)$$

und bezeichnen die so gemessene Größe als „magnetisches Moment" der Spule.

Das magnetische Moment einer Spule gibt an, welches Drehmoment in Wattsekunden die Spule erfährt, wenn sie sich in einem magnetischen Feld der Feldstärke $\mathfrak{H}$ (Ampere/cm) befindet und ihre Achse senkrecht zu den Feldlinien steht.

Im allgemeinen beträgt das Drehmoment:

$$\mathfrak{M} = \mathfrak{H} \cdot G \cdot \sin \alpha \quad \text{(Wattsekunden)}. \qquad (2)$$

Wir betrachten eine Stabspule von n Windungen, der Länge l und dem Querschnitt F. Die Gleichung für ihr magnetisches Moment formen wir um:

$$G = \mu \cdot i \cdot n \cdot F = \mu \cdot \frac{i \cdot n \cdot F}{l} \cdot l \,\text{(Voltsekunden/cm)}.$$

Der Bruch bedeutet die in der Stabspule durch den Strom der Stärke i hervorgebrachte magnetische Feldstärke $\mathfrak{H}'$ (§ 24). Nehmen wir zu $\mathfrak{H}'$ noch den Faktor μ, so erhalten wir den Induktionsfluß der Stabspule. Aus Gleichung (1) folgt

$$G = \Phi \cdot l \quad \text{(Voltsekunden/cm)} \qquad (3)$$

und aus Gleichung (2)

$$\mathfrak{M} = \mathfrak{H} \cdot \Phi \cdot l \sin \alpha \quad \text{(Wattsekunden)}, \qquad (4)$$

$$\mathfrak{M}_s = \mathfrak{H} \cdot \Phi \cdot l \,\text{(Wattsekunden)}. \qquad (5)$$

Eine Stabspule mit dem Induktionsfluß Φ und der Länge l erfährt also im magnetischen Feld der Stärke $\mathfrak{H}$ ein Drehmoment von $\mathfrak{H} \cdot \Phi \cdot l \sin \alpha$ Wattsekunden.

Dazu einige grundsätzliche Bemerkungen:

Das Drehmoment auf die Stabspule kommt so zustande: Auf jedes stromdurchflossene Leiterelement wirkt eine magnetische Kraft. Die auf eine einzelne Windung wirkenden Kräfte liefern ein Kräftepaar mit einem Drehmoment abhängig von dem Sinus

des Winkels, den die Normale der Windung, d. h. die Spulenachse, mit der Richtung der Feldlinien bildet. Alle diese einzelnen
Drehmomente haben als Summe das Drehmoment $\mathfrak{H} \cdot \Phi \cdot \mathrm{I} \sin \alpha$.
Die Darstellung eines Drehmoments durch ein Kräftepaar ist nicht
eindeutig. Wir können u. a. das Drehmoment hervorrufen durch
zwei Kräfte der Größe $\mathfrak{H} \cdot \Phi$, die an den Spulenenden A und
B parallel zu den Feldlinien, aber in entgegengesetzter Richtung zueinander angreifen (Abbildung 146). Hätten wir es mit
einem elektrischen Feld zu tun und befänden sich in A und B
zwei gleiche elektrische Ladungen Q verschiedenen Vorzeichens,
die am Ende eines nicht leitenden Stäbchens der Länge I sitzen,
so bekämen wir dasselbe Kräftebild, und der Ladung Q entspräche der Induktionsfluß Φ. Im elektrischen Feld wirken die
beiden Kräfte nur auf die beiden Ladungen, im magnetischen
Feld dagegen ist die Annahme zweier nur auf die „Pole" als
die Enden der Spule wirkenden Kräfte eine reine Fiktion. Die
Drehspule wird so gedreht, als ob an ihren Enden zwei Kräfte
$\mathfrak{H} \cdot \Phi$ angriffen, in Wirklichkeit greifen die magnetischen Kräfte
längs der ganzen Spule an. Und das gilt nicht nur für die Spule,
sondern auch für den Stabmagnet. Bei ihm wirkt ein Kräftepaar
auf jede molekulare Elektronenbahn. Das Entsprechen von Q
und Φ ist rein formal, es hat zu Ausdrücken wie „freie elektrische
Menge" entsprechend der „Elektrizitätsmenge" und dergl. geführt.

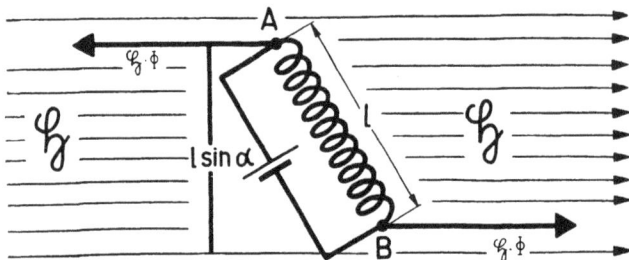

Die im magnetischen Feld auf die einzelnen Windungen wirkenden Kräfte
liefern ein Kräftepaar.

−146−

§ 51. Die Feldstärke im Magnetfeld der Erde.

Bei der Kompaßnadel beobachten wir ein Drehmoment, das
erst dann Null wird, wenn die Nadel von Süden nach Norden

weist, in dieser Lage ist sie im stabilen Gleichgewicht; wird sie
um 180° gedreht, so ist ihr Gleichgewicht labil. Das Drehmoment, das in jeder andern Lage auf die Nadel wirkt, rührt vom
Magnetfeld der Erde her. Allerdings beobachten wir bei der
Nadel, die sich nur um eine senkrechte Achse drehen kann, allein
die Wirkung der „Horizontalkomponente" des Erdfeldes. Die
Ergebnisse des § 50 erlauben uns, die Größe der magnetischen
Feldstärke in waagerechter Richtung zu bestimmen. In Abbildung 147 ist eine Magnetnadel NS durch ein dünnes Rohr mit
einem langen Aluminiumzeiger ZZ verbunden. Nadel und Zeiger
stehen genau parallel; in das Rohr ragt eine Nadel, auf der sich
das Achathütchen der Magnetnadel drehen kann, während der
Zeiger längs eines mit Gradeinteilung versehenen Ringes spielt.
Das ganze wird so aufgestellt, daß der Zeiger auf Null zeigt.
Dann wird die beim Versuch der Abbildung 136 benutzte Spule
so darübergestülpt, das sich die Magnetnadel in der Spule, der
Zeiger unterhalb der Spule befindet. Die Achse der Spule wird
in die Ostwestrichtung gebracht. Dann schalten wir den Spulen-
strom ein und wählen die Stromstärke so, daß der Zeiger auf
45° steht.

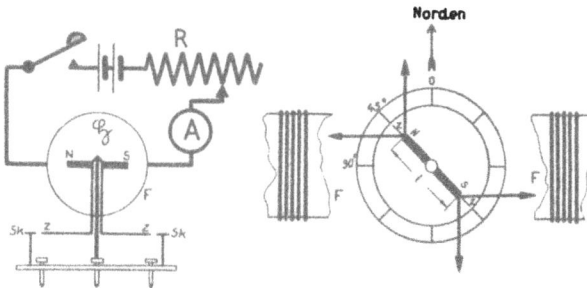

Messung der Feldstärke des erdmagnetischen Feldes.
−147−

In dieser Lage wirken auf die Magnetnadel mit dem magnetischen Moment G zwei Drehmomente; das Erdfeld verursacht
ein Drehmoment:

$$\mathfrak{H}_e \cdot G \cdot \sin 45°, \text{ (Wattsekunden)},$$

das Spulenfeld dagegen das Drehmoment:

$$\mathfrak{H} \cdot G \cdot \sin 45° \text{ (Wattsekunden)}.$$

Da die Nadel in Ruhe ist, sind beide Drehmomente und darum auch die Feldstärken gleich:

$$\mathfrak{H}_e = \mathfrak{H} = \frac{i \cdot n}{l} \text{ (Ampere/cm)}.$$

Sind also i, n und l bekannt, so können wir die Horizontalkomponente der magnetischen Feldstärke des Erdfeldes berechnen. Sie beträgt im mittleren Europa durchschnittlich 0,15 Amperwindungen/cm.

§ 52. Stromleiter im inhomogenen Magnetfeld.

Das Gerät der Abbildung 117, mit dem wir einen Gleichstrom erzeugen konnten, läßt sich auch als Motor betreiben. Fließt in der Feldspule und dem Leiter ein Strom, so beschreibt der Leiter einen Kegelmantel, den die sich garbenartig ausbreitenden

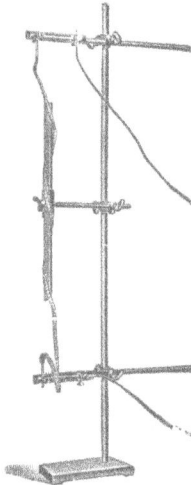

Das gewebte Metallband schlingt sich bei Stromdurchgang um den Magnetstab.
−148−

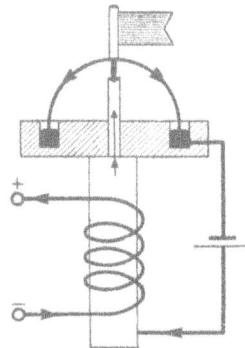

Die Pfanne, in der der Stift läuft, enthält einen Tropfen Quecksilber.
−149−

Feldlinien (Abbildung 22) durchstoßen. Laufen dabei die Feldlinien von innen nach außen (Nordpol) und fließt der Elektronenstrom von unten nach oben, so bewegt sich der Leiter entsprechend der Dreifingerregel von oben gesehen mit dem Uhrzeiger, bei umgekehrter Feldlinienrichtung gegen den Uhrzeiger. Hängt neben einem Stabmagneten ein stromdurchflossener biegsamer Leiter, so müßte bei gleicher Richtung von Feldlinien und Strom wie oben, der obere Teil des Leiters mit dem Uhrzeiger, der untere gegen den Uhrzeiger rotieren. Darum schlingt sich das gewebte Metallband schraubenförmig um den Magnetstab (Abbildung 148). Die Linkefaustregel zeigt, daß dann die Feldlinien der vom Leiter gebildeten „Spule" in derselben Richtung laufen wie die inneren Feldlinien des Stabmagneten.

Erseßen wir bei dem Versuch der Abbildung 118 das Galvanometer durch einen (Nickeleisen-)Akkumulator, so dreht sich die Schale (Abbildung 149). Die magnetische Kraft wirkt dabei auf die bewegten Elektronen. Da aber zwischen ihnen und den Leitermolekülen reibungsartige Kräfte auftreten, wird der Leiter mitgenommen. Auf dieselbe Art kommt die Scheibe bei dem Gerät der Abbildung 119 in Drehung, wenn zwischen Achse und Quecksilberrinne ein Strom fließt.

§ 53. Ionen im Magnetfeld.

Wir haben seither immer reine Elektronenleitung vorausgeseßt. Jeßt fragen wir, wie sich negative und positive Ladungsträger im Magnetfeld verhalten. Die Maxwellsche Auffassung gibt folgende Antwort: In dem elektrischen Feld, das das sich ändernde Magnetfeld umgibt, wirkt auf das Über(—)ion eine Kraft in der Richtung der Feldlinien, auf das Unter(+)ion eine Kraft entgegen den Feldlinien (Band II, Seite 90). Erseßen wir also den Drahtring der Abbildung 75 durch ein ringförmiges Glasrohr mit verdünnter Salzsäure, so wandern die Cl-Ionen in derselben Richtung wie früher die Elektronen, die H-Ionen in entgegengeseßter Richtung, sodaß also im ganzen Leiter das Bild der beiden durcheinander hindurch wandernden Ionenschwärme entsteht, wie es im oberen Teil der Abbildung 180 in Band II im Schauversuch dargestellt ist.

Für im ruhenden Magnetfeld bewegte Ionen müssen wir, um in Übereinstimmung mit den obigen Folgerungen und den Versuchstatsachen zu bleiben, folgende Annahmen machen:

1. Das Molekül, das ein Elektron zuviel hat, das einwertige Über(—)ion verhält sich im Magnetfeld wie ein Elektron, nur ist es träger. Wird es bewegt, so gilt für die Richtung der es umgebenden magnetischen Feldlinien die Linkefaustregel des § 1.

2. Auch das bewegte Unter(+)ion ist von einem Magnetfeld umgeben. Nur laufen die Feldlinien umgekehrt wie beim Elektron und Überion. Für das bewegte Unterion gilt die Rechtefaustregel der Technik (Abbildung 150). Mithin verhält sich ein Strom aus Unterionen magnetisch genau so wie ein in entgegengesetzter Richtung fließender Strom aus Überionen oder Elektronen.

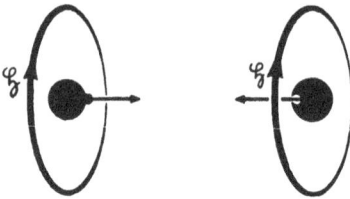

Feldlinienverlauf um bewegte Ionen.
— 150 —

Die in Band II, Abbildung 185, durch die Anode tretenden Kathodenstrahlen sind leicht abzulenken, da sie nur aus den wenig trägen Elektronen bestehen. Ein von vorn genäherter Nordpol biegt den Strahl nach unten. Auch die Kanalstrahlen, die durch das Loch in der Kathode nach links laufen, werden bei gleicher Richtung der magnetischen Feldlinien nach unten abgelenkt; bei der größeren Trägheit der Unterionen sind dazu größere magnetische Feldstärken erforderlich.

Trägerleitung durch zweierlei Ionen tritt beim elektrischen Lichtbogen auf (Band II, Seite 131). Nähern wir diesem das Ende eines Magnetstabs, so wird er zur Seite „geblasen" und reißt ab. Die Ablenkung erfolgt nach der Dreifingerregel. In Abbildung 151 dient als Kathode eine dünne Bogenlampenkohle und als Anode eine Kohlenplatte. Dort, wo die Ionen auf die Elektroden auftreffen, ist die Lichtwirkung besonders stark. Der Versuch wird am besten projiziert. Wird dem Lichtbogen von der Rückseite der Platte

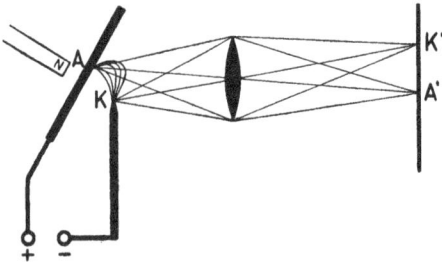

Der Lichtbogen rotiert um die verlängerte Magnetachse.
— 151 —

ein Magnetstab genähert, so fängt der Anodenlichtfleck an zu tanzen. Es entsteht ein Wirbelwind aus Ionen und durch die Reibung mitgenommenen Luftteilchen. Bei Umkehrung des Stabmagneten ändert sich der Umlaufsinn.

In der Röhre der Abbildung 152 ist die Luft bis auf etwa 40 mm Quecksilberdruck verdünnt. Bei Anlegung der nötigen Spannung an die Elektroden geschieht der Ladungstransport durch die Röhre längs eines leuchtenden Lichtbandes, das aus Ionen beider Art besteht. Die Röhre hat eine Einstülpung in der Form eines Probierglases; um diese liegt in der Röhre die eine Elektrode als Ring. In die Einstülpung ragt von unten ein Eisenstab, der auf dem Elektromagnet wie in Abbildung 117 sitzt. Bei Einschaltung des Feldstromes rotiert der leuchtende Ionenstrom wie der feste Leiter der Abbildung 117.

Rotation eines Lichtbandes um
einen Magnetstab in verdünnter
Luft.
− 152 −

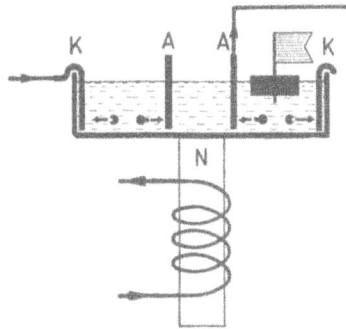

Die Flüssigkeit rotiert von oben gesehen
mit dem Uhrzeiger.
− 153 −

Wie bei dem Versuch der Abbildung 151 in Luft können wir auch in Wasser eine Wirbelbewegung hervorrufen. Auf dem Eisenkern der Abbildung 153 steht eine Schale mit irgendeinem Elektrolyt, Sodalösung oder dergleichen. In die Schale tauchen als Elektroden 2 Bleiringe K und A. Die Über(−)ionen bewegen sich radial von außen nach innen, die Unter(+)ionen umgekehrt. Beide werden im Magnetfeld in demselben Sinne abgelenkt, nehmen die Flüssigkeit mit, und wir beobachten die Drehbewegung an dem Kork mit Fähnchen. Umkehrung einer Stromrichtung, in der Feldspule oder dem flüssigen Leiter, kehrt den Umlaufsinn um.

Auch die Wirkung des Magnetfeldes auf den geraden elektrolytischen Leiter können wir nachweisen. In Abbildung 154 befindet sich zwischen den Polen eines Elektromagneten — nur der untere trägt einen Polschuh — ein länglicher Glastrog mit Sodalösung und Eisenelektroden. Die abgelenkten Ionen drängen die Flüssigkeit zwischen den Polen je nach der Strom- und Feldlinienrichtung nach vorn oder hinten.

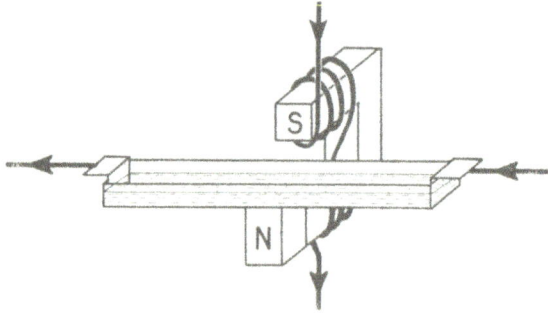

Zwischen den Polschuhen steigt die Flüssigkeit auf der Vorderseite des Troges.
— 154 —

§ 54. Spule und Stabmagnet im inhomogenen Magnetfeld.

In Abbildung 155 bedeute AB eine Stromwindung, deren

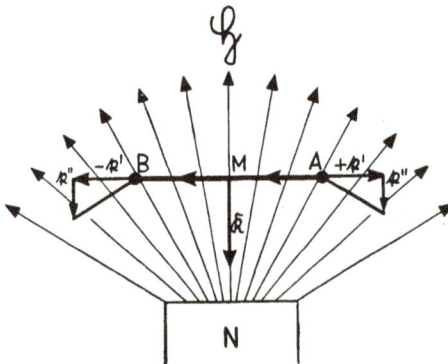

Stromwindung im inhomogenen Magnetfeld wird „angezogen" oder „abgestoßen".
— 155 —

Ebene auf dem Zeichenblatt senkrecht steht, die Elektronen sollen auf der Vorderseite von A nach B fließen. Diese Spule befinde sich in einem inhomogenen Magnetfeld, das wir radialsymmetrisch annehmen wollen. Ähnliche Felder beobachteten wir ja in der Nähe der Pole von Stabmagneten und Stromspulen (Abbildungen 10 und 15). Dann wirkt auf das Leiterstückchen, das in A senkrecht auf der Zeichenebene steht, eine kleine Kraft k, die wir sofort in zwei Teilkräfte zerlegen können (Abbildung 155); davon liegt die eine k' in der Spulenebene; ihr entspricht bei B die in entgegengesetzter Richtung wirkende Kraft — k'. Die ringsherum auf die Windung wirkenden Teilkräfte k'' wirken zusammen wie eine Gesamtkraft $\Re$, die im Mittelpunkt der Windung angreift und die Spule in der Richtung der größeren magnetischen Feldstärke zu bewegen sucht.

In der Sprechweise der älteren Fernwirkungstheorie heißt das: „Die Windung wird vom Magnetpol angezogen". Bei umgekehrter Strom , aber gleicher Feldlinienrichtung wirken die Kräfte in entgegengesetzter Richtung, d. h. „die Windung wird abgestoßen". Das gilt wie für die Einzelwindung auch für jede Stromspule und jeden Magnetstab und wird durch folgende Versuche bestätigt: In Abbildung 156 wird der Stromschleife aus gewebtem Metallband ein Nordpol genähert. Die Spule bauscht sich auf und zeigt damit die Wirkung der Kräfte k . Wird statt des Nordpols ein Südpol von links herangebracht, so zieht sich die Schleife zusammen. Die Kraft $\Re$ läßt im Versuch der Abbildung 157 die beiden Spulen sich einander nähern, wenn sie

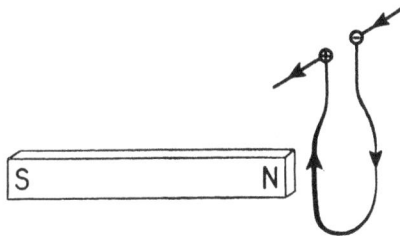

Die biegsame Stromschleife bauscht sich auf.
— 156 —

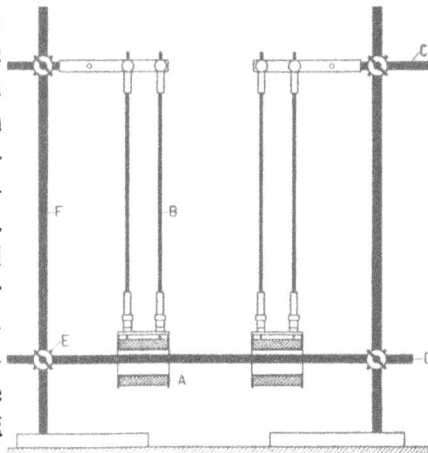

Wirkung zweier Stromspulen aufeinander.
— 157 —

im gleichen Sinn vom Elektronenstrom durchflossen werden. Bei entgegengesetztem Umlaufsinn drängen die Spulen auseinander.

Die Spule der Abbildung 158 besteht aus Kreisringen, die aus dünnem Kupferblech ausgeschnitten und dann zusammengelötet sind. Sie wird etwas gestreckt über einen Glasstab waagerecht aufgehängt. Werden ihre Enden mit den Klemmen der 5 parallelgeschalteten Nickeleisenakkumulatoren der Abbildung 1 durch biegsame Drähte verbunden, so klappt die Spule zusammen. Die Erscheinung erklärt sich aus dem Versuch der Abbildung 157;

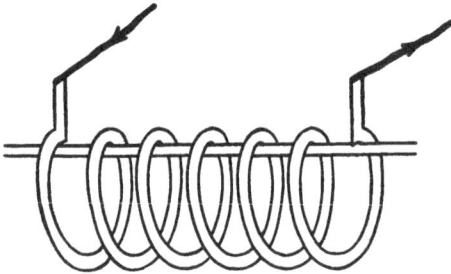

Spule aus dünnem Kupferblech zieht sich beim Stromdurchgang zusammen.

– 158 –

denken wir uns die Spule irgendwo durchschnitten, so erzeugt der eine Teil ein Magnetfeld, in dessen inhomogenem Teil auf jede Windung des andern die Kraft $\Re$ der Abbildung 155 wirkt.

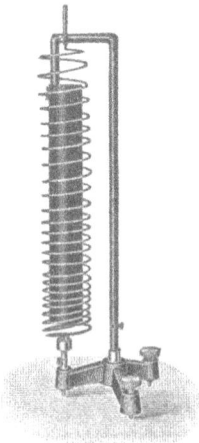

Hüpfende Schraubenspule.

–159–

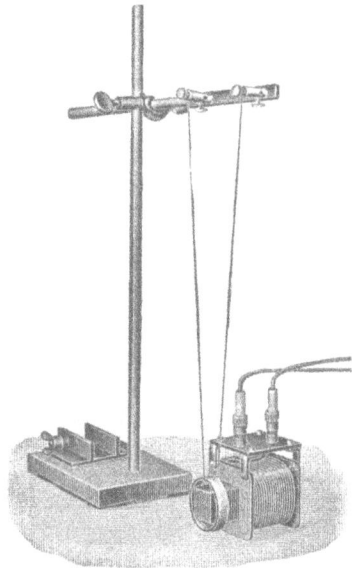

Wirkung des Magnetfeldes auf die Induktionsspule.

–160–

Bei dem Versuch der Abbildung 159 taucht das untere Ende der Schraubenspule in ein Näpfchen mit Quecksilber. Beim Zusammenziehen wird der Strom unterbrochen, die Spule dehnt sich wieder usw. Die Walze im Innern dient zur Führung.

Der Strom in der einen Windung der Abbildung 155 kann auch durch Induktion erzeugt werden. In Abbildung 160 umfaßt eine Feldspule von 600 Windungen einen langen Eisenkern. Um diesen liegt als Induktionsspule ein Aluminiumring, der von 2 dünnen Seidenfäden gehalten wird. Beim Einschalten des Feldstromes bewegt sich der Ring von der Spule weg, beim Ausschalten auf die Spule zu.

In Abbildung 155 verläuft die Windungsachse in der Richtung auf den Mittelpunkt des radialsymmetrischen Feldes. Ist diese Bedingung nicht erfüllt, so kommt zu der Kraft $\Re$ noch ein Drehmoment nach Abbildung 146 hinzu. Dieses Drehmoment beobachten wir bei der auf einer Spitze gelagerten Kompaßnadel. Eine auf Wasser schwimmende magnetisierte Nähnadel zeigt bei Annäherung eines Magnetstabes zunächst die Wirkung dieses Drehmomentes, sie stellt sich in die Richtung der Feldlinien ein; dann aber zeigt sich auch die Wirkung der Kraft $\Re$, die Nadel schwimmt auf das genäherte Stabende zu, bis sie mit ihm zur Berührung kommt und damit an der weiteren Bewegung gehindert wird. In die Molekularmagnete kann sie nicht eindringen.

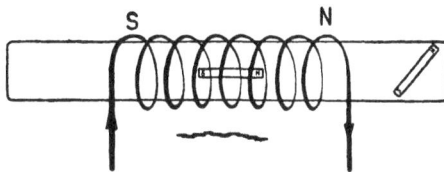

Freibewegliches Magnetstäbchen im Magnetfeld einer Spule.
Unten: Aneinanderreihen von kleinen Stückchen Eisendraht zu Feldlinien.
−161−

Nicht behindert ist die Nadel im Magnetfeld einer Spule. Im Versuch der Abbildung 161 ist der Trog der Abbildung 154 durch eine „freitragende" Spule aus wenigen Windungen hindurchgesteckt und halb mit Wasser gefüllt. Auf dem Wasser schwimmt rechts die magnetisierte Nähnadel mit ihrem Nordpol nach Norden.

Sobald nun der Feldstrom zu fließen beginnt, dreht sich die Nadel
in die Richtung der Feldlinien der Spule, schwimmt dann in die
Spule hinein und kommt erst in der Mitte der Spule zur Ruhe
(Abbildung 161), wobei ihr Nordpol dem Nordpol der Spule zu-
gewandt ist. Dort im homogenen Teil des Feldes fehlt die Kraft $\mathfrak{K}$,
darum dreht sich die Nadel beim Umkehren der Stromrichtung
um 180 Grad auf der Stelle.

Wir finden also: Auf eine Stromspule oder einen
Stabmagneten wirkt im homogenen Feld lediglich ein
Drehmoment, wenn nicht gerade die Achsenrichtung mit
der Feldlinienrichtung zusammenfällt. Zu diesem Drehmoment kommt im inhomogenen Feld noch eine Kraft.
Fließen in der Stromspule oder den Eisenmolekülen die
Elektronen nach der Linkefaustregel um die Magnetfeldlinien herum, so wirkt diese Kraft in der Richtung,
in der die magnetischen Feldlinien zusammenlaufen,
sonst umgekehrt.

Das ist der eigentliche Inhalt der Sätze von „der Magnete
Hassen und Lieben", betrachtet vom Felde aus als dem „ruhenden
Pol in der Erscheinungen Flucht".

§ 55. Kraft auf Eisen im Magnetfeld.

Wie die Magnetnadel der Abbildung 161 verhalten sich auch
die Molekularmagnete eines Eisenstücks. Sie stellen sich zunächst
in die Richtung der Feldlinien ein und suchen sich dann nach der

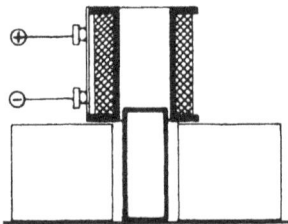

Der Eisenklotz wird in das Magnetfeld hineingezogen.
— 162 —

Stelle zu bewegen, wo die Feldlinien
zusammenlaufen. Das Letztere beobachten wir beim Versuch der Abbildung 162. Der Eisenklotz, der von
unten in die Spule ragt, wird beim
Einschalten des Feldstromes in die
Spule hineingezogen. Wenn er nicht
schwer wäre, stellte er sich symmetrisch
zur Spule ein. Beim Versuch, das
Eisenstück mit dem Finger aus der
Spule nach unten herauszudrücken, ist deutlich zu spüren, wie die

magnetische Kraft zunimmt, je größer der unten in das inhomogene Feld herausragende Teil wird.

Bringen wir in den Trog der Abbildung 161 an die Stelle der Magnetnadel rechts nacheinander kleine Stückchen Eisendraht von etwa 1 cm Länge, die wir durch Ausglühen unmagnetisch gemacht haben, so wandern diese in die Spule hinein und legen sich dort mit ihren Enden (Abbildung 161 unten) nebeneinander.

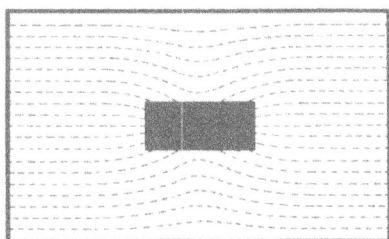

Störung der Homogenität des Feldes durch Eisen.

— 163 —

Auf dieselbe Art entstehen die mittels Eisenfeilspänen hergestellten Feldlinienbilder. Das erste Eisenstückchen macht das Feld inhomogen; das zweite bewegt sich in der Richtung der zusammenlaufenden Feldlinien. Abbildung 163 zeigt die Veränderung des homogenen Feldes durch ein Eisenstück. Das Feldlinienbild entsteht durch Überlagerung des homogenen Feldes (Abbildung 10) mit dem Felde eines kleinen Stabmagneten (Abbildung 15).

Das Hereinbringen von Eisen ins Magnetfeld hatte nach § 34 eine bedeutende Steigerung der Induktionswirkung zur Folge. Durch die erhöhte Induktionsflußdichte werden auch größere Kräfte hervorgebracht (§ 47), und deren Anwendung in der Technik begegnet uns tagtäglich. Die Kräfte werden um so größer, je mehr auch das äußere Feld des Elektromagneten mit Eisen ausgefüllt ist. Das zeigt z. B. der Versuch der Abbildung 164, bei dem der handgroße Elektromagnet ein dickes Buch trägt. Je besser der "Eisenweg" der Feldlinien in sich geschlossen ist, um so schwerere Körper können wir an das Joch anhängen, ohne daß dieses abreißt. Das wird am auffälligsten bei dem Gerät der

Abbildung 165. In den ganz im Innern liegenden Spulenwindungen erzeugt schon eine Spannung von 4 Volt (Taschenlampenbatterie) einen Induktionsfluß, der bei dem besonders guten Eisenschluß durch die Molekularströme so verstärkt wird, daß der Anker einen Erwachsenen tragen kann. Das vermag auch der kleine „Topfmagnet" der Abbildung 166, obwohl im Feldstromkreis eine Elektronenröhre mit ihrem hohen Widerstand liegt.

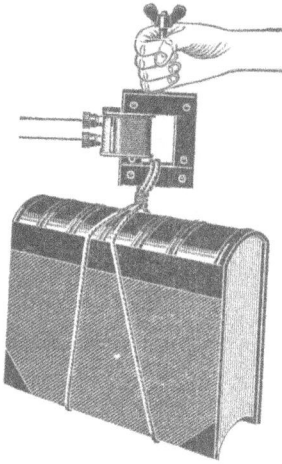

Bei gutem Eisenschluß treten große Kräfte auf.

– 164 –

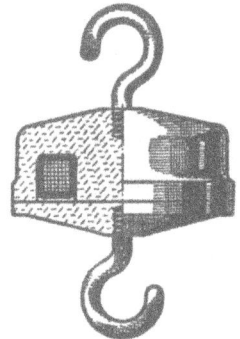

Topfmagnet.

– 165 –

Sobald der mit dem Gitter verbundenen Kugel ein geriebener Hartgummistab genähert und damit der Elektronenstrom unterbrochen wird (vgl. Band II, Seite 107), fällt der Anker mit dem daranhängenden schweren Körper. ab. Topfmagnete von großen Ausmessungen dienen in den Eisenwerken zum Heben und Bewegen

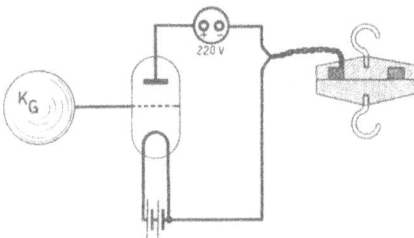

Trotz des hohen Widerstandes der Elektronenröhre vermag der Topfmagnet einen bis 100 kg schweren Körper zu tragen.

– 166 –

schwerer Eisenstücke.

§ 56. Energie des homogenen Magnetfeldes.

In Abbildung 167 ist wieder das stromdurchflossene Rechteck der Abbildung 143 dargestellt. Es befinde sich in einem homogenen Magnetfeld der Feldstärke $\mathfrak{H}$, diesmal jedoch so, daß die Flächennormale in der Richtung der Feldlinien verläuft. Wir berechnen die Arbeit, die geleistet wird, wenn die Windung „gewendet", wird d. h. um die Achse UV aus ihrer Lage in eine neue Lage so gedreht wird, daß die Flächennormale den Feldlinien entgegen gerichtet ist (Abbildung 168). Die Kräfte auf die Rechteckseiten CB und AD heben sich gegenseitig während des ganzen Wendens auf. Auf die Seiten BA und DC wirken dagegen zwei Kräfte der Größe $\mathfrak{K}$, senkrecht zum Leiter und senkrecht zu den Feldlinien. Die Arbeit, die geleistet wird, wenn wir DC aus seiner ersten Lage in die zweite bewegen, finden wir aus der Kraft

$$\mathfrak{K} = \mathfrak{B} \cdot i \cdot b = \mu \cdot \mathfrak{H} \cdot i \cdot b \text{ (Wattsekunden/cm)}$$

und dem Weg in der Kraftrichtung a (cm) zu

$$\mathfrak{K} \cdot a = \mathfrak{B} \cdot i \cdot b \cdot a = \mathfrak{B} \cdot i \cdot F = \mu \cdot \mathfrak{H} \cdot i \cdot F \text{ (Wattsekunden)},$$

wobei F den Flächeninhalt des Rechtecks ABCD bedeutet. Die gleiche Arbeit wird geleistet, wenn BA in seine neue Lage überführt wird; folglich beträgt die gesamte „Wendearbeit"

$$A' = 2\mu \cdot \mathfrak{H} \cdot i \cdot F \text{ (Wattsekunden)}.$$

Diese Gleichung gilt nicht nur für das Rechteck, sondern für jede andere Form der in sich geschlossenen Windung (vgl. § 49).

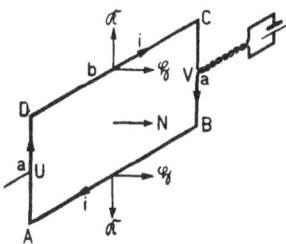

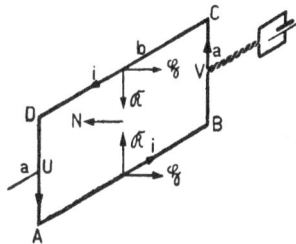

Stromwindung vor und nach dem Wenden im Magnetfeld
  − 167 −   − 168 −

Jetzt gehen wir über zu einer Stabspule der Länge l mit einer einzigen Windung, die „Mantelstromstärke" in ihr sei J, der

Flächeninhalt des Querschnitts sei F. Physikalisch unterscheidet sich diese in nichts wesentlichem von einer einlagigen Spule aus 2 n Windungen, wenn in jeder einzelnen Windung die Stromstärke

$$i = \frac{J}{2n} \ (\text{Ampere}) \tag{1}$$

beträgt. Daß bei einer gewöhnlichen Spule die Windungen hintereinandergeschaltet sind, ist nur ein technischer Kunstgriff. Wir denken uns also jetzt die einzige Windung der Abbildung 70 aufgeteilt in 2 n Einzelwindungen, wobei n eine große Zahl sei (Abbildung 71). Von diesen Windungen wenden wir alle geradzahligen. Dann entsteht die Spule der Abbildung 169. Diese ist aber nichts anders als eine Bifilarspule, wie wir sie in § 41 schon als „selbstinduktionsfreie Spule" haben kennen gelernt. Die ungeradzahligen Windungen erzeugen ein Magnetfeld der Feldstärke $\frac{\mathfrak{H}}{2}$, die geradzahligen ein Feld der gleichen Feldstärke, nur haben

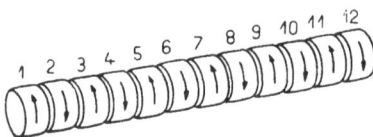

Spule der Abbildung 71 nach dem Wenden der geradzahligen Windungen.

— 169 —

die Feldlinien die entgegengesetzte Richtung. Darum heben sich die beiden Felder einander auf, und die Gesamtfeldstärke ist Null. Also verschwindet während des Wendens der geradzahligen Windungen das Magnetfeld, und wir haben nur die Arbeit zu berechnen, die beim Wenden der n Spulen mit der Stromstärke i und der Fläche F geleistet wird, um so die Energie des magnetischen Feldes zu finden. Dabei müssen wir eines beachten: Während des Wendens sinkt in der Spule die Feldstärke vom Wert $\mathfrak{H}$ auf den Wert Null. Wir nehmen daher zur Arbeitsberechnung den mittleren Wert $\frac{\mathfrak{H}}{2}$[1] an.

Dann finden wir: Arbeit zum Wenden einer einzelnen Windung im Feld der Feldstärke $\frac{\mathfrak{H}}{2}$:

$$A = 2\mu \cdot \frac{\mathfrak{H}}{2} \cdot i \cdot F = \mu \cdot \mathfrak{H} \cdot i \cdot F \ (\text{Wattsekunden}).$$

[1] Daß wir gerade diesen zwischen $\mathfrak{H}$ und Null liegenden Mittelwert nehmen, bedarf von Rechtswegen einer sorgfältigen mathematischen Begründung. Vergl. dazu Praktische Schulphysik Jahrgang XIV, Seite 229 ff.

Arbeit zum Wenden der n Windungen:

$$A = \mu \cdot \mathfrak{H} \cdot n \cdot i \cdot F \text{ (Wattsekunden).}$$

Nach Gleichung (1) ist

$$i \cdot n = \frac{J}{2},$$

damit wird:

$$A = \frac{\mu}{2} \cdot \mathfrak{H} \cdot J \cdot F \text{ (Wattsekunden).}$$

$\mu \cdot \mathfrak{H} \cdot F$ gibt uns den Induktionsfluß Φ; dann ist weiter

$$A = \frac{1}{2} \Phi \cdot J \text{ (Wattsekunden).}$$

Wir stellen nebeneinander:

Energie

des elektrischen Feldes   des magnetischen Feldes

(Band II, § 42).

$$A_e = \frac{1}{2} \cdot Q \cdot \Delta E \text{ (Wattsekunden).} \qquad A_m = \frac{1}{2} \Phi \cdot J \text{ (Wattsekunden).}$$

Wir formen um:
(vergl. Bd. II, §§ 16, 24, 42)

$$A_e = \frac{1}{2} \varepsilon \cdot \frac{F}{d} \cdot \Delta^2 E \qquad (2) \quad A_m = \frac{1}{2} \mu \cdot \mathfrak{H} \cdot F \cdot J =$$

$$= \frac{1}{2} \mu \cdot \frac{J}{I} \cdot F \cdot J = \frac{1}{2} \cdot \mu \cdot \frac{F}{I} \cdot J^2$$

$$= \frac{1}{2} \cdot \varepsilon \cdot F \cdot d \cdot \frac{\Delta^2 E}{d^2} \qquad = \frac{1}{2} \mu \cdot F \cdot I \cdot \frac{J^2}{I^2}$$

$$= \frac{1}{2} \cdot \varepsilon \cdot V \cdot \mathfrak{E}^2 \cdot \text{(Wattsek.)} \qquad = \frac{1}{2} \mu \cdot V \cdot \mathfrak{H}^2 \cdot \text{(Wattsek.).}$$

V (cm³) ist der Inhalt des vom homogenen Felde eingenommen Raumes.

Der Quotient

$$\frac{A_e}{V} = \frac{1}{2} \varepsilon \cdot \mathfrak{E}^2 \text{ (Wattsek./cm}^3) \qquad \frac{A_m}{V} = \frac{1}{2} \mu \cdot \mathfrak{H}^2 \text{ (Wattsek./cm}^3)$$

gibt die Energie je Kubikzentimeter des homogenen Feldes an und wird als elektrische   magnetische Energiedichte

bezeichnet.

Große Energiedichte, d. h. die Ansammlung großer Arbeitsfähigkeit auf kleinem Raum, bedeutet große Kräfte. In elektrischer Form lassen sich etwa $2 \cdot 10^{-3}$ Wattsekunden je cm³ anhäufen. Weitere Steigerung scheitert daran, daß das Dielektrikum durchschlägt. Die magnetische Energiedichte, die wir mit Spulen erreichen, ist etwa von derselben Größenordnung. Sie läßt sich aber durch das Hereinbringen von Eisen in das Spuleninnere bedeutend steigern, sodaß Energiedichten der Größenordnung 1 Wattsekunde/cm³ entstehen. Die großen Kräfte, die bei solcher Energieanhäufung zustande kommen, sehen wir bei unsern großen elektrischen Maschinen angewandt.

Wir berechnen noch:

die Kraft zwischen zwei Kondensatorplatten.

Zwischen den sich zunächst berührenden Platten sei eine elektrische Doppelschicht vorhanden, wie zwischen Paraffin und Wasser beim Versuch Band II, Abbildung 127. Ziehen wir die Platten auseinander um die kleine Strecke d, so entsteht ein Feld der Energie

$$A_e = \frac{1}{2}\, \varepsilon \cdot F \cdot d \cdot \mathfrak{E}^2 \ \text{(Wattskd.)}.$$

Dividieren wir diese geleistete Arbeit durch den Weg d, so wird die Kraft:

$$\mathfrak{K} = \frac{1}{2}\, \varepsilon \cdot F \cdot \mathfrak{E}^2 \ \text{(Wattskd./cm)}.$$

die Kraft zwischen den sich anziehenden Endflächen zweier Magnete.

Die beiden Endflächen berühren sich zuerst und werden dann um die kleine Strecke I auseinandergezogen. Dabei entsteht ein Feld mit der Energie

$$A_m = \frac{1}{2}\, \mu \cdot F \cdot I \cdot \mathfrak{H}^2 \ \text{(Wattskd.)}.$$

Dividieren wir diese geleistete Arbeit durch den Weg I, so erhalten wir die Kraft:

$$\mathfrak{K} = \frac{1}{2}\, \mu \cdot F \cdot \mathfrak{H}^2 \ \text{(Wattskd./cm)}.$$

Die Gleichung für die magnetische Energie

$$A_m = \mu \cdot \frac{F}{I} \cdot J^2$$

können wir noch umformen. J war die Gesamtstromstärke im Spulenmantel; besteht dieser aus n Windungen und ist in jeder die Stromstärke i, so gilt

$$J = n \cdot i \,,$$

und es wird:

$$A_m = \mu \cdot \frac{F \cdot n^2}{l} \cdot i^2 \text{ (Wattsekunden).}$$

Der Ausdruck $\mu \cdot \dfrac{F \cdot n^2}{l}$ (Voltsekunden/Ampere) gibt nach § 37 die Selbstinduktivität L der Spule an. Es ist dann

$$A_m = \frac{1}{2} L \cdot i^2 \text{ (Wattsekunden)}$$

die Energie des Magnetfeldes.

Diese Gleichung gilt ganz allgemein, auch für Spulen mit Eisenkern. Denn die Selbstinduktivität L gibt ja an, wieviel Voltsekunden induziert werden, wenn die Stromstärke um 1 Ampere sinkt. Beim Verschwinden des Magnetfeldes wird die Stromstärke um i (Ampere) vermindert, folglich werden $L \cdot i$ Voltsekunden erzeugt. Multiplizieren wir $L \cdot i$ mit dem mittleren Wert $\dfrac{i}{2}$ — die Stromstärke sinkt von i auf 0 —, so erhalten wir für die Arbeit wieder den obigen Ausdruck.

§ 57. Die Trägheit (Masse) des Elektrons.

Wenn wir auf einen Körper eine Kraft wirken lassen, die ihre Größe und Richtung während des Versuchs nicht ändert, so erfährt der Körper in der Kraftrichtung eine konstante Beschleunigung b. Wird der Versuch mit verschiedenem $\Re$ wiederholt, so tritt jedesmal auch ein anderes b auf, aber der Quotient

$$m = \frac{\Re}{b}$$

ändert sich erst, wenn wir den Versuchskörper wechseln, er ist eine den Körper kennzeichnende Größe, die wir als die Trägheit des Körpers bezeichnen wollen.

Im Schwerefeld der Erde ist $b = g = 981$ cm sec^{-2}, darum wirkt auf einen Körper der Trägheit m eine Kraft:

$$\Re = m \cdot g. \tag{1}$$

Wird ein solcher Körper losgelassen, so durchfällt er die Strecke h nach folgenden Gleichungen:

$$h = \frac{1}{2} g \cdot t^2 , \qquad (2)$$

t ist die Fallzeit

$$v = g \cdot t , \qquad (3)$$

v ist die erreichte Geschwindigkeit.

Die Beschleunigungsarbeit längs der Strecke h oder die Wucht des Körpers ist dabei:

$$A_b = \Re \cdot h = \frac{1}{2} m \cdot g^2 \cdot t^2 = \frac{1}{2} m \cdot v^2 . \qquad (4)$$

Wir haben heither das Elektron als einen Körper behandelt. Die Trägheit ist eine Eigenschaft, die mit dem Begriff „Körper" unabtrennbar verbunden ist. Jeder Körper ist träge, und was nicht träge ist, ist auch kein Körper. Wir wollen im folgenden beschreiben, wie sich die Trägheit des Elektrons bestimmen läßt. Wir betrachten zunächst:

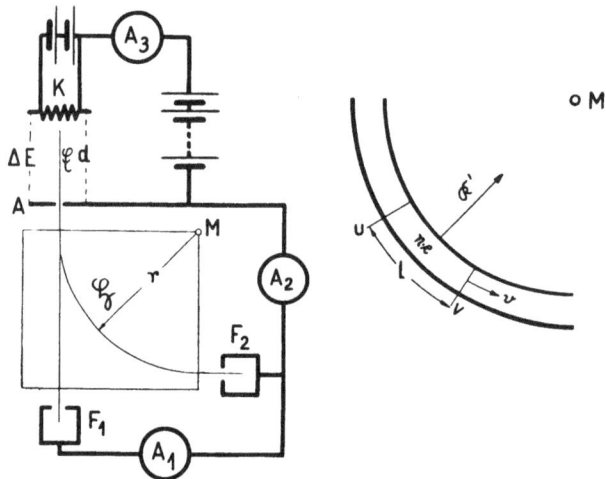

Versuchsanordnung zur Bestimmung der Trägheit des Elektrons in schematischer Darstellung.
$-170-$

a) Das Elektron im elektrischen Feld.

Im elektrischen Feld (Abbildung 170) wird ein Elektron „losgelassen", also etwa aus einer Glühkathode verdampft. Auf das Elektron wirkt die elektrische Kraft:

$$\Re = e \cdot \mathfrak{E} \text{ (Wattsekunden/cm).} \qquad (5)$$

$e = 1{,}6 \cdot 10^{-19}$ ist die Ladung des Elektrons, $\mathfrak{E}$ (Volt/cm) ist das Spannungsgefälle. Längs der Strecke d (cm) zwischen den Kondensatorplatten wird das Elektron beschleunigt, die dabei umgeformte elektrische Arbeit beträgt:

$$A_e = \mathfrak{K} \cdot d = e \cdot \mathfrak{E} \cdot d = e \cdot \Delta E \text{ (Wattsekunden).} \qquad (6)$$

ΔE (Volt) ist die Spannung zwischen den Kondensatorplatten. Die Beschleunigungsarbeit erscheint als die Wucht wieder, mit der das Elektron auf der Kondensatorplatte A ankommt. Ist also m die Trägheit des Elektrons, v die erreichte Geschwindigkeit, so muß sein:

$$(A_e =) e \cdot \Delta E = \frac{1}{2} m \cdot v^2 \text{ Wattsekunden);} \qquad (7)$$

leider enthält diese Gleichung außer den bekannten und meßbaren Größen e und ΔE neben m auch noch v als Unbekannte.

Wir suchen daher eine zweite Gleichung für m und v. Wir übernehmen aus der Mechanik den Satz über die „Radialkraft": Ein Körper beschreibt dann und nur dann eine Kreisbahn, wenn in jedem Augenblick auf ihn eine der Größe nach konstante auf einen festen Punkt hin gerichtete Kraft wirkt. Die Größe dieser Kraft beträgt:

$$\mathfrak{K}_r = \frac{m \cdot v^2}{r}, \qquad (8)$$

wobei r den Halbmesser der Kreisbahn bedeutet. Eine Kraft senkrecht zur Bewegungsrichtung des Elektrons beobachteten wir im magnetischen Feld. Wir lassen daher das Elektron durch ein Loch in der Anode in ein homogenes magnetisches Feld fliegen und behandeln jetzt:

b) Das Elektron im magnetischen Feld.

Die von der Glühkathode ausgehenden im elektrischen Felde beschleunigten Elektronen treten in Gestalt eines Elektronenstrahls in das magnetische Feld mit der Geschwindigkeit v ein. Die magnetischen Feldkräfte biegen den Elektronenstrahl zur Kreisform, der Halbmesser kann gemessen werden. Die Trägheitskraft gibt dann Gleichung (8). Wir berechnen die auf das durch das Magnetfeld fliegende Elektron wirkende magnetische Kraft.

11*

Es sei n die Anzahl der Elektronen, die sich in einem Zeit-punkt in einem Stück l der Elektronenbahn zwischen den festen Punkten U und V in Bewegung befinden. Ist v die Elektronen-geschwindigkeit, so bewegt sich in der Zeit:

$$t = \frac{l}{v} \qquad (9)$$

jedes der n Elektronen um die Strecke l weiter, d. h. in der Zeit t gehen durch den Querschnitt bei B n Elektronen hindurch; ihnen entspricht eine Elektrizitätsmenge von n · e Amperesekunden. Die Elektrizitätsmenge je Sekunde gibt uns die Stromstärke i, folglich ist:

$$i = \frac{n \cdot e}{t} = \frac{n \cdot e \cdot v}{l} \text{ (Ampere)}. \qquad (10)$$

Auf ein Leiterstück der Länge l, in dem die Stromstärke i ist, wirkt nach § 47 eine Kraft:

$$\mathfrak{K}' = \mathfrak{B} \cdot i \cdot l = \mathfrak{B} \cdot n \cdot e \cdot v \text{ (Wattsekunden/cm)}, \qquad (11)$$

also kommt auf ein bewegtes Elektron die magnetische Kraft:

$$\mathfrak{K}_m = \frac{\mathfrak{K}'}{n} = \mathfrak{B} \cdot e \cdot v \text{ (Wattsekunden/cm)}. \qquad (12)$$

Daraus und aus Gleichung (8) folgt:

$$\frac{m \cdot v^2}{r} = \mathfrak{B} \cdot e \cdot v$$

oder

$$\frac{m \cdot v}{r} = \mathfrak{B} \cdot e \qquad (13)$$

Das ist die zweite Gleichung, die m und v enthält.

Wir fassen (7) und (13) zusammen in der Form:

$$2 e \cdot \Delta E = m \cdot v^2$$
$$\mathfrak{B} \cdot e \cdot r = m \cdot v.$$

Division liefert die Gleichung:

$$v = \frac{2 \Delta E}{\mathfrak{B} \cdot r},$$

und wir finden weiter:

$$m = \frac{\mathfrak{B}^2 \cdot r^2}{2 \Delta E}.$$

In der schematischen Abbildung 170 werden die aus einer Glüh-kathode austretenden Elektronen zwischen K und A beschleunigt, und fliegen dann durch das Loch in der Kathode geradeaus weiter, bis sie im Faradaykasten F_1 landen. Wird jedoch hinter der Anode ein magnetisches Feld erzeugt, dessen Feldlinien auf der Tafel senkrecht stehen und auf den Beschauer zulaufen, so wird der Elektronenstrahl zu einem Kreis gekrümmt, die Elektronen treffen nicht bei F_1 ein, sondern erreichen bei passender Wahl von $\mathfrak{B}$ den Faradaykasten F_2. Die ganze Einrichtung ist luftdicht abgeschlossen; die Elektronenbewegung verläuft im Hochvakuum; der Elektronenstrahl ist nicht sichtbar. Unverändert bleibt r. Von den Größen der Gleichung

$$m = \frac{r^2}{2} \cdot \frac{\mathfrak{B}^2}{\Delta E}$$

werden nur $\mathfrak{B}$ und ΔE geändert. Zu jeder Spannung zwischen K und A wird das zugehörige $\mathfrak{B}$ bestimmt, die Induktionsflußdichte, die nötig ist, um das im elektrischen Felde beschleunigte mit der Geschwindigkeit v fliegende Elektron auf die Bahn mit dem Halbmesser r zu zwingen. Mit allen Mitteln der Meßtechnik ausgeführte Versuche führen zu dem Ergebnis: Bei kleinem ΔE (10^2 bis 10^3 Volt) und darum kleiner Geschwindigkeit (Gleichung (7)) ist m konstant und zwar rund $9 \cdot 10^{-28}$ g.

Bei größeren Werten von ΔE dagegen wächst der Quotient $\frac{\mathfrak{B}^2}{\Delta E}$ mehr und mehr, das heißt aber nichts anders als: Die Trägheit des Elektrons nimmt mit wachsender Geschwindigkeit zu. Nach den Ergebnissen der theoretischen Physik wächst m sogar über alle Grenzen, wenn sich v der Lichtgeschwindigkeit nähert.

Als kleinste Trägheit war vor derjenigen des Elektrons die des Wasserstoffatoms zu $1,65 \cdot 10^{-24}$ g gefunden worden, sie ist rund 1830 mal so groß wie diejenige des Elektrons. Das „Atomgewicht" der Elektrizität ist also

$$\frac{1}{1830}.$$

Anmerkung: In den letzten Jahren ist neben dem Elektron ein „Elementarteilchen" von gleicher Trägheit wie dieses entdeckt worden, das aber eine Ladung mit umgekehrtem Vorzeichen wie das Elektron besitzt und als „Positron" bezeichnet wird. Im Rahmen der Erscheinungen, die wir in diesem Buch betrachten, spielt das Positron überhaupt keine Rolle. Seine Lebenszeit ist von der Größenordnung 10^{-x} Sekunden. Dann verschwindet es, indem es sich mit einem Elektron unter Aussendung eines Lichtquants vereinigt. Innerhalb der Atomkerne jedoch scheinen Positronen lebensfähig zu sein. Die weitere Entwicklung ist abzuwarten. Auf diesem Gebiet ist noch alles im Fluß.

VII. Dynamomaschinen und Elektromotoren.

§ 58. Wechsel- und Gleichstromdynamomaschine.

Aus der ungeheuren Fülle magnetelektrischer Maschinen und Geräte, die sich aus der heutigen Kulturwelt nicht mehr weg-denken lassen, wollen wir nur die allerwichtigsten und bei ihnen auch nur das Grundsätzliche betrachten.

Die Dynamomaschinen beruhen alle auf dem Grund-versuch der Abbildung 91. Durch eine drehende Bewegung wird in einer Spule eine Änderung des Induktionsflusses herbeigeführt; dann entsteht zwischen den Spulenenden eine elektrische Span-nung, und diese wird dazu benutzt, einen elektrischen Strom zu erzeugen. Liegen die Verhältnisse so einfach wie dort — homo-genes Magnetfeld, einzelne Spule ohne Kern —, so entsteht ein streng sinusförmiger Wechselstrom (Abbildung 89 unten). Die sich verdrillende Schnur ist technisch unbrauchbar. Darum werden die Enden der Induktionsspule an zwei auf der Drehachse sitzende Metallringe geführt (Abbildung 171); auf diesen schleifen zwei Federn, die wir jetzt mit dem Galvanometer zu verbinden haben. Wird die Spule gedreht, so fließt in der Spule und in der Lei-tung, die die beiden Federn verbindet, ein Wechselstrom, d. h.

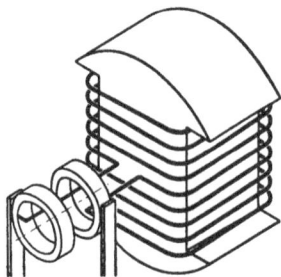

Läufer mit Schleifringen.
−171−

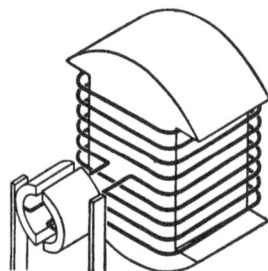

Läufer mit Kollektor.
−172−

die Elektronen wackeln im Leiter mit der Umdrehungsfrequenz hin und her.

Es gibt nun ein einfaches Mittel, die Stromstöße in der äußeren Leitung immer in derselben Richtung erfolgen zu lassen: an Stelle der Schleifringe tritt der „Kollektor". Es ist das eine längs zweier Seitenlinien aufgeschnittene Hohlwalze (Abbildung 172). Sie ist so angeschlossen und angeordnet, daß jedesmal dann, wenn im Anker die Stromrichtung umkehrt, auch die Federn ihre Verbindungen mit den Enden der Ankerwickelung vertauschen. Dann werden in dem äußeren Leiter zwischen den Federn die Elektronen stoßweise immer in derselben Richtung verschoben. In der Kurvendarstellung zeigt sich das so, daß die unterhalb der Zeitachse liegenden Kurvenstücke nach oben umgelegt werden. Von konstanter Stromstärke wie bei einem von einer Batterie erzeugten Gleichstrom kann nicht die Rede sein.

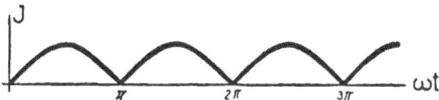

Gleichstromkurve, entstanden aus der Wechselstromkurve der Abbildung 89.
−173−

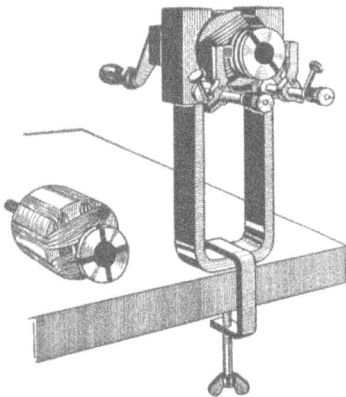

Dynamomaschine mit Doppel-T-Anker, Schleifringen und Kollektor. Links daneben: Trommelanker mit vierteiligem Kollektor.
−174−

Bei dem Gerät der Abbildung 174 tritt an die Stelle der Feldspule der Abbildung 91 ein Hufeisenmagnet als Träger des feststehenden Magnetfeldes. Zwischen den auf ihm sitzenden Polschuhen dreht sich die Induktionsspule. Sie enthält im Innern Eisen. Von der besonderen Form dieses Eisenkerns (Abbildung 171) rührt der Name „Doppel-T-Anker" her. Zwei Schleifringe und ein Kollektor lassen sich wahlweise benutzen.

Wird der Anker nach Abbildung 91 in Umdrehung versetzt und die Kurve des Wechselstroms mittels der Anordnung der Abbildung 30 untersucht, so bekommen wir auf der Tafel die in Abbildung 175 oben dargestellte Kurve. Daß sie nicht sinusförmig ist, daran ist weniger die mangelnde Homogenität des Magnetfeldes als die Gestalt des Ankers schuld. Bei Anschluß an den Kollektor nimmt die Kurve eine der Abbildung 173 entsprechende Gestalt an.

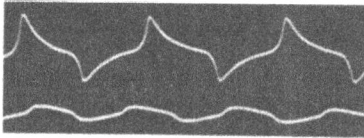

Die obere Kurve zeigt den Spannungsverlauf zwischen den Enden der Wickelung beim Doppel-T-Anker.
—175—

Kurbelinduktor.
—176—

In wenig veränderter Form findet sich die Maschine der Abbildung 174 als „Kurbelinduktor" in Fernsprechgeräten (Abbildung 176). Bei ihm liegt das eine Ende der Induktionsspule an einer Hohlachse, in dieser befindet sich isoliert eine zweite Achse, die mit dem anderen Ende der Spule verbunden ist. Die innere Achse berührt eine Feder, der Anschluß an die äußere geht über das Achsenlager. Eine angeschaltete Glimmlampe zeigt durch das Aufleuchten beider Elektroden einen Wechselstrom an. Bei Anschluß an eine Glühlampe geht der Induktor wesentlich schwerer, denn jetzt fließt ein stärkerer Strom, und die nach § 46 auftretende Gegenkraft macht sich sehr sinnfällig bemerkbar.

§ 59. Der Trommelanker.

Bei dem Doppel-T-Anker sind die beiden durch die Drehachse voneinander getrennten Wickelungshälften hintereinandergeschaltet, wie das noch einmal in Abbildung 177 dargestellt ist. Die freien Enden sind zum Kollektor geführt. In Abbildung 178 ist die Schaltung etwas anders. Das Ende der ersten Spule 1 ist mit dem Anfang der zweiten Spule 2 und ebenso ist 3 mit 0 verbunden, sodaß eine in sich geschlossene Wickelung entsteht. Die Verbindungsstellen U und V liegen am Kollektor. Die beiden Hälften sind dadurch parallelgeschaltet; bei gleicher Umdrehungszahl wird die induzierte Spannung halb so groß wie bei 177, der Widerstand beträgt nur den vierten Teil.

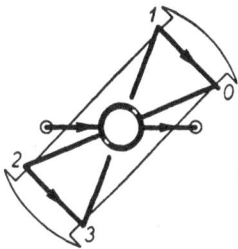 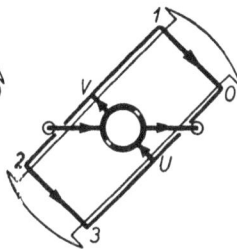 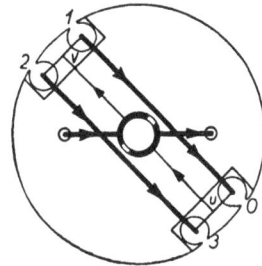

Doppel-T-Anker mit je zwei Spulen 0 1 und 2 3, links hintereinander-, rechts parallelgeschaltet.

−177−   −178−

Trommelanker, entstanden aus dem Anker der Abbildung 178.

−179−

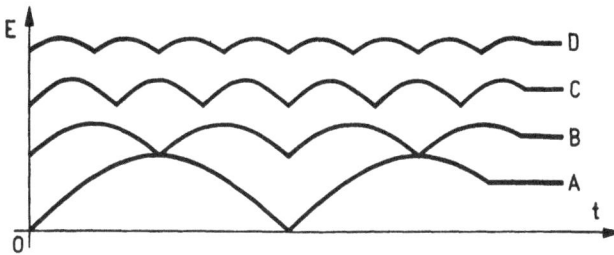

Spannungsverlauf beim Trommelanker mit (A) 2-, (B) 4-, (C) 6- und (D) 8 teiligem Kollektor.

−180−

Aus dem Doppel-T-Anker entsteht nun sehr einfach der „Trommelanker" der Abbildung 179 durch Umformung des Eisenkerns. Dieser wird zu einer Walze mit 4 Längsnuten 0, 1, 2, 3, in denen die Wickelung liegt. Dabei können auch noch 0 und 1, 2 und 3 paarweise zu je einer Nut vereinigt werden (Durchmesserwickelung im Gegensatz zur Sehnenwickelung). Die abgesehen von den Nuten walzenförmige Gestalt des Ankers nähert die Spannungskurve mehr und mehr der Sinusform, sodaß nach Gleichrichtung ein Spannungsverlauf nach Abbildung 180 A entsteht. Durch geschickte Formung der Feldmagnete läßt sich schließlich eine Kurve erreichen, die sich praktisch nicht mehr von der Sinuskurve unterscheidet.

Der nächste Schritt besteht in einer Erhöhung der Spulenzahl. So kommen wir zunächst zum Dreifach-T-Anker der Abbildung 181 und zum Vierfach-T-Anker, der in Abbildung 182 stark vereinfacht dargestellt ist. Aus ihm entsteht der Trommelanker mit vierteiligem Kollektor (Abbildung 183 und 174 links unten). Da die beiden Spulenpaare 01,45 und 23,67 miteinander den Winkel $\frac{\pi}{2}$ bilden, sind ihre Spannungskurven um diesen Betrag gegeneinander verschoben, wie das die Abbildung 184 zeigt. Da aber immer je zwei Spulen hintereinandergeschaltet sind, addieren sich die augenblicklichen Einzelspannungen, und es entsteht die Summenkurve der Abbildung 185.

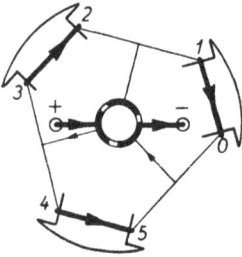

Dreifach-T-Anker.
— 181 —

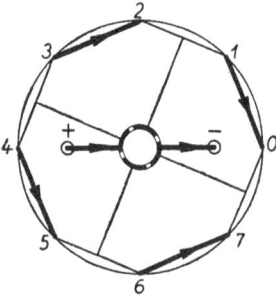

Vierfach-T-Anker.
— 182 —

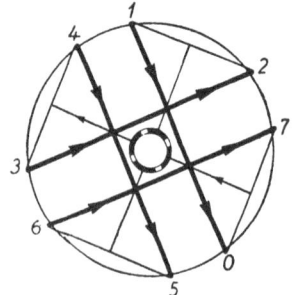

Trommelanker entstanden aus
dem Vierfach-T-Anker.
— 183 —

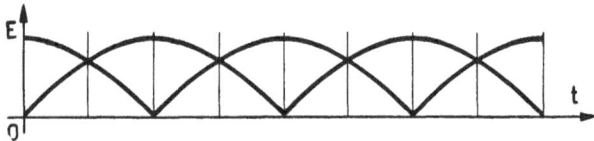

Einzelspannungen für die beiden Spulenpaare der Abbildung 183.
— 184 —

Die Spannungsschwankungen sind bei ihr schon (Abbildung 180 B) wesentlich kleiner als bei einem Spulenpaar. Weitere Erhöhung der Spulenzahl führt zum Trommelanker mit 6 (Abbildung 186) und 8 Spulenpaaren und zu den Kurven 180 C und D. Die Spannungskurve wird mehr und mehr „geglättet"; wir nähern uns damit immer mehr der konstanten Spannung, wie sie eine Batterie hervorbringt.

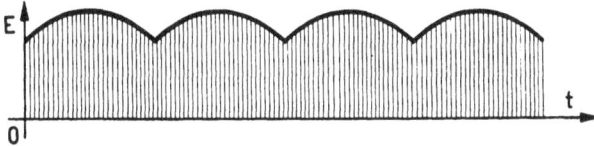

Klemmenspannung am Trommelanker mit vierteiligem Kollektor.
– 185 –

Die Kurve 180 B können wir mittels des Geräts der Abbildung 174, der Drehvorrichtung der Abbildung 91 und dem Drehspiegel der Abbildung 30 an der Tafel gewinnen.

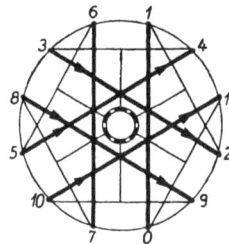

Trommelanker mit 6-teiligem Kollektor
und Sehnenwickelung.
– 186 –

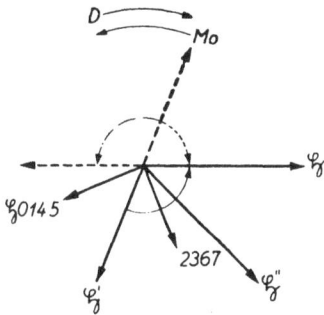

Auftreten von Drehmomenten infolge
der Quermagnetisierung des Ankers.
– 187 –

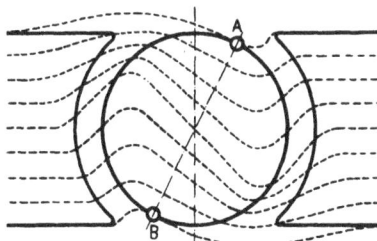

Feldverzerrung infolge der Quermagnetisierung.
– 188 –

Bei dem in Band II Abbildung 222 dargestellten Versuch wurden Ladungsträger von mechanischen Kräften gegen die im

elektrischen Feld auf sie wirkenden Kräfte bewegt und damit
Arbeit geleistet. Dreht sich der Anker der Abbildung 182, während
die Schleiffedern außenherum verbunden sind, so fließt in den
Ankerwindungen ein Elektronenstrom, dabei werden „Stromträger"
gegen Kräfte bewegt, die auf sie im Magnetfeld wirken. Das
läßt sich leicht einsehen: Der Pfeil $\mathfrak{H}$ (Abbildung 187) bedeute
die Richtung der Feldlinien des gegebenen Magnetfeldes, der
Pfeil D den Drehsinn. Dann entsteht im Anker die Stromrichtung der Abbildung 182. Die Spulen 0 1 und 4 5 erzeugen das
Magnetfeld mit der Richtung $\mathfrak{H}_{0145}$ (Linkefaustregel), die Spulen
2 3 und 6 7 die Feldlinienrichtung $\mathfrak{H}_{2367}$, die vier Spulen zusammen
die Feldlinienrichtung $\mathfrak{H}'$. Es entsteht ein Drehmoment, das den
Anker so zu drehen sucht, daß die inneren Feldlinien $\mathfrak{H}'$ in der
Richtung $\mathfrak{H}$ laufen, das also (Abbildung 187) dem Drehsinn des
Ankers entgegenläuft.

Die beiden Felder $\mathfrak{H}$ und $\mathfrak{H}'$ überlagern sich zu einem Feld,
dessen Feldlinien die Richtung $\mathfrak{H}''$ haben. So entsteht bei arbei-
tender Maschine ein Feldlinienbild nach Abbildung 188. Es macht
den Eindruck, als werde das Feld in der Drehrichtung „mitgenommen". Der durch diese Feldverzerrung bedingten Funkenbildung an den Schleifkontakten läßt sich durch Verschieben der
Federn in der Drehrichtung oder durch Einfügen weiterer Feldmagnete, die die Verzerrung aufheben, begegnen. An Stelle der
Schleiffedern wurden früher bei großen Maschinen Kupferbürsten
verwandt, an ihre Stelle sind heute Kohleklötze getreten, die die
Funkenbildung stark herabsetzen.

§ 60. Die Dynamomaschine mit Selbsterregung.

Die Wasserinfluenzmaschine der Abbildung 221 in Band II
arbeitet mit „Fremderregung". Die städtische Leitung liefert ein
elektrisches Feld; die Lageenergie oder Macht, die die fallenden
Tropfen verlieren, wird zum Teil in die Energie des elektrischen
Feldes zwischen Faradaybecher und Erde umgewandelt.

Bei der Maschine der Abbildung 174 haben wir uns mit dem
Magnetfeld des Stahlmagneten beholfen. Kräftigere Induktions-
wirkungen sind bei Benutzung von Elektromagneten zu erwarten.

Das Gerät zeigt Abbildung 189. Die beiden Spulen werden hintereinander an die städtische Leitung angeschlossen. Diese liefert also hier das ursprüngliche Magnetfeld. Wird jetzt der Anker mittels der Kurbel gedreht, so leuchtet ein an die Schleiffedern geschaltetes Glühlämpchen auf, — beim Trommelanker gleichmäßiger als beim Doppel-T-Anker —, die von der Hand geleistete Arbeit wird in die Energie des fließenden Stromes umgeformt. Wir haben eine Dynamomaschine mit Fremderregung.

Bei der Influenzmaschine mit „Selbsterregung" (Band II, Abbildungen 222 und 224) bleibt das Entstehen der ersten elektrischen Ladung dem Zufall überlassen. Geradeso kann dies bei der Dynamomaschine geschehen. Die Schleiffedern werden mit den Enden der hintereinandergeschalteten Feldspulen verbunden. Durch irgend ein Magnetfeld, beruhe es auf dem Erdmagnetismus oder einem Restmagnetismus des Eisenkerns der Feldspulen, entsteht bei der Drehung ein Induktionsstrom, der durch die Feldmagnete fließt. Infolgedessen wachsen magnetische Feldstärke, induzierte Spannung und Stromstärke bis zu einem Höchstwert, der durch Sättigung des Eisens, Umdrehungszahl und Widerstand bedingt ist.

Dynamomaschine für Fremderregung.
— 189 —

Bei den Maschinen unserer Elektrizitätswerke wird die Drehzahl des Trommelankers konstant gehalten. Das geschieht durch Regulierung des Motors (Dampfmaschine, Turbine), der den Anker treibt. Wir stellen uns vor, die Maschine, deren Schaltung in Abbildung 190 dargestellt ist, läuft zunächst leer, das heißt, die beiden Klemmen sind nicht durch einen Leiter verbunden. Dann entsteht kein Strom. Jetzt werde die Maschine „belastet", d. h. zwischen den Klemmen werde eine

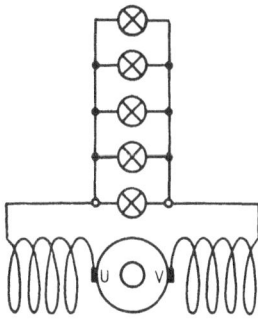

Hauptschlußdynamomaschine.
— 190 —

Glühlampe eingeschaltet, die eine Spannung von 220 Volt braucht. Durch diese Lampe wird zwar ein Strom fließen, aber die Stromstärke in den Feldspulen bringt keine genügend hohe magnetische Feldstärke hervor, daß bei der gegebenen Umdrehungszahl des Ankers eine Spannung von 220 Volt entsteht. Erst wenn der einen Glühlampe noch weitere parallel geschaltet werden, wird die Magnetfeldstärke groß genug, sodaß die zum Leuchten der Glühlampe nötige Spannung erreicht wird. Somit wächst zunächst bei dieser Schaltung die Spannung zwischen den Klemmen bei steigender Belastung und steigender Stromstärke. Werden nun noch weitere Lampen eingeschaltet, so sinkt diese Spannung wieder; im Grenzfall, und das wäre der Fall des Kurzschlusses zwischen den Klemmen, wird die Spannung zwischen den Klemmen Null. Dann würde die ganze der Maschine zugeführte mechanische Energie innerhalb der Maschine in Wärme umgesetzt; das müßte, immer wieder vorausgesetzt, daß die Umdrehungszahl beibehalten wird, zur Überlastung und Zerstörung der Maschine führen. Die Abhängigkeit der Spannung von der Belastung ist ein Nachteil, der diese sogenannte Hauptschlußmaschine nur in Sonderfällen brauchbar macht.

Die „Nebenschlußdynamomaschine" entsteht aus der Hauptschlußmaschine dadurch, daß die freien Spulenenden miteinander verbunden werden; die Glühlampen der Abbildung 190 werden dafür an die Bürsten U und V mitangeschlossen (Abbildung 191). Die Anzahl der Windungen, die das Feld erzeugen, ist gegen die Hauptschlußmaschine auf Kosten des Drahtdurchmessers erhöht. Der dadurch bedingte höhere Widerstand läßt die Stromstärke nicht zu groß werden. Schon in der unbelasteten Maschine ist ein starkes Magnetfeld vorhanden. Werden zwischen die Klemmen mehr und mehr Glühlampen geschaltet, so nimmt die Spannung zwar etwas, aber nur langsam ab. Bei Überlastung der Maschine, im Grenzfall bei Kurzschluß zwischen U und V, wird die Klemmenspannung und damit die

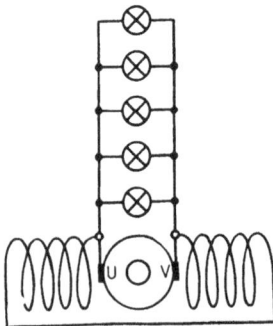

Nebenschlußmaschine.
– 191 –

Stromstärke in den Feldspulen so gering, daß die Maschine versagt. Bei der Nebenschlußmaschine sinkt also die Spannung mit steigender Belastung, während sie bei der Hauptschlußmaschine im gleichen Falle zunahm.

Es lag nahe, Haupt- und Nebenschußmaschine miteinander zu vereinigen. So entstand die Doppelschluß- oder Verbundmaschine (Abbildung 192). Sie liefert eine in weiten Grenzen von der Belastung unabhängige Spannung.

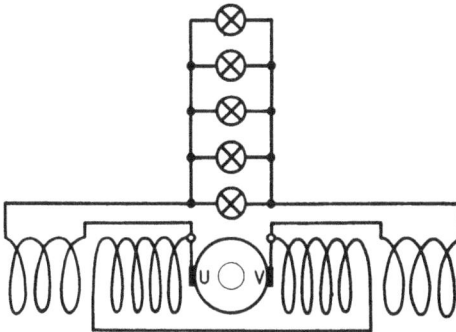

Doppelschluß- oder Verbundmaschine.
−192−

§ 61. Der Gleichstrommotor.

Der Gleichstrommotor unterscheidet sich in seinem Aufbau nicht wesentlich von der Gleichstromdynamomaschine. Träger des magnetischen Feldes sind entweder Stahl- oder Elektromagnete. Der Doppel-T-Anker der Abbildungen 177 und 178 wird nur selten angewandt. Er läuft nicht in jeder Lage an, nämlich dann nicht, wenn die Normale der Spulenwindungen parallel den Feldlinien des von den Feldspulen erzeugten Feldes läuft. Diesen Übelstand vermeidet schon der Dreifach-T-Anker der Abbildung 181, der bei Spielzeugmotoren angewandt wird. Noch bessere Wirkung wird erreicht durch Steigerung der Anzahl der T und Übergang zum Trommelanker.

Zur Erklärung der Wirkungsweise des Trommelankers beim Motor knüpfen wir an die Abbildungen 182 und 187 an. Die Elektronen werden diesmal durch eine Elektrizitätspumpe, Akkumu-

latorenbatterie oder Dynamomaschine in Bewegung gesetzt. Dann
tritt Quermagnetisierung in der Richtung $\mathfrak{H}'$ (Abbildung 187) und
ein Drehmoment auf, das den Anker gegen den Uhrzeiger dreht.
Ehe jedoch $\mathfrak{H}'$ in die Richtung $\mathfrak{H}$ kommt, schaltet der Kollektor
so um, daß wieder das Bild der Abbildung 187 entsteht.

Wird die Stromrichtung in den Ankerwindungen umgekehrt,
so ändern $\mathfrak{H}_{0145}$ und $\mathfrak{H}_{2367}$ und mit ihnen $\mathfrak{H}'$ die Richtung
und der Motor läuft, wenn $\mathfrak{H}$ seine Richtung beibehält, mit dem
Uhrzeiger (Abbildung 187, $\mathfrak{H}'$ und Drehsinn gestrichelt). So
verhalten sich die kleinen Motoren der elektrischen Spielzeug-
eisenbahnen, die Stahlmagnete als Feldmagnete haben.

Ändert jedoch mit $\mathfrak{H}'$ auch $\mathfrak{H}$ seine Richtung, so bleibt der
Sinn des Drehmoments derselbe (in Abbildung 187 strichpunk-
tiert). In Abbildung 193 ist das Gerät der Abbildung 190 in der
Schaltung als Hauptschlußmotor über einen
Stromwender mit einer Batterie verbunden.
Wie der Stromwender auch gelegt wird,
der Motor läuft stets im selben Sinne,
ja wir dürfen den Wechselschalter durch
den Stromwender der Abbildung 194
ersetzen und diesen schnell drehen, d. h.
aber: ein solcher Motor läuft auch bei
Anschluß an eine Wechselspannung.
Solche kleinen Kollektormotoren sind
daher für Gleich- und Wechselstrom
brauchbar und als „Universalmotoren"
in vielen Geräten wie Staubsauger, Föhn,
Ventilator und dgl. eingebaut.

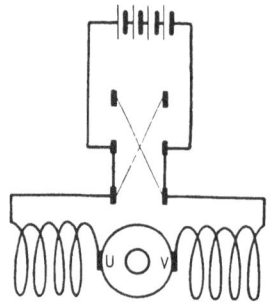

Hauptschlußmotor mit Stromwender.
−193−

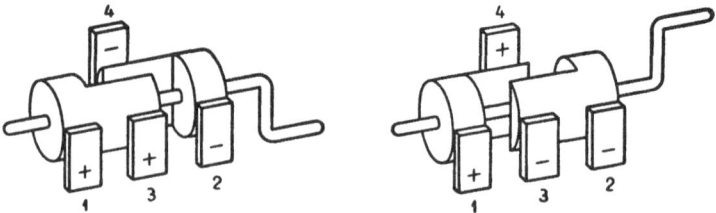

Stromwender zur Erzeugung einer Wechselspannung aus einer Gleichspannung.
−194−

In vielen Fällen verlangt die Technik, daß sich der Drehsinn des Ankers umkehren läßt. Dann darf sich die Stromrichtung entweder nur im Anker oder nur in den Feldmagneten ändern. Meistens wird der Anker umgepolt, wie das in Abbildung 196 durch den Stromwender angedeutet ist. So sind die großen Motoren geschaltet, die unten im Fahrgestell unserer Straßenbahnwagen sitzen. Abbildung 197 zeigt die entsprechende Schaltung zur Änderung des Drehsinns beim „Nebenschlußmotor". Die Erscheinungen lassen sich mit dem Gerät der Abbildung 189 vorführen.

§ 62. Verhalten der Gleichstrommotoren im Betrieb.

In Abbildung 195 ist ein Motor gezeichnet, bei dem die Feldstromstärke J_f durch einen veränderlichen Leiter mit dem Widerstand R_1, die Anker- oder Bürstenspannung ΔE_a durch einen Spannungsteiler — der eingeschaltete Widerstand sei R_2 — verändert werden können. Der Motor soll Arbeit leisten, indem er etwa ein Seil, an dem ein Körper L hängt, auf eine Welle aufwickelt. Durch das Gewicht des Körpers wird auf die Welle ein Drehmoment D_L ausgeübt. Im magnetischen Feld wirken auf die stromdurchflossenen Leiterteile Kräfte und setzen sich zu einem Drehmoment D_M zusammen, das D_L entgegengesetzt und größer

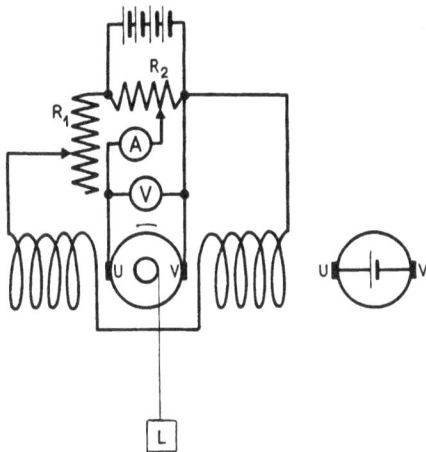

Abhängigkeit der Umlaufsfrequenz von Feldstromstärke und Ankerspannung. Rechts: Entstehung einer induzierten Gegenspannung.
— 195 —

als D_L sein muß, wenn der Körper gehoben werden soll. Zunächst seien die Feldstärke $\mathfrak{H}$, die Ankerspannung und die Ankerstromstärke J_a klein. D_M ist dann noch kleiner als D_L, der Motor spannt das Seil, ohne den Körper zu heben. $\mathfrak{H}$ und ΔE_a werden

vergrößert, bis D_M größer ist als D_L. Die Last wird dann gehoben. Dabei wird Arbeit geleistet und zwar einmal Beschleunigungsarbeit gegen die auftretenden Trägheitskräfte und Hubarbeit
gegen das Gewicht des Körpers. Das Seil wirkt auf L mit einer
Kraft K_s, dieser entgegen wirkt das Gewicht des Körpers G und
die Differenz $K_s - G$ beschleunigt L. Bliebe also D_M konstant,
so müßte die Umlaufsfrequenz des Motors über alle Grenzen
wachsen. Dagegen beobachten wir, daß sie nach kurzer Zeit
konstant wird, L steigt mit gleichbleibender Geschwindigkeit, es
ist also $K_s = G$ geworden, die Kräfte heben sich gegenseitig auf,
L bewegt sich nach dem Galileischen Trägheitsgesetz.

Wir untersuchen diese Erscheinungen genauer: Wir halten
bei Beginn des Versuchs L mit der Hand fest und ändern R_1
und R_2, bis wir die nach oben wirkende Kraft $K_s - G$ spüren.
Dann zeigt das Voltmeter die Ankerspannung ΔE_a, das Amperemeter die Ankerstromstärke J_a an. Dann lassen wir L los. L
kommt in Bewegung, dabei steigt ΔE_a, und J_a nimmt ab.

Wir deuten: Wenn sich der Anker dreht, wirkt der Motor
gleichzeitig als Dynamomaschine. In dem Anker wird eine Spannung induziert, die der von der Batterie über den Spannungsteiler erzeugten Spannung entgegenwirkt (Abbildung 195 rechts).
Darum nimmt die Ankerstromstärke ab, während der Anker beschleunigt wird. Die Beschleunigung dauert so lange, bis die
elektrische Leistung im Ankerstromkreis (= Ankerstromstärke
mal Ankerspannung) gleich ist der Hubleistung (= Gewicht mal
Hubgeschwindigkeit); damit tritt ein Beharrungszustand ein, bei
dem die Umlaufsfrequenz konstant ist. Denn sinkt die Frequenz,
so werden Ankerstromstärke und Drehmoment größer, und L
wird beschleunigt; steigt die Frequenz, so wird die induzierte
Gegenspannung größer, die Ankerstromstärke kleiner, und L
wird verzögert.

Ist einmal dieser Beharrungszustand eingetreten, so wirkt
eine Erhöhung der Bürstenspannung zunächst wieder so lange
beschleunigend, bis die induzierte Gegenspannung einen so hohen
Wert angenommen hat, daß ein neuer Beharrungszustand eintritt.
Aber auch eine Erniedrigung der Feldstromstärke erhöht die Umlaufsfrequenz, denn bei verminderter Feldstärke ist die induzierte

Spannung kleiner, und der Motor muß schneller laufen, damit sie sich der Ankerspannung bis zur Erreichung des neuen Beharrungszustandes nähert. Wir fassen zusammen:

Ankerspannung oder	Feldstromstärke,	dann	Umlaufsfrequenz
größer	kleiner		größer
kleiner	größer		kleiner.

Unter diesen Gesichtspunkten betrachten wir den Hauptschluß-motor der Abbildung 196. Ein solcher Motor zeichnet sich durch die geringe Zahl seiner Feldspulenwindungen aus. Würde die Spannung ohne vorgeschalteten Widerstand R ohne weiteres eingeschaltet, so nähme die Stromstärke bei dem geringen Widerstand von Feld- und Ankerspulen einen so großen Wert an, daß die Wärmeentwicklung in den Windungen zu groß würde, wenn nicht vorher die Sicherungen durchschlagen. Darum ist dem Motor ein „Anlasser" vorgeschaltet, dessen Widerstand erst bei laufendem Motor ausgeschaltet wird. Beim Einschalten entwickelt ein solcher Motor bei großer Feld- und Ankerstromstärke ein großes Drehmoment und entsprechend eine große Kraft K_s. Wird die Last größer, so stellt sich der Motor auf geringere, aber kon-

Hauptschlußmotor mit Anlasser.
— 196 —

stante Frequenz von selbst ein. Reißt das Seil, an dem die Last hängt, so „geht der Motor durch" d. h. er steigert, da die Feldstromstärke sinkt, seine Umlaufsgeschwindigkeit; dann besteht Gefahr, daß die Kräfte, die die Windungen in den Nuten festhalten, nicht mehr genügen und die Windungen abfliegen. Das kann zum Beispiel eintreten, wenn der Treibriemen, der das Drehmoment auf irgend eine andere Maschine überträgt, herunterfällt. Der Hauptschlußmotor ist daher weniger für Werkzeugmaschinen geeignet, dagegen wird er bei elektrischen Bahnen und Hebekranen angewandt. Der größeren Last paßt er sich unter starker Änderung seiner Umlaufsfrequenz von selbst an.

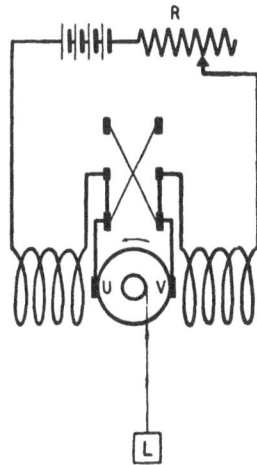

12*

Beim Nebenschlußmotor (Abbildung 197), der an der großen
Zahl der Feldspulenwindungen zu erkennen ist, bleibt die Feldstromstärke konstant. Wird die Belastung größer, so sinkt die
Drehfrequenz etwas, mit ihr sinkt die induzierte Gegenspannung
derart, daß der stärker werdende Ankerstrom die ursprüngliche
Frequenz fast vollkommen wieder herstellt. Beim unbelasteten
Motor besteht nicht die Gefahr des Durchgehens, denn bei der
großen Feldstärke erreicht die induzierte Gegenspannung schon
bei geringerer Drehzahl je Sekunde einen so großen Wert, daß
ein gefahrloser Beharrungszustand eintritt. Der Nebenschlußmotor behält daher innerhalb gewisser Belastungsgrenzen seine
Frequenz nahezu bei und eignet sich
für Maschinen mit stark veränderlicher
Belastung wie für Drehbänke, Kreis-
sägen, Hobelmaschinen und dgl. Noch
besser erfüllen die Forderung der
konstanten Frequenz bei wechselnder
Belastung die sogenannten Doppel-
schlußmotoren, die nach Art der Abbildung 192 gebaut sind. Steigt bei
ihnen die Ankerstromstärke, so be-
wirken mit dem Anker in Reihe ge-
schaltete wenige Feldwindungen eine
Verminderung der Feldstärke, daß die
Frequenz wieder steigt.

Der Anlasser beim Nebenschlußmotor (Abbildung 197) schaltet den
Feldstrom sofort in seiner vollen Stärke

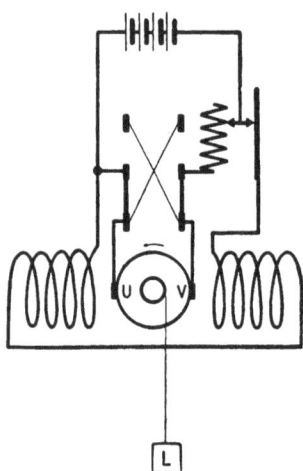

Nebenschlußmotor mit Stromwender
und Anlasser.
– 197 –

ein, während die Stärke des Ankerstroms durch Ausschalten von
Widerstand erst allmählich gesteigert wird. Soll die Frequenz
beim Nebenschlußmotor verändert werden, so kann dies geschehen durch Veränderung des Widerstandes im Feldstromkreis.
Wie wir oben auseinandergesetzt haben, wächst mit wachsendem
Widerstand zunächst auch die Frequenz, doch erreicht sie eine
obere Grenze, von der ab sie wieder bei wachsendem Widerstand schnell sinkt. Es wird jedoch dafür gesorgt, daß diese
Grenzfrequenz nicht erreicht, geschweige denn überschritten wird.

§ 63. Die Wechselstromerzeuger.

Beim Kurbelinduktor der Abbildung 176 steht das Magnetfeld fest und die Spule dreht sich. In Abbildung 198 ist das
Modell einer Wechselstrommaschine dargestellt, bei der sich der
Feldmagnet dreht und die Induktionsspule ruht. Beiden gemeinsam
ist der Dauermagnet als Träger des
magnetischen Feldes. Bei dem Bau
großer Maschinen benutzt die Technik
zur Erzeugung des Feldes große Elektromagnete. Da diese zur Erregung
eines Gleichstroms bedürfen, sind die
Wechselstromgeneratoren auf Fremderregung angewiesen. Ein einfaches
Modell einer fremderregten Wechselstrommaschine zeigt Abbildung 199.

Modell einer Innenpolwechselstrommaschine mit Dauermagnet als Läufer.
— 198 —

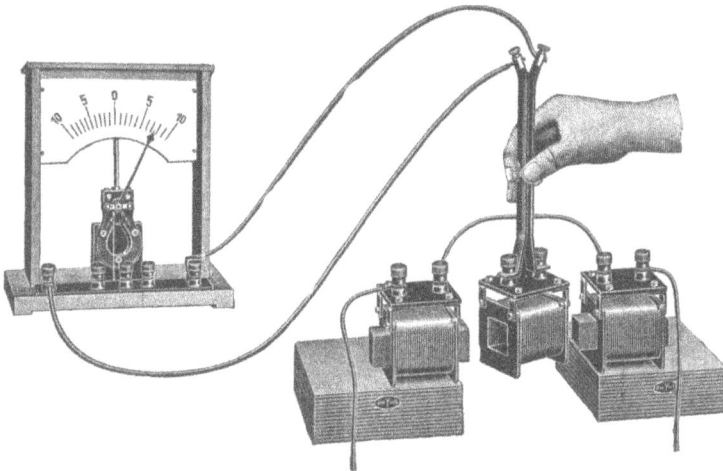

Außenpolwechselstrommaschine mit Fremderregung.
— 199 —

Die Elektronen in den Feldspulen werden durch einen Akkumulator in Bewegung gesetzt. Wird die mittlere Spule gedreht,
dann verrät uns das Zeigergalvanometer, daß ein Wechselstrom
fließt. Eine solche Maschine, bei der die Feldspulen außen
liegen, wird als Außenpolmaschine bezeichnet. Wir können ge-

rade so gut die innere Spule mit dem Akkumulator und die äußeren Spulen mit dem Galvanometer verbinden, dann erhalten wir eine Innenpolmaschine. Bei der Außenpolmaschine entsteht zwischen den Schleifringen eine Wechselspannung, bei der Innenpolmaschine sind die Bürsten mit einer Gleichstrommaschine verbunden, die in den meisten Fällen mit dem Läufer auf derselben Achse sitzt. Abbildung 200 zeigt eine Innenpolmaschine mit 6 Polen. Bei der Maschine der Abbildung 198 ist die Wechselstromfrequenz f (Hertz) gleich der Umlaufsfrequenz, bei der Maschine der Abbildung 200 ist sie dreimal so groß. Diese kann also bei gleichem f langsamer laufen als jene. Die übliche Frequenz des technischen Wechselstroms beträgt 50 Hertz und wird mit den besten Mitteln der Technik konstant erhalten. Geringere Frequenz 15 sec^{-1} wird bei den elektrischen Vollbahnen angewandt.

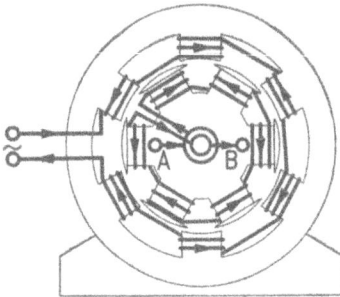

Fremderregte Innenpolwechselstrommaschine mit 6 Polen.
– 200 –

Modell einer Wechselstrommaschine mit spulenfreiem Läufer.
– 201 –

Hohe Frequenzen stellen an die Festigkeit des Läufers und der Spulen hohe Anforderungen. Es tritt die Gefahr auf, daß die Windungen vom Läufer abfliegen. Darum werden bei Hochfrequenzmaschinen spulenfreie Läufer benutzt. Abbildung 201 zeigt das Modell einer solchen Maschine. Die linke Spule dient als Feldspule, in ihr fließt ein Gleichstrom; die Induktionsspule liefert bei Drehung des eisernen Läufers eine Wechselspannung. f ist das Doppelte der Drehfrequenz. Abbildung 202 zeigt eine Maschine, bei der 6 Feldspulen und 6 Induktionsspulen auf demselben Ständer sitzen, während sich

Wechselstrommaschine mit spulenfreiem Läufer.
−202−

ein spulenfreier Läufer vor den Induktionsspulen vorbeibewegt und damit den Induktionsfluß in ihnen periodisch ändert.

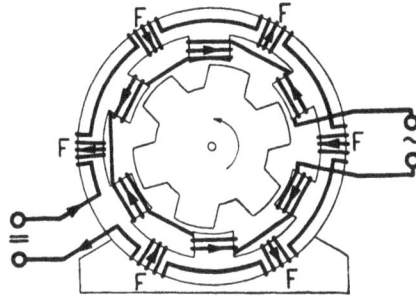

§ 64. Meßgeräte für Wechselstrom und Wechselspannung.

T (sec), die Zeit für eine Periode des Wechselstroms, ist der Kehrwert der Frequenz f (sec^{-1}) (Seite 94). Nach Gleichung (1) auf Seite 90 ist danach

$$\omega = 2\pi \cdot f \ (\text{sec}^{-1}),$$

also bei technischem Wechselstrom 314 Hertz.

Der „Zeitwert" J der Stromstärke bei sinusförmigem Wechselstrom ist auf Grund der Gleichung auf Seite 94 außer von dem Zeitpunkt t nur abhängig von der Frequenz und dem Scheitelwert J_s. Diese beiden letzten Größen bestimmen den Verlauf der Stromstärke. Verbinden wir einen Wechselstromerzeuger mit einem Drehspulgalvanometer, so können wir jenen Zeitwert nur bei ausnehmend niedriger Frequenz wie bei den Versuchen der Abbildungen 30 oder 91 beobachten. Das Galvanometer muß eben Zeit haben, sich auf die jeweilige Stromstärke einzustellen. Bei hoher Frequenz kommt der Zeiger wegen seiner Trägheit einfach nicht mit. Darum sind die gebräuchlichen Drehspulamperemeter bei Wechselstrom nicht brauchbar.

Anders verhält sich das Hitzdrahtamperemeter (Band I, Abbildung 42). Sein Ausschlag ist von der Stromrichtung unabhängig. Wenn in ihm ein Wechselstrom fließt, so stellt es sich, vorausgesetzt, daß f nicht gar zu klein ist, auf einen konstanten Ausschlag ein, und wir müssen fragen: Wie hängt der Ausschlag eines mittels Gleichstrom geeichten Hitzdrahtgerätes mit den Größen, die die Wechselstromstärke bestimmen, also mit der Frequenz f und der Scheitelstromstärke J_s, zusammen?

Wir schließen so: Ein Gleichstrom der Stärke J_1 fließe durch das Hitzdrahtgerät und werde von diesem durch einen Dauerausschlag richtig angezeigt. Dann ist die Temperatur des Hitzdrahtes konstant, d. h. aber: dem Draht wird in jeder Sekunde genau soviel Energie in elektrischer Form zugeführt, wie er in der gleichen Zeit als Wärme ausstrahlt. Diese elektrische Energie je Sekunde berechnen wir nach Band II Seite 123 zu $J_1{}^2 \cdot R$ (Wattsekunden je Sekunde), oder die Leistung des Drahtes als Energieumformer beträgt:

$$N = J_1{}^2 \cdot R \ \text{(Watt)}.$$

Nun fließe durch das gleiche Hitzdrahtgerät ein Wechselstrom und bringe denselben Dauerausschlag J_1 hervor. Dann ist die ausgestrahlte Wärmemenge je Sekunde und darum auch die Leistung gerade so groß wie oben also wieder $J_1{}^2 \cdot R$ (Watt). Im folgenden berechnen wir nun diese Leistung aus der Scheitelstromstärke des Wechselstroms und bekommen dann eine Beziehung zwischen dem angezeigten Wert J_1 und J_s.

Hilfssatz: Die Arbeit ist die Zeitsumme der Leistung. Das machen wir uns so klar: In Abbildung 203 sei oben der Verlauf einer Stromstärke dargestellt, die sich unstetig ändert. Wir quadrieren jeden einzelnen Wert, multiplizieren ihn mit R und tragen die so gefundenen Werte für die Leistungen in ein Koordinatensystem ein (Abbildung 203 unten). Dann stellt jedes der Rechtecke eine Arbeit dar und ihre Summe

$$N_1 \cdot t_1 + N_2 \cdot t_2 + N_3 \cdot t_3 \dots + N_n \cdot t_n \ \text{(Wattsekunden)}$$

ist die Gesamtarbeit in der Zeit

$$t_1 + t_2 + t_3 + \dots + t_n \ \text{(sec)}.$$

Dasselbe Verfahren wenden wir nun auf die Sinuskurve der Abbildung 204 an. Als Kurve der Leistung erhalten wir dann eine Sinuskurve (Abbildung 204 unten), die in ihren tiefsten Punkten die Zeitachse berührt. Der Inhalt der Fläche OADBK stellt die während einer halben Periode umgeformte Arbeit dar.

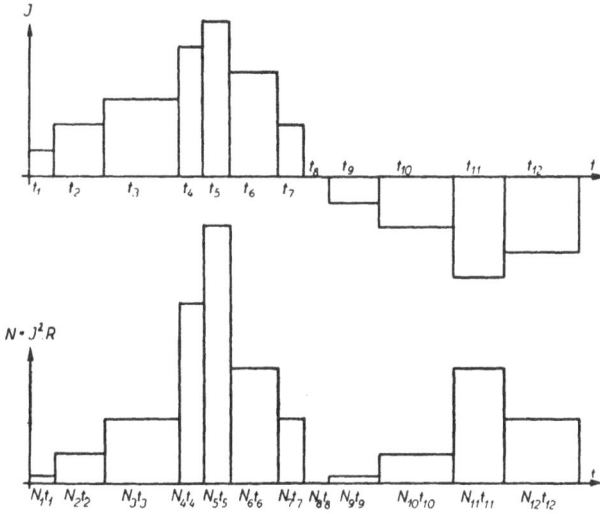

Oben: Verlauf der sich unstetig ändernden Stromstärke.
Unten: Zeitliche Änderung der Leistung.
−203−

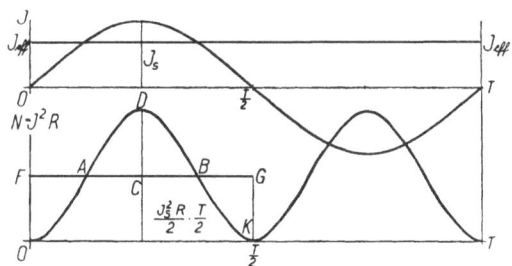

Oben: Stromstärke bei sinusförmigem Wechselstrom.
Unten: Leistung bei sinusförmigem Wechselstrom.
−204−

Da die Flächenstücke OFA, DCA, DCB und KGB deckungsgleich sind, ist

$$OADBK = OFGK,$$

mithin die Arbeit

$$A = \frac{J_s{}^2 \cdot R}{2} \cdot \frac{T}{2} \text{ (Wattsekunden)}.$$

Soviel Energie wird während einer halben Periode zugeführt und in Wärme umgesetzt. In der Sekunde geschieht das 2 f-mal, folglich ist die Leistung ausgedrückt durch die Scheitelstromstärke

$$N = A \cdot 2f = \frac{J_s{}^2 \cdot R}{2} \text{ (Watt)} \quad (f \cdot T = 1).$$

Durch Gleichsetzen der beiden Werte für **N** finden wir:

$$J_1{}^2 \cdot R = \frac{J_s{}^2 \cdot R}{2} \text{ (Watt)},$$

woraus folgt:

$$J_1 = \frac{1}{2}\sqrt{2}\ J_s = 0{,}707\ J_s$$

und

$$J_s = \sqrt{2} \cdot J_1 = 1{,}414 \cdot J_1 \text{ (Ampere)}.$$

Wir finden also:

Ein mit Gleichstrom geeichtes Hitzdrahtamperemeter zeigt bei Wechselstrom einen Wert an, der gleich ist dem 0,707fachen der Scheitelstromstärke des Wechselstroms. Dieser Wert wird als „effektive Stromstärke" des Wechselstroms bezeichnet. Wir schreiben darum im folgenden J_{eff} statt J_1 und merken uns für sinusförmigen Wechselstrom

$$J_{eff} = 0{,}707 \cdot J_s \text{ (Ampere)}.$$

In Band II Seite 122 haben wir eine Glühlampe betrachtet mit der Aufschrift 220 Volt 50 Watt und eine Stromstärke von 0,23 Ampere errechnet. Diese Glühlampe werde an ein Wechselstromnetz angeschlossen. Damit sie dann dieselbe Lichtmenge je Sekunde liefert wie im Gleichstromnetz muß die effektive Wechselstromstärke 0,23 Ampere betragen. Die Scheitelstromstärke des Wechselstroms beträgt dann 0,23 · 1,414 = 0,33 Ampere. Bei Gleichstrom von 0,23 Ampere gehen in der Sekunde 0,23 Amperesekunden durch den Querschnitt des Leiters. Bei einem Wechselstrom mit der effektiven Stromstärke 0,23 Ampere beträgt die

Elektrizitätsmenge nur 0,21 Coulomb je Sekunde. Die Elektrizitätsmenge je Halbperiode wird nämlich dargestellt durch den Inhalt der Fläche zwischen der oberen Sinuskurve der Abbildung 204 und der Zeitachse. Sie wird mittels der Integralrechnung gefunden zu $\frac{J_s}{\pi} \cdot T$ Coulomb je Halbperiode $\frac{T}{2}$. In der nächsten Halbperiode fließt dieselbe Elektrizitätsmenge wieder zurück. Folglich fließen

$$\frac{J_s}{\pi} \cdot T \cdot 2f = \frac{2}{\pi} \cdot J_s \text{ (Coulomb/Sekunde)}$$

durch den Querschnitt des Leiters, das sind im obigen Falle $0,33 \cdot 0,637 = 0,21$ Ampere.

Zur Erläuterung noch folgendes: An eine Batterie seien ein Drehspul- und ein Hitzdrahtamperemeter hintereinandergeschaltet, und eine Stromstärke von 4 Ampere mittels eines veränderlichen Leiters eingestellt. Beide Geräte zeigen 4 Ampere an. Dann werde ein gleichgerichteter Wechselstrom mit der Kurve der Abbildung 173 durch beide Geräte geschickt und der Widerstand so gewählt, daß das Drehspulgerät wieder 4 Ampere zeigt. Dies ist ein Mittelwert, den das Gerät aus den Zeitwerten der Stromstärke bildet, und wird entsprechend der elektrochemischen Festlegung der Stromstärke als elektrolytischer Mittelwert bezeichnet. Das Hitzdrahtgerät zeigt jetzt aber einen größeren Wert an. Dieser kommt so zu stande, daß das Hitzdrahtgerät gewissermaßen das Mittel aus den Quadraten der Stromstärke bildet und aus ihm die Wurzel zieht. Diese ist dann die effektive Stromstärke. Dazu ein Zahlenbeispiel: Wir stellen uns einen Strom in derselben Richtung vor, dessen Stärke zwischen 1 und 7 Ampere so schwankt, daß die Stromstärke in der ersten Hälfte jeder Hundertelsekunde 1 Ampere, in der zweiten Hälfte 7 Ampere beträgt. Dann ist der elektrolytische Mittelwert der Stromstärke $\frac{1+7}{2} = 4$ Ampere, der effektive Wert dagegen $\sqrt{\frac{1^2 + 7^2}{2}} = 5$ Ampere. Jenen zeigt das Drehspul-, diesen das Hitzdrahtamperemeter an. Der quadratische Mittelwert ist bei schwankender Stromstärke stets größer als der elektrolytische.

Hitzdrahtgeräte mit hohem Widerstand dienen zur Messung der „effektiven Spannung". Dem Zeitwert der Stromstärke entspricht ein Zeitwert der Spannung nach der Gleichung

$$\Delta E = J \cdot R \text{ (Volt)},$$

dem quadratischen Mittelwert der Stromstärke eine effektive Spannung

$$\Delta E_{eff} = J_{eff} \cdot R = 0{,}707 \cdot J_s \cdot R = 0{,}707 \, \Delta E_s \text{ (Volt)}.$$

Die Hitzdrahtvoltmeter werden mit Gleichspannung geeicht.

Außer Hitzdrahtgeräten eignen sich zu Wechselstrommessungen Drehspuleninstrumente, bei denen der Feldmagnet durch eine feste Spule ersetzt ist. Diese Feldspule wird vom gleichen Strom durchflossen wie die Drehspule, und darum ist das auftretende Drehmoment in seinem Sinn wie der auf Seite 176 besprochene Universalmotor unabhängig von der Stromrichtung. Diese sogenannten Dynamometer können mit konstantem Gleichstrom geeicht werden.

Unabhängig von der Stromrichtung sind auch die billigen Weicheisengeräte (Band I, Seite 23), leider ist bei ihnen die Frequenz des Wechselstroms nicht ganz ohne Einfluß auf den Ausschlag. Darum werden sie mittels Hitzdrahtgeräten oder Dynamometern für den genormten 50-periodischen Wechselstrom geeicht, sind aber dann zwischen 20 und 60 Hertz brauchbar. Bei dem Gerät der Abbildung 205 können die Feldspulen ausgetauscht werden, wenn der Meßbereich geändert oder von der Stromstärke- zur Spannungsmessung übergegangen werden soll.

Weicheisengerät mit auswechselbaren Spulen.
– 205 –

§ 65. Dreiphasenspannung und Dreiphasenstrom.

Wie in Abbildung 181 sollen die Strecken 01, 23 und 45 in Abbildung 206 Spulen bedeuten, die auf einem Trommelanker sitzen, und wir wollen den Verlauf der induzierten Spannung als sinusförmig annehmen. Die Pfeile sollen die Richtung angeben, in der die Kräfte auf die Elektronen wirken.

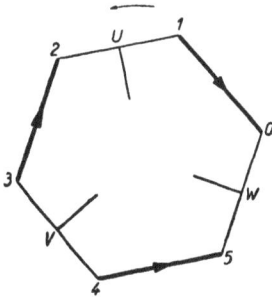

Richtung der induzierten Spannungen beim dreiteiligen Anker bei Dreiecksschaltung U, V, W sind mit den Schleifringen verbunden

— 206 —

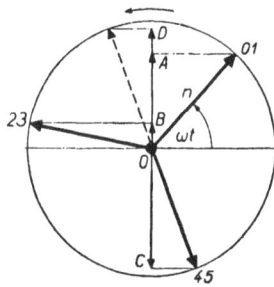

Größe der induzierten Spannungen der Abbildung 206 dargestellt durch gedrehte Vektoren und Projektion auf die senkrechte Achse.

— 207 —

In Abbildung 207 hat die Strecke n die Richtung der Normale der Spule 01. Ihre Projektion auf die senkrechte Achse ist dann

$$OA = n \cdot \sin \omega t,$$

und diese gibt bei Drehung den Verlauf der induzierten Spannung wieder (Abbildung 92), wobei n selbst die Scheitelspannung darstellt. Der Spule 01 ist 23 um 120⁰ oder $\frac{1}{3}$ T voraus, die in ihr induzierte Spannung wird durch OB dargestellt; 45 ist um 240⁰ oder $\frac{2}{3}$ T voraus, ihr entspricht OC. Die Phasenverschiebung um je $\frac{T}{3}$ läßt sich nach Abbildung 208 veranschaulichen.

Auf die Achse der Abbildung 92 sind drei Stäbe geschraubt, die sich unter Winkeln von 120⁰ kreuzen. Die Achse wird gedreht und wie in Abbildung 92 projiziert. Dann zeigt sich, was sich auch geometrisch leicht beweisen läßt, daß in jedem Augenblick die Summe der drei induzierten Spannungen

$$OA + OB + OC = 0$$

ist. In Kurvenform ist der Verlauf der drei Spannungen in Abbildung 209 dargestellt. Die drei zu einem Zeitpunkt gehörigen Ordinaten geben zusammen Null.

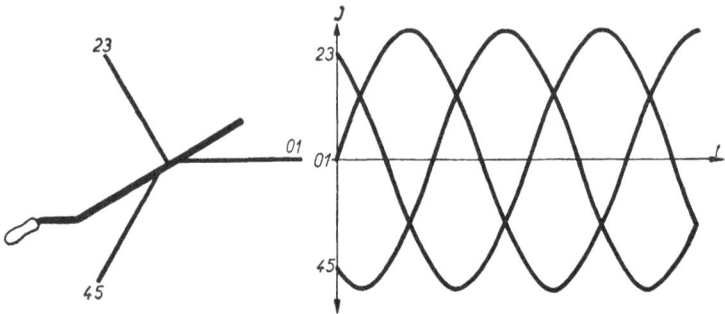

Gerät zur Darstellung des Spannungsverlaufs durch Schattenprojektion.
— 208 —

Dreiphasenspannung in Kurvenform dargestellt.
— 209 —

In Abbildung 206 sind die Spulen wie beim Dreifach-T-Anker der Abbildung 181 geschaltet, sodaß also eine geschlossene Wickelung entsteht. In dieser fließt bei Drehung des Ankers kein Strom. Denn die beiden Spulen 01 und 23 liefern zusammen die Spannung OD (Abbildung 207), diese ist aber gleich und entgegengesetzt der in 45 induzierten Spannung OC. Die Spannung, die die Spule 45 zwischen U und V hervorbringt, ist gerade so groß wie die von den beiden andern Spulen erzeugte. Die höchste Spannung, die bei dieser „Dreiecksschaltung" auftritt, ist darum die Scheitelspannung, die in einer Spule induziert wird.

Werden die Punkte U, V, W mit Schleifringen und diese mit drei Netzleitern verbunden, so entsteht ein Dreileitersystem, das der Techniker nach Art der Abbildung 212 darzustellen pflegt. Die Kurven der Abbildung 209 zeigen bei Dreiecksschaltung die Spannungen zwischen je zweien der 3 Netzleiter an.

Statt mit 5 können wir 0 mit 4 und dementsprechend auch 4 mit 2 und 2 mit 0 verbinden, wie das in Abbildung 210 durch die punktierten Strecken angedeutet ist. Damit bekommen 0, 2, 4 gleiche Spannung, und es entsteht die sogenannte „Sternschaltung", bei der die drei Punkte mit einem geerdeten Punkt 0 in der Mitte verbunden sind. Jetzt stellen die Kurven der Abbildung 209 den Verlauf der Spannung in den Punkten 1, 3, 5 dar.

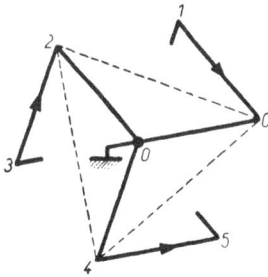

Sternschaltung mit Nullpunkt.
1, 3, 5 sind mit den Schleifringen
verbunden (vgl. Abbildung 206).
−210−

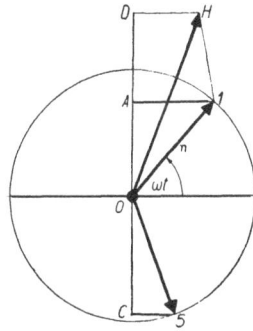

Entstehung höherer Spannung 1 H gleich
und parallel 5 0 bei Sternschaltung.
−211−

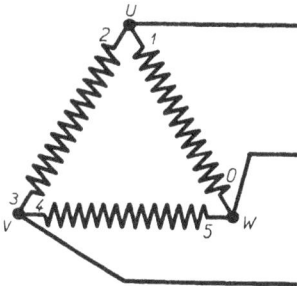

Dreileitersystem bei Dreiecksschaltung.
−212−

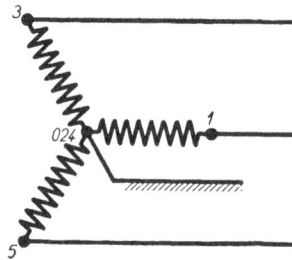

Vierleitersystem bei Sternschaltung.
−213−

In Abbildung 211 bedeutet jetzt OA die Spannung in 1, OC die Spannung in 5, CA die Spannung zwischen 1 und 5. CA ist so lang wie OD, das wir so finden: Wir machen 1 H gleich und parallel 5 0 und fällen das Lot von H auf die senkrechte Achse bis D. OH stellt den größten Wert dar, den die Spannung zwischen 1 und 5 annehmen kann. OH $= n \cdot \sqrt{3}$, d. h. der Scheitelwert der Spannung zwischen 1 und 5 ist das $\sqrt{3}$ fache der Scheitelspannung einer Spule. Das gleiche gilt auch für die effektiven Spannungen, die ja das 0,707-fache der Scheitelspannungen sind. Bei der Sternschaltung wird neben den 3 spannungführenden Leitungen, die von den mit 1, 3, 5 verbundenen Schleifringen ausgehen, meist ein blanker „Nulleiter" mitgeführt. So entsteht ein Vierleitersystem, (Abbildung 213 bei dem außer der effektiven Spannung eines Leiters gegen Erde, die meist 220 Volt beträgt, noch eine effektive Spannung von $220 \cdot \sqrt{3} = 380$ Volt zur Verfügung steht.

Bei der Entwickelung der Dreiphasengeneratoren ist die Technik ähnliche Wege gegangen, wie bei den in § 63 behandelten Wechselstromerzeugern. Wir sind von sich drehenden Induktionsspulen ausgegangen. Gerade so gut können die Induktionsspulen feststehen und die Feldspulen können sich drehen. Wird die Anzahl der Spulen vervielfacht, so kann die Maschine bei vorgeschriebener Frequenz langsamer laufen.

§ 66. Anwendung des Dreiphasenstroms, Drehstrom.

Wenn wir bei den Schaltungen der Abbildungen 212 und 213 zwischen je zwei spannungführende Leitungen oder in Abbildung 213 zwischen einen spannungführenden Leiter und den Nulleiter eine Glühlampe schalten, so fließt in dieser ein sinusförmiger Wechselstrom geradeso, wie wenn die Wechselspannung von der Maschine der Abbildung 200 erzeugt wäre. Der Vorteil der „dreifach verketteten Wechselspannung" der Abbildung 209 gegenüber der „Einphasenwechselspannung" der Abbildung 89 unten macht sich erst bei der Umformung elektrischer Energie in mechanische, also beim Elektromotor, bemerkbar. Zwar baut die Technik auch Motoren, die beim Anschluß an eine Einphasenwechselspannung laufen (Repulsionsmotor, Wechselstromkollektormotor), das Feld beherrscht heute der Drehstrommotor in seinen mannigfachen Formen. Seine Wirkungsweise beruht auf dem sogenannten Drehfeld, das ist ein Magnetfeld, das sich mit kon-

stanter Geschwindigkeit dreht. Ein solches ist uns schon in dem
Versuch der Abbildung 133 begegnet. Mit Hilfe der Dreiphasen-
wechselspannung gelingt es, ein magnetisches Drehfeld herzustellen, bei dem der materielle Träger des Feldes stillsteht und
nur das Feld sich dreht. Die beiden gebräuchlichen Schaltungen
sind in den Abbildungen 214 — wir erkennen die Sternschaltung wieder — und in Abbildung 215 — das ist die Dreieckschaltung der Abbildung 212 — dargestellt. Eine Magnetnadel, die
wir zwischen den Spulen aufstellen (Abbildung 214), dreht sich
und zeigt damit die Drehung der magnetischen Feldlinien an.

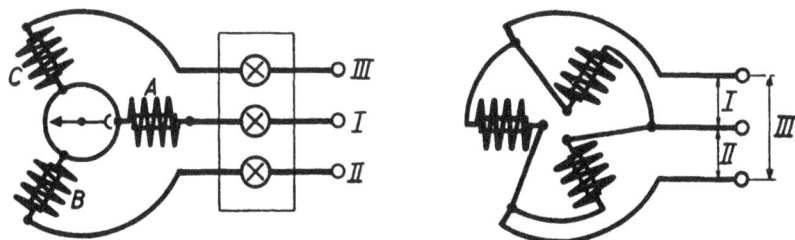

Erzeugung eines Drehfeldes mittels Sternschaltung und mittels Dreieckschaltung.
      – 214 –   – 215 –

Wir versagen es uns, auf das Zustandekommen dieses Drehfeldes
näher einzugehen, und verweisen auf das im gleichen Verlag er-
schienene Buch von Roller-Pricks: „Schulver-
suche zur Elektrizitätslehre, Band II, Wechselstrom", mit seinen eindrucksvollen Feld-
linienbildern, die kaum übertroffen werden
können. Dort findet sich auch Näheres über
die oben erwähnten Wechselstrommotoren.

Aus dem Versuch der Abbildung 214
mit der Magnetnadel, die sich mit derselben
Frequenz wie das Feld selbst dreht, entsteht der Drehstromsynchronmotor, aus dem
Versuch der Abbildung 133 der heute weit-
verbreitete Drehstromasynchronmotor. Bei
ihm ist das Rähmchen umgeformt in den
„Käfiganker" der Abbildung 216; dieser
besteht aus Kupfer, ist ganz in Eisen eingebettet und dreht

Käfiganker.
– 216 –

sich im Drehfeld ohne Kollektor und Schleifringe lediglich auf
Grund der Wechselwirkung zwischen dem sich ändernden Magnetfeld und dem vom Induktionsstrom durchflossenen Leiter. (Versuche der Abbildungen 128, 129, 133, 134).

§ 67. Phasenverschiebung zwischen Spannung und Stromstärke.

Aus der Fülle der Erscheinungen, die sich beim Arbeiten
mit Wechselstrom bietet, bringen wir im folgenden nur das grundsätzlich Wichtige und verweisen im übrigen auf das Buch von
Roller-Pricks.

Zunächst fassen wir aus dem früheren noch einmal drei Ergebnisse zusammen; an die Klemmen eines Akkumulators werden
nacheinander geschaltet:

a) ein Leiter von großem Ohmschen Widerstand in Gestalt
eines dünnen geraden Drahtes aus Nickelin oder Konstantan.

b) eine Spule aus dickem Kupferdraht, gegebenenfalls mit
geschlossenem Eisenkern.

c) ein Kondensator.

a_1) Sobald zwischen den Enden des Leiters eine Spannung
auftritt, kommen die Elektronen im Draht „augenblicklich" in
Bewegung, in kürzester Zeit tritt ein Beharrungszustand auf, bei
dem die beschleunigenden elektrischen Kräfte und die bremsenden
Kräfte im Leiter gleich sind und sich die Elektronen mit konstanter Geschwindigkeit bewegen, die Stromstärke ist dabei konstant. Beim Abschalten sinkt die Stromstärke augenblicklich auf
Null. Die Elektronen verhalten sich in diesem Falle wie Körper
von verschwindend kleiner Trägheit (Masse).

b_1) Bei dem entsprechenden Versuch mit der Spule macht
sich die Selbstinduktion bemerkbar. (Versuch der Abbildung 101).
Die Elektronen verhalten sich wie träge Körper. Um ihnen eine
Geschwindigkeit zu geben, ist Zeit nötig, darum steigt die Stromstärke nur langsam. Wird die Spannung abgeschaltet und werden
gleichzeitig die Spulenenden verbunden, so fließt der Strom weiter.

c_1) Der Kondensator lädt sich augenblicklich, dabei fließt ein
Strom (Band II, Abbildungen 58, 65, 66). Die Elektronen kommen

zur Ruhe, wenn die Kondensatorspannung gleich der Akkumulatorspannung geworden ist. Dann wirken beide Spannungen einander entgegen. Wird der Akkumulator abgeschaltet und werden die Kondensatorplatten über einen guten Leiter verbunden, so entlädt sich der Akkumulator augenblicklich, dabei tritt ein Stromstoß in entgegengesetzter Richtung wie beim Laden auf.

Dazu ist zu bemerken: Wir haben jedesmal einen Idealfall angenommen. So hat auch der Leiter im Falle a_1) Selbstinduktivität. „Augenblicklich" heißt nicht „in der Zeit Null". Die Zeit vom Anschalten bis zum Beharrungszustand ist zwar kurz, aber nicht Null. Die Bedingungen von b_1) sind auch bei a_1) erfüllt.

Dagegen hat sich b_1) unter Ausschaltung von a_1) mit großen experimentellen Hilfsmitteln nahezu verwirklichen lassen. Wenn der Ohmsche Widerstand verschwindet, ist kein Grund mehr vorhanden, daß die Elektronen zur Ruhe kommen. In einer geschlossenen Spule aus Bleidraht wird ein Magnetfeld erzeugt. Der entstehende Induktionsstrom verschwindet wieder wie bei unsern Versuchen in § 5. Dann wird die Spule in flüssiges Helium getaucht und damit auf unter 7,3 Grad absolute Temperatur abgekühlt. Wird jetzt das Magnetfeld zum Verschwinden gebracht, so bleibt die entstehende Stromstärke stundenlang dieselbe. Dabei handelt es sich um Stromstärken der Größenordnung 100 Ampere. Das Magnetfeld des Stromes läßt sich durch die Ablenkung einer Magnetnadel nachweisen. Die Erscheinung wird als „Supraleitung" bezeichnet. Bei der tiefen Temperatur bewegen sich die Elektronen im Blei wie die der Molekularmagnete ohne Energieumformung. Bei normaler Temperatur dagegen spielt a_1) stets in b_1) herein, die Stromstärke erreicht einen Höchstwert, der durch die Spannung und den Ohmschen Widerstand des Spulendrahtes bedingt ist.

Ähnlich ist es bei c_1). Die Stromstärke ist zuerst groß, sinkt aber infolge der im Kondensator auftretenden Gegenspannung. Lade- und Entladezeit sind um so kürzer, je geringer der Ohmsche Widerstand ist.

Nach diesen Vorbetrachtungen benutzen wir im folgenden sinusförmige Wechselspannung statt der Gleichspannung. Wir unterscheiden drei Idealfälle:

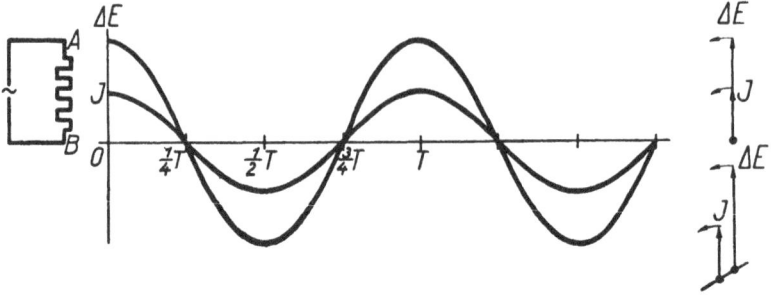

Spannung zwischen den Enden eines Leiters **AB**, der Ohmschen Widerstand, aber keine Selbstinduktivität hat, und Stromstärke im Leiter. Kurven, gedrehte Vektoren und Stabmodell zur Schattenprojektion nach Abbildung 92.

−217−

a₂) Leiter mit Ohmschen Widerstand, aber ohne Selbstinduktivität. Die Stromstärke paßt sich ohne Verzögerung der jeweiligen Spannung an. Beide erreichen gleichzeitig ihren Scheitelwert und gehen gleichzeitig durch Null (Abbildung 217). „Die Spannung zwischen den Enden des Leiters ohne Selbstinduktivität und die Stromstärke im Leiter sind in Phase" (§ 32).

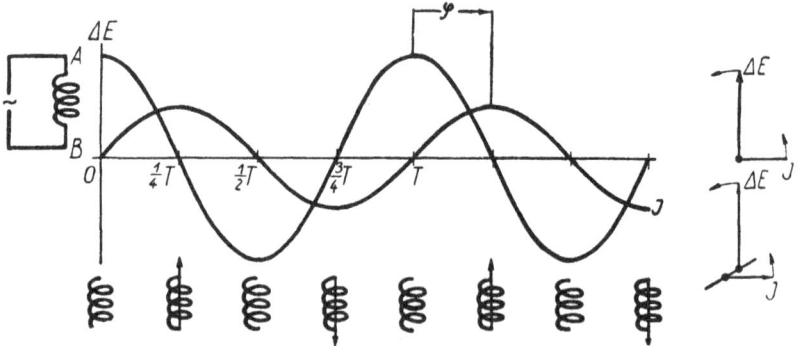

Spannung zwischen den Enden einer Spule, die Selbstinduktivität, aber keinen Ohmschen Widerstand hat, und Stromstärke in der Spule. Sonst wie Abbildung 217.

−218−

b₂) Spule mit Selbstinduktivität, aber ohne Ohmschen Widerstand. Die angelegte Scheitelspannung beschleunigt die Elektronen.

In der ersten Viertelperiode nimmt die Spannung zwar ab, wirkt aber in derselben Richtung, daher nehmen Elektronengeschwindigkeit und Stromstärke zu (Abbildung 218). Dann ändert die Spannung ihre Richtung; in der zweiten Viertelperiode werden die Elektronen verzögert, die Stromstärke wird Null; die dritte Viertelperiode beschleunigt wieder, sodaß beim Übergang zur vierten die Stromstärke ihren unteren Scheitelwert hat usw. Wir finden (Abbildung 218): Die Stromstärke nimmt ihren Scheitelwert immer eine Viertelperiode später an als die Spannung. Der Viertelperiode entspricht der Winkel $\frac{\pi}{2}$. „Die Stromstärke in einer Spule folgt der Spannung zwischen den Enden der Spule mit der Phasenverschiebung $\frac{\pi}{2}$."

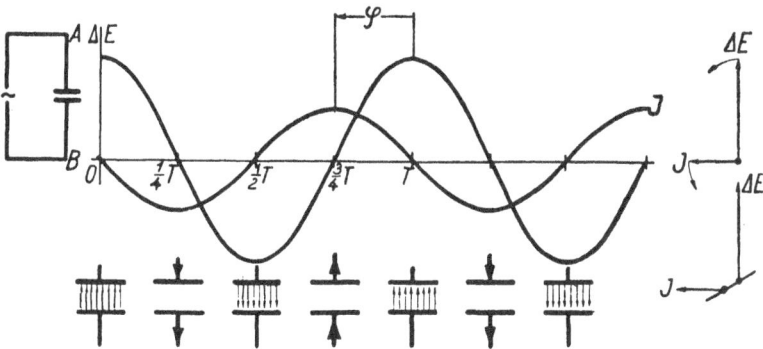

Spannung zwischen den Platten eines Kondensators und Stromstärke. Sonst wie Abbildung 217.
$-219-$

c_2) Kondensator mit Kapazität, aber ohne Ohmschen Widerstand. Am Ende der Viertelperiode, die dem Zeitpunkt Null vorausgeht, sei der Kondensator bis zur Scheitelspannung geladen. Maschinenspannung und Kondensatorspannung wirken einander entgegen. Da die Maschinenspannung abnimmt, entlädt sich der Kondensator. Es fließt also in der ersten Viertelperiode ein Strom der Maschinenspannung entgegen (Abbildung 219). In der zweiten Viertelperiode lädt sich der Kondensator wieder, diesmal aber umgekehrt, und entlädt sich in der dritten. So entsteht die Stromkurve der Abbildung 219. „Die Stromstärke

geht der Spannung zwischen den Platten des Kondensators mit der Phasenverschiebung $\frac{\pi}{2}$ voraus".

Dem Winkel 2π entspricht die Zeit $T = \frac{1}{f}$ (sec), $\frac{\pi}{2}$ entspricht
$\frac{1}{4f}$ (sec), das sind bei 50-periodigem technischen Wechselstrom
0,005 sec. Um soviel geht bei der Spule die Spannung der
Stromstärke, beim Kondensator die Stromstärke der Spannung
zeitlich voraus.

§ 68. Induktiver und kapazitiver Widerstand.

Wir knüpfen wieder an die drei Idealfälle des vorigen Paragraphen an. a_2) Das Verhältnis zwischen dem Zeitwert der
Spannung und dem zugehörigen Zeitwert der Stromstärke (Abbildung 217) ist konstant. Darum gilt auch für die quadratischen
Mittelwerte die Gleichung:

$$\frac{\Delta E_{eff}}{J_{eff}} = R \text{ (Ohm)}.$$

Vom Leiter wird dauernd elektrische Energie aufgenommen, in
Wärme umgeformt und an die Umgebung abgegeben.

Versuch: Die Klemmen eines Kurbelinduktors verbinden wir
mit einer Glimmlampe. Die Kurbel läßt sich leicht drehen. Wir
ersetzen die Glimmlampe durch eine Metallfadenlampe, jetzt geht
die Kurbel schwer. Bei gleicher Umdrehungsfrequenz ist zwar
die induzierte Spannung dieselbe, aber die Leistung

$$N = J \cdot \Delta E = \frac{\Delta E^2}{R} \text{ (Watt)}$$

wird mit abnehmendem R größer.

b_2) Bei verschwindend kleinem Ohmschen Widerstand müßte
die Stromstärke schon bei kleiner Spannung sehr groß sein. Da
aber die Spule Selbstinduktivität hat, folgt die Stromstärke der
Spannung in zeitlichem Abstand; es dauert eine Zeit, bis die
Elektronen eine merkbare Geschwindigkeit erlangt haben (Abbildung 218). Diese wächst, solange die Spannung nicht ihr
Vorzeichen ändert. Geht die Spannung durch Null, so nimmt die

Stromstärke nicht mehr zu, sondern die Maschinenspannung verzögert die Elektronen und läßt die Stromstärke Null werden.
Daß also in diesem Fall die Stromstärke nicht zu große Werte
annimmt, daran ist jetzt die Selbstinduktivität der Spule schuld.
Die Spule wirkt als „induktiver Widerstand". Bei gleichem Verlauf der Maschinenspannung ist die Stromstärke um so kleiner
oder der induktive Widerstand ist um so größer, je größer
die Selbstinduktivität der Spule ist.

Versuch: An den Kurbelinduktor werden zwei Normspulen
von je 1200 Windungen angeschlossen. Die Kurbel geht schwer,
auch dann noch, wenn wir die Spulen auf den U-förmigen Eisenkern stecken. Sobald wir aber das Joch auf den Eisenkern
legen, läßt sich die Kurbel leicht drehen; die erhöhte Selbstinduktivität wirkt wie ein großer Widerstand.

Wir wollen den induktiven Widerstand R_i errechnen. Der
Quotient aus dem Zeitwert der Spannung und dem Zeitwert der
Stromstärke nimmt (Abbildung 218) alle möglichen Werte an.
Wir definieren darum als R_i den Quotient aus der effektiven
Spannung — sie wird durch ein zur Spule parallelgeschaltetes
Hitzdrahtvoltmeter angezeigt — und der effektiven Stromstärke —
diese zeigt ein im Stromkreis liegendes Hitzdraht-Amperemeter an:

$$R_i = \frac{\Delta E_{eff}}{J_{eff}} \ (\text{Ohm}).$$

Zunächst ist

$$R_i = \frac{0,707 \cdot \Delta E_s}{0,707 \cdot J_s} = \frac{\Delta E_s}{J_s} \ (\text{Ohm}) \ (\S \ 64).$$

Jetzt drücken wir ΔE_s durch J_s aus. Die Stromstärke steige
in der Zeit t vom Wert J_1 auf den Wert J_2. Dann folgt aus der
Gleichung auf Seite 104 unten:

$$W_1 = L \cdot J_1, \ W_2 = L \cdot J_2, \ W_2 - W_1 = L \cdot (J_2 - J_1) \ (\text{Voltsekd.}).$$

$$\frac{W_2 - W_1}{t} = L \cdot \frac{J_2 - J_1}{t} \ (\text{Volt}).$$

Der Bruch links ist die induzierte Spannung (Versuch der Abbildung 105), der Bruch rechts die Änderungsgeschwindigkeit der

Stromstärke, mithin

$$\Delta E = L \cdot \dot{J} \text{ (Volt)}.$$

Das ist dieselbe Gleichung wie (1) in § 20, nur tritt die Selbstinduktivität L an die Stelle der gegenseitigen Induktivität M. Die Stromstärke ändert sich in Abbildung 218 nach der Gleichung:

$$J = J_s \cdot \sin \omega t \text{ (Ampere)}.$$

Ein einfacher Grenzübergang wie auf Seite 91 liefert:

$$\dot{J} = \omega \cdot J_s \cos \omega t \text{ (Ampere/sec)}$$

und

$$\Delta E = L \cdot \omega \cdot J_s \cdot \cos \omega t \text{ (Volt)}.$$

Der größte Wert, den ΔE annehmen kann, beträgt:

$$\Delta E_s = L \cdot \omega \cdot J_s \text{ (Volt) } (t = 0, T, 2T \ldots),$$

und damit finden wir die einfache Gleichung:

$$R_i = \omega \cdot L \text{ (Ohm)}.$$

Da $\omega = 2\pi \cdot f \,(\text{sec}^{-1})$, hängt der induktive Widerstand einer Spule außer von der Selbstinduktivität der Spule selbst noch von der Frequenz des Wechselstroms ab und wächst mit dieser.

c_2) Gerade so berechnen wir den kapazitiven Widerstand nach der Gleichung:

$$R_c = \frac{\Delta E_s}{J_s} \text{ (Ohm)}.$$

Wir drücken diesmal J_s durch ΔE_s aus. Besteht zwischen den Kondensatorplatten die Spannung ΔE, so beträgt die Ladung $Q = C \cdot \Delta E$ (Coulomb). Steigt die Spannung in der Zeit t von ΔE_1 auf ΔE_2, so gelten:

$$Q_1 = C \cdot \Delta E_1, \quad Q_2 = C \cdot \Delta E_2, \quad Q_2 - Q_1 = C \cdot (\Delta E_2 - \Delta E_1)$$

$$\frac{Q_2 - Q_1}{t} = C \cdot \frac{\Delta E_2 - \Delta E_1}{t} \text{ (Coulomb/sec oder Ampere)}.$$

Der Bruch links gibt an, wieviel Coulomb in der Sekunde zugeflossen sind, das bedeutet aber nichts anderes als die Stromstärke, der Bruch rechts ist die Änderungsgeschwindigkeit der Spannung, mithin gilt

$$J = C \cdot \Delta E \text{ (Ampere)}.$$

Die Spannung verläuft in Abbildung 219 nach der Gleichung:

$$\Delta E = \Delta E_s \cdot \cos \omega t \text{ (Volt)}.$$

Daraus ergibt sich:

$$\Delta E = - \omega \cdot \Delta E_s \sin \omega t \text{ (Volt/sec)},$$

$$J = - C \cdot \omega \cdot \Delta E_s \cdot \sin \omega t \text{ (Ampere)}$$

und als Scheitelwert der Stromstärke

$$J_s = C \cdot \omega \cdot \Delta E_s \text{ (Ampere)}.$$

Damit wird

$$R_c = \frac{\Delta E_s}{J_s} = \frac{1}{\omega \cdot C} \text{ (Ohm)}.$$

Der kapazitive Widerstand nimmt also mit steigender Kapazität und Frequenz ab. Versuch: Der Kurbelinduktor geht um so schwerer, je größer die Kapazität des Kondensators ist, den wir zwischen seine Klemmen schalten.

§ 69. Leistung im Leiter.

Die drei in den Abbildungen 217, 218 und 219 dargestellten Grenzfälle lassen sich nie vollkommen verwirklichen. So hat z. B. jede Spule mit Selbstinduktivität auch Ohmschen Widerstand. Liegen darum zwischen den Punkten A und B in den Abbildungen 217 und 218 ein Leiter mit Ohmschen u n d eine Spule mit induktivem Widerstand, so gilt weder Abbildung 217 noch 218, sondern es entsteht ein Kurvenbild, bei dem die Stromkurve der Abbildung 217 nach rechts verschoben ist, aber nicht um den ganzen Wert $\frac{\pi}{2}$, denn dann dürfte ja gar kein Ohmscher Widerstand vorhanden sein, sondern um einen Winkel φ kleiner als $\frac{\pi}{2}$. Die Selbstinduktivität der eingeschalteten Spule verschiebt also die Stromkurve der Abbildung 217 um so mehr nach rechts, je größer der induktive Widerstand im Verhältnis zum Ohmschen Widerstand ist. Je mehr der induktive Widerstand gegen den Ohmschen verschwindet, um so mehr nähert sich das Bild der Abbildung 217, je kleiner der Ohmsche Widerstand ist, um so mehr nähert es sich der Abbildung 218.

Ganz entsprechend sind die Erscheinungen bei der Abbildung 219, durch den Ohmschen Widerstand wird die Stromkurve gegen die Spannungskurve nach rechts verschoben.

Die Wechselstrommaschine der Abbildung 220 bringe eine effektive Spannung von 220 Volt hervor. Die eingeschaltete Glühlampe sei für 110 Volt bestimmt und habe eine Leistung von 25 Watt. Wird sie unmittelbar an diese Spannung gelegt, so brennt sie auf Kosten ihrer Lebensdauer überhell. Damit sie normal brennt, müssen wir die Stromstärke vermindern. Das geschieht in Abbildung 220a durch einen Ohmschen, in Abbildung 220b durch einen induktiven, in Abbildung 220d durch einen kapazitiven Widerstand. Trotz des äußerlich gleichen Erfolges besteht bei diesen drei Verfahren ein grundsätzlicher Unterschied.

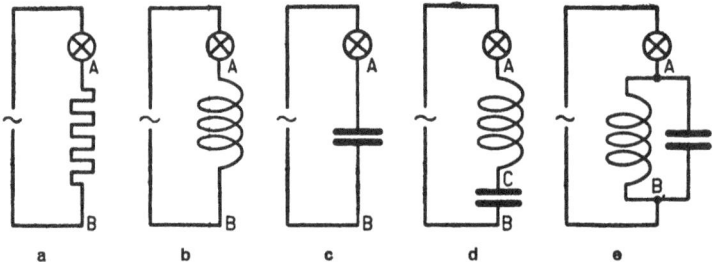

a) Ohmscher, b) induktiver c) kapazitiver Widerstand. d) Widerstand Null. e) Leitwert Null.

– 220 –

Die Leistung des Wechselstroms in der Glühbirne hat in allen drei Fällen denselben Wert, denn in jeder Sekunde wird die gleiche Licht- und Wärmemenge ausgestrahlt.

In Abbildung 220a beträgt auch in dem Leiter zwischen A und B die elektrische Leistung 25 Watt — der Leiter könnte ganz gut eine der ersten Glühlampe gleiche sein —, mithin beträgt die Leistung im ganzen 50 Watt, und 50 Wattsekunden muß die der Maschine in der Sekunde zugeführte mechanische Energie mindestens betragen. Dazu kommt noch ein Zusatz zur Deckung der Energieverluste, die durch Lagerreibung, Wärmeentwicklung in den Ankerwindungen usw. zustande kommen.

In Abbildung 220b entsteht während der ersten Viertelperiode (Abbildung 218) ein Magnetfeld, dessen Energie sich nicht zwischen A und B in Wärme verwandelt und damit verloren geht. Vielmehr wirkt während des Verschwindens des Feldes die Spule als Spannungserzeuger. Das verschwindende Magnetfeld erzeugt einen Strom, dessen Energie sich teilweise in der Glühlampe in Wärme verwandelt. Da aber die Elektronen während des Verschwindens des Magnetfeldes der Maschinenspannung entgegen fließen, läuft die Maschine während der zweiten Viertelperiode als Motor, die im Magnetfeld aufgespeicherte Energie wird an den Stromkreis zurückgegeben. Darum braucht die Leistung der Maschine jetzt nur 25 Watt zu betragen. Die Herabsetzung der Stromstärke durch die Spule erfolgt ohne Energieverlust oder, wie es oft heißt, „wattlos". Die Spule dient als „Drosselspule".

Nicht viel anders liegen die Verhältnisse bei dem Versuch mit Kondensator der Abbildung 220c. Diesmal läuft in der ersten Viertelperiode die Maschine als Motor und der Kondensator gibt die Energie wieder her, die er in der Viertelperiode vorher aufgenommen hat. Auch durch einen Kondensator wird also der Strom „wattlos gedrosselt".

§ 70. Der Transformator.

Eine Normspule von 600 Windungen auf geschlossenem Eisenkern (Abbildung 100 ganz rechts) werde hinter einem Wechselstromamperemeter an eine effektive Spannung von 220 Volt bei einer Frequenz von 50 Hertz gelegt. Das Gerät zeigt dann eine effektive Stromstärke von 2,2 Ampere an. Daraus ergibt sich ein Widerstand von 100 Ohm. Da der Gleichstromwiderstand der Spule nur 2,5 Ohm beträgt, können wir diese 100 Ohm im wesentlichen als den induktiven Widerstand der Spule ansehen. Daraus können wir die Selbstinduktivität der Spule errechnen:

$$L = \frac{R_i}{\omega},$$

und finden rund 0,3 Voltsekunden/Ampere.

Jetzt setzen wir auf denselben Eisenkern noch eine zweite Spule (Abbildung 221). Damit wird die erste Spule zur Feldspule, die einen Induktionsfluß hervorruft; dieser durchsetzt auch die zweite Spule und induziert in ihr eine Wechselspannung. Solange es bei dieser bleibt, beträgt die effektive Stromstärke in der Feldspule 2,2 Ampere. Sobald wir aber die Enden der Induktionsspule über einen veränderlichen Leiter verbinden, steigt die Feldstromstärke um so mehr, je größer wir die Stromstärke des Induktionsstromes durch Herabsetzung des Widerstandes machen, und erreicht ihren größten Wert bei Kurzschluß der Induktionsspule. Die kurzgeschlossene Induktionsspule setzt also die Drosselwirkung der Feldspule herab; der induktive Widerstand und die Selbstinduktivität werden kleiner.

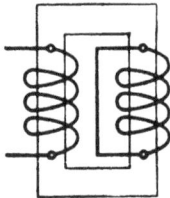

Transformator mit
kurzgeschlossener
Induktionsspule.
– 221 –

Wir erklären: Die in der Induktionsspule induzierte Spannung bringt einen Induktionsstrom hervor, der den Eisenkern im umgekehrten Sinne umfließt wie der Feldstrom. Auch dieser hat ein Magnetfeld. Gehört zum Feldstrom ein augenblicklicher Induktionsfluß Φ, so gehört zum Induktionsstrom ein Induktionsfluß Φ', der Φ entgegenläuft. Folglich beträgt der Induktionsfluß, der die Feldspule durchsetzt, nur $\Phi - \Phi'$. Dieser Herabsetzung des Induktionsflusses entspricht eine Verminderung der in der Feldspule erzeugten Gegenspannung, und die Folge davon ist das Steigen der effektiven Feldstromstärke. Je geringer der Widerstand des Induktionsstromkreises, um so größer Φ', um so größer auch die effektive Feldstromstärke. Diese paßt sich ganz von selbst der Induktionsstromstärke an.

Wenn heute die Elektrotechnik mehr und mehr vom Gleichstrom zum Wechselstrom übergeht, so liegt die Veranlassung dazu einmal in den Vorzügen des Dreiphasenstrommotors, zum andern aber in der Möglichkeit, den Wechselstrom zu „transformieren". Bei gegebener Wechselspannung lassen sich durch passende Wahl der Spulen des „Transformators" (Abbildung 95) Spannung und Stromstärke dem jeweiligen Verwendungszweck anpassen. Wenige Windungen dicken Drahtes liefern zwar nur niedrige Spannung, dafür aber große Stromstärke. Hohe Spannungen lassen sich mittels vieler Windungen erzeugen. Bei Gleichspannung ist die Erzeugung niedrigerer Spannung oder kleiner Stromstärke stets mit Wärmeentwickelung und großen Energieverlusten verbunden. Beim Transformator treten derartige Verluste zwar auch auf, sind aber viel geringer. Die Arbeit, die auf der Feldstromseite in den Transformator hineingesteckt wird, ist nur wenig größer als die auf der andern Seite entnommene.

Die Versuche, die wir in § 17 und § 18 mit pulsierendem Gleichstrom ausgeführt haben, gelingen ebensogut mit Wechselstrom, dabei tritt an Stelle des Eisenstabes der geschlossene Eisenkern der Abbildung 221. Eine Fülle eindrucksvoller Versuche enthält das schon erwähnte Buch von Roller und Pricks (Kapitel 3 und 5).

§ 71. Spule und Kondensator im Wechselstromkreis.

In Abbildung 220 d sind eine Spule und ein Kondensator mit einer Glühlampe hintereinandergeschaltet. Wir könnten jetzt erwarten, daß entsprechend dem Verhalten hintereinander geschalteter Ohmscher Widerstände der Gesamtwiderstand so groß sei wie der induktive und kapazitive Widerstand zusammengenommen. Dagegen zeigt der Versuch, daß bei Hintereinanderschaltung der Spule aus 220b und des Kondensators aus 220c der Gesamtwiderstand kleiner wird, die Glühlampe brennt überhell; die Stromstärke wird kleiner, sobald wir durch Kurzschließen der Spule oder des Kondensators den einen Widerstand ausschalten. Induktiver und kapazitiver Widerstand können sich also bei Hintereinanderschaltung gegenseitig aufheben.

Um das zu erklären, betrachten wir die Abbildungen 220 d und 222. Da Spule und Kondensator hintereinandergeschaltet sind, ist die Stromstärke in ihnen stets dieselbe. Die Spannung zwischen A und C entnehmen wir der Abbildung 218, die Spannung zwischen C und B wird bei dem gegebenen Verlauf der Stromstärke dargestellt durch das Stück der Spannungskurve der Abbildung 219, das bei $\frac{T}{2}$ beginnt. Sind induktiver und kapazitiver Widerstand, wie das in den Abbildungen vorausgesetzt ist, gleich, so ist die Spannung zwischen A und B in jedem Augenblick Null, d. h. aber: zwischen A und B ist kein Widerstand vorhanden. Darum können bei verschwindendem Ohmschen Widerstand große Stromstärken auftreten. Die Bedingung für das gegenseitige Aufheben der Widerstände bei Hintereinanderschaltung lautet:

$$\omega \cdot L - \frac{1}{\omega \cdot C} = 0 \text{ (Volt/Ampere).}$$

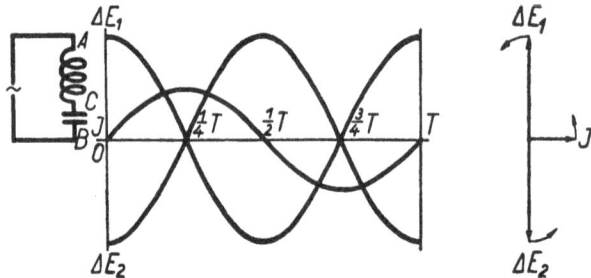

Bei gleichem Widerstand von Spule und Kondensator beträgt die Spannung zwischen **A** und **B** in jedem Augenblick Null.

−222−

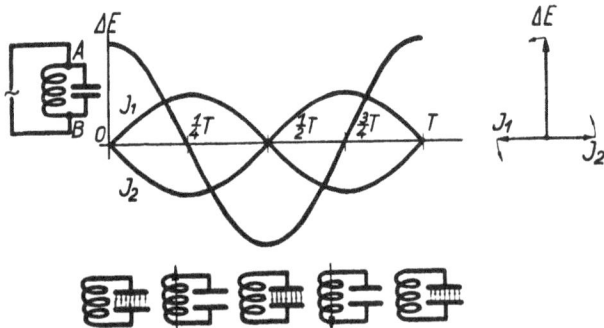

Der „Sperrkreis" wirkt wie ein Leiter von unendlich großem Widerstand (Vgl. 218, 219).

−223−

Bei Parallelschaltung ist die Spannung zwischen den Spulenenden in jedem Augenblick dieselbe wie zwischen den Kondensatorplatten. Die zugehörigen Stromstärken ergeben sich wieder aus Abbildung 218 und 219. Bei gleichem R_l und R_c ist die Gesamtstromstärke zwischen A und B Null (Abbildung 223), das äußert sich in einem Erlöschen der Glühlampe (Abbildung 220e). Dabei herrscht zwischen A und B eine Wechselspannung, und in der Spule und im Kondensator fließt ein Wechselstrom. Spule und Kondensator in Parallelschaltung bedeuten ein Gebilde von „unendlich hohem Widerstand", das in der Technik als Sperrkreis bezeichnet wird. Damit die Stromstärken in den beiden Zweigen gleich sind, müssen der „induktive Leitwert" $\dfrac{1}{\omega L}$ und der „kapazitive Leitwert" $\omega \cdot C$ gleich sein:

$$\frac{1}{\omega L} - \omega \cdot C = 0 \text{ (Ampere/Volt).}$$

Aus dieser Gleichung, die dasselbe wie die oben abgeleitete bedeutet, folgt:

$$\omega = \frac{1}{\sqrt{L \cdot C}} \text{ (sec}^{-1}\text{),}$$

oder entsprechend der Gleichung (1) aus § 32

$$T = 2\pi \sqrt{L \cdot C} \text{ (sec).}$$

$$f = \frac{1}{2\pi\sqrt{L \cdot C}} \text{ (sec}^{-1}\text{).}$$

Bei dieser Frequenz treten die beiden oben geschilderten Erscheinungen, Verschwinden des Widerstandes oder Verschwinden des Leitwertes, auf. Auf diese „Resonanzerscheinungen" kommen wir noch einmal zurück.

Bei technischen Wechselstrom ist die Frequenz gegeben. Stellen wir einen Sperrkreis aus einem Kondensator von 8 Mikrofarad und einer Normspule von 1200 Windungen mit geschlossenem Eisenkern her (Abbildung 224), so können wir durch Verschieben des Joches erreichen, daß zwischen f, L und C die obige Gleichung gilt. Dann erlischt das Lämpchen 1, während 2 und 3 leuchten und damit den im Sperrkreis fließenden Strom anzeigen.

Der Versuch der Abbildung 224 diene uns als Zahlenbeispiel für eine Überschlagsrechnung:

Der kapazitive Widerstand beträgt:

$$R_c = \frac{1}{\omega \cdot C} = \frac{1}{314 \cdot 10^{-6}} = 392 \text{ Ohm.}$$

Der induktive Widerstand im andern Stromzweig ist gerade so groß:

$$R_i = \omega \cdot L = 314\,L = 392\,\text{Ohm},$$

woraus folgt:

$$L = 1,2\ \text{Henry},$$

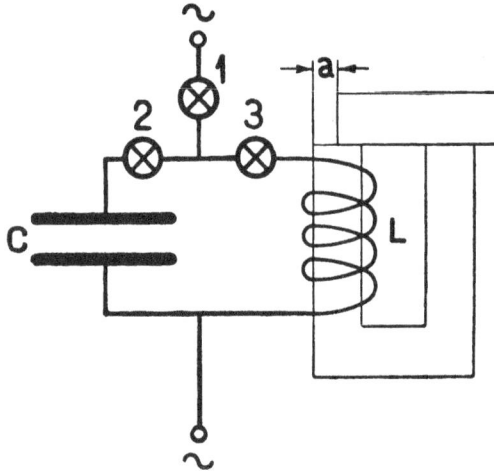

Kondensator von 8 Mikrofarad und Spule von 1200 Windungen auf geschlossenem Eisenkern bilden einen Sperrkreis für technischen Wechselstrom von 50 Hertz.

— 224 —

ein Wert, der zwischen 0,26 und 5,6 Henry liegt (Abbildung 100). In jedem Zweig liegt außerdem noch ein Lämpchen (4 Volt, 0,2 Ampere) mit einem Ohmschen Widerstand von 20 Ohm, zu diesem kommen noch im Spulenzweig die 14 Ohm der Spule, sodaß also in keinem der beiden Zweige der Ohmsche Widerstand $10\,^0/_0$ des übrigen Widerstandes erreicht.

VIII. Die elektrische Schwingung.

§ 72. Vorgänge im Schwingungskreis.

Bei den Schaltungen der Abbildungen 222 und 223 beträgt die elektrische Leistung zwischen A und B Null. Denn wie die Kurven in Abbildung 222 zeigen, fließt zwar zwischen A und B ein Wechselstrom, aber die Spannung zwischen A und C und die Spannung zwischen C und B sind in jedem Augenblick einander gleich und entgegengesetzt; darum sind in jedem Augenblick zwischen A und B die Spannung und die Leistung, das Produkt von Spannung und Stromstärke, Null. In Abbildung 223 herrscht zwar zwischen A und B Spannung, aber die Stromstärkekurven sagen uns, daß bei A und B immer gerade soviel Elektronen aus dem einen Stromzweig zufließen, wie durch den andern abfließen. Betrachten wir die beiden Leiter zwischen A und B als einen Teil des Stromkreises, in dem die Maschine liegt, so ist die Stromstärke zwischen A und B in jedem Augenblick Null, und zwischen A und B wird keine Energie abgegeben, immer wieder unter der stillschweigenden Voraussetzung, daß zwischen A und B kein Ohmscher Widerstand vorhanden ist.

Jetzt betrachten wir das Gebilde Spule-Kondensator für sich allein. Die untere Reihe in Abbildung 223 gewinnen wir dadurch, daß wir die entsprechenden Abbildungen aus 218 und 219 zusammennehmen, und nun deuten wir:

Schlag 0 : Der Kondensator ist mit der Elektrizitätsmenge Q bis zur Spannung ΔE geladen und enthält ein elektrisches Feld mit der Energie $\frac{1}{2} Q \cdot \Delta E$ (Wattsekunden) (§ 56).

Da seine Platten leitend verbunden sind, beginnt er sich zu entladen. Solange noch ein Rest der Spannung vorhanden ist, werden die Elektronen beschleunigt, d. h.

die Stromstärke wächst. Der Strom, der in Abbildung 223 im Sinne des Uhrzeigers fließt, erreicht seine größte Stärke

Schlag $\frac{1}{4}$ T: Das elektrische Feld ist verschwunden, dafür ist in der Spule ein magnetisches Feld entstanden mit dem Induktionsfluß Φ, der Mantelstromstärke J und der Energie $\frac{1}{2}\, \Phi \cdot J$ (Wattsekunden) (§ 56). Würde in diesem Augenblick der Kondensator durch einen Leiter überbrückt, so würden (bei fehlendem Ohmschen Widerstand, Supraleitung) die Elektronen weiterfließen. So aber lädt sich der Kondensator, diesmal laufen die Feldlinien umgekehrt wie Schlag 0, es entsteht eine Gegenspannung, die Elektronengeschwindigkeit nimmt ab und wird Null

Schlag $\frac{1}{2}$ T: Das magnetische Feld ist verschwunden, dafür ist wieder ein elektrisches Feld vorhanden, und jetzt spielen sich dieselben Vorgänge im umgekehrtem Sinne ab, wie das in den folgenden Abbildungen dargestellt ist. Die Verwandlung elektrischer Energie in magnetische und die umgekehrte könnte sich so beliebig lange fortsetzen.

Der beschriebene Vorgang erinnert an die Schwingung eines mechanischen Pendels. Wird der Pendelkörper aus seiner Ruhelage seitlich herausbewegt, so bekommt er Macht, wird er losgelassen, so verwandelt sich die Macht in Wucht, diese wieder in Macht, und diese fortwährende Energieumwandlung könnte beliebig lange weitergehen, wenn sich die Reibung ausschalten ließe. So aber geht fortwährend Energie in Form von Wärme verloren, die Schwingungsweiten werden kleiner und kleiner, und wenn das Pendel schließlich zur Ruhe kommt, hat sich die ganze dem Pendel ursprünglich zugeführte Energie in Wärme verwandelt. Eine solche Schwingung, bei der die Schwingungsweiten ständig abnehmen, wird eine „gedämpfte Schwingung" genannt. Je größer die Reibung, um so größer die Dämpfung.

§ 73. Die gedämpfte elektrische Schwingung.

Die Gleichung des § 71

$$T = 2\pi \sqrt{L \cdot C} \; (\text{sec})$$

gibt die Bedingung dafür an, daß in dem Schwingungskreis bestehend aus der Spule mit der Selbstinduktivität L und dem
Kondensator mit der Kapazität C eine elektrische Schwingung
zu stande kommt. Diese Größe T kennzeichnet den Schwingungskreis, und dann und nur dann, wenn die Periode des Wechselstroms T ist, treten die in §§ 71 und 72 geschilderten Erscheinungen auf. Wollen wir T so groß machen, daß sich die Schwingung wie eine Pendelschwingung bequem beobachten läßt, so
müssen wir L und C recht groß machen. Wir müssen darum
Spulen von sehr vielen Windungen verwenden, dabei aber hohen
Ohmschen Widerstand mit in Kauf nehmen, wenn die Spulen-
ausmessungen nicht zu groß
werden sollen. Benutzen wir
zwei Normspulen von je 12000
Windungen, so können wir
von vornherein mit großer
Dämpfung rechnen wie bei
einem Pendel, dessen Kör-
per in Wasser oder gar Rizi-
nusöl taucht. Dennoch gelingt
der Nachweis der Schwingung.
Die Versuchsanordnung zeigt
Abbildung 225. Der Schwingungskreis besteht aus dem
großen Kondensator links und
zwei Spulen L von je 12000
Windungen auf geschlossenem
Eisenkern. In ihm liegt das

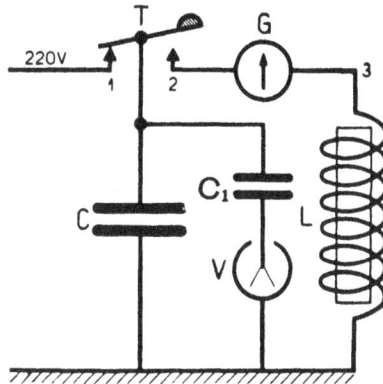

Nachweis der gedämpften Schwingung. Der
Schwingungskreis wird gebildet von dem Kondensator links und zwei Spulen von je 12000
Windungen auf geschlossenem Eisenkern rechts.
Dem Elektroskop ist ein kleiner geladener Hilfs-
kondensator vorgeschaltet, damit der Vorzeichen-
wechsel der Spannung beobachtet werden kann.
—225—

Zeigergalvanometer G. Parallel zu Kondensator und Spule
liegt das Zweifadenelektrometer V, ihm vorgeschaltet ist ein
kleiner geladener Kondensator oder eine Anodenbatterie, sodaß
also die Blättchen von vornherein einen Ausschlag zeigen. Wird
die Taste gedrückt, so entlädt sich der große Kondensator über

14*

die Spule, und der in § 72 geschilderte Schwingungsvorgang setzt
ein. Der Galvanometerzeiger geht zuerst nach rechts und wackelt
dann hin und her, ohne daß sich sagen läßt, ob diese Schwingung auf mechanischer oder magnetischer Trägheit beruht. Darum
hemmen wir den Zeiger nach Abbildung 226, sodaß seine erste
Halbschwingung nach rechts gar nicht zustande
kommt, und beobachten dann, wie etwa 0,8 Sekunden nach dem Drücken der Morsetaste der
Zeiger nach links ausschlagend die zweite elektrische Halbschwingung anzeigt. Wird der Zeiger
in der Nullage nach links gehemmt, so beobachten
wir die erste und dritte Halbschwingung, mitunter
läßt sich auch bei Hemmung nach Abbildung 226
die vierte elektrische Halbschwingung gerade noch
nachweisen. Das Ergebnis ist in Abbildung 227
dargestellt. Mit dieser Veränderung der Stromstärke verbunden ist eine Schwingung der Span-
nung, die das Elektrometer anzeigt (Abbildung 228). Sie ist der

Durch die Hemmung
wird die erste Halb-
schwingung des Zei-
gers unterdrückt,
sodaß die zweite
nach links sichtbar
wird.
– 226 –

Stromstärke um $\frac{\pi}{2}$ voraus.

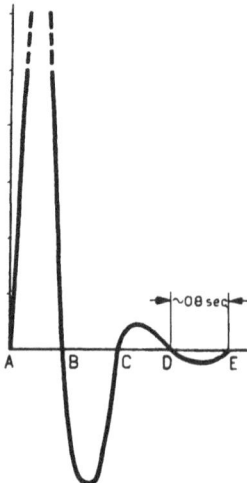

Gedämpfte elektrische Schwingung bei der Versuchsanordnung der Abbildung 225 nachgewiesen
mit dem gehemmtem Galvanometer.
– 227 –

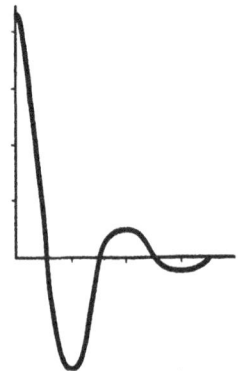

Verlauf der Spannung beim Versuch der
Abbildung 225.   Phasenverschiebung
gegen die Stromstärke der Abb. 227.
– 228 –

Gedämpfte mechanische Schwingungen traten bei den Versuchen des § 10 in Band II auf. Die Flüssigkeit in dem mechanischen Modell zum Kondensator kehrte schwingend in ihre Ruhelage zurück. Bei großer Dämpfung tritt an Stelle der schwingenden Kondensatorentladung die „kriechende" (Band II, Abbildungen 61 und 62). Den Übergang von der gedämpften Schwinzur kriechenden Bewegung haben wir bei den Versuchen der Abbildung 131 dieses Bandes besprochen.

§ 74. Die ungedämpfte Schwingung.

Reibung und Ohmscher Widerstand lassen sich unter gewöhnlichen Verhältnissen niemals ganz ausschalten. Sollen daher die Schwingungsweiten nicht abnehmen, so muß die Energie, die verloren geht, wieder ersetzt werden. Das geschieht bei dem Versuch der Abbildung 224 durch die Wechselstrommaschine. Die Schwingung im Sperrkreis muß schon wegen der eingeschalteten Glühlämpchen (4 Volt, 0,2 Ampere) 1,6 Watt sein. Soviel muß die Maschine an Leistung mindestens liefern, damit die Schwingung erhalten bleibt. Bei der hohen Spannung, die zwischen den Verzweigungspunkten des Sperrkreises auftritt, kann diese Leistung durch eine so geringe Stromstärke geliefert werden, daß diese nicht einmal ausreicht, das Lämpchen 1 zum Glühen zu bringen.

Bei dem Versuch der Abbildung 224 führten wir den Resonanzfall dadurch herbei, daß wir die Frequenz des Sperrkreises durch Änderung von L der Frequenz der Maschinenspannung anpaßten. Dann wird die Energie, die als Ersatz für die erzeugte Wärme dient, so zugeführt, daß sie wie bei einer Schaukel zur Erhaltung der Schwingung dient. Es ist jedoch auch möglich, die Energiezufuhr der durch L und C bestimmten Frequenz des Schwingungskreises anzupassen. Das bekannteste mechanische Beispiel ist die Pendeluhr. Das „Steigrad" gibt dem Pendel Stöße derart, daß dadurch die durch Reibung verloren gehende Energie ersetzt wird. Die Frequenz dieser Energiezufuhr wird durch das Pendel bestimmt. Es wird dadurch zu einem „Schwingungssystem mit Selbststeuerung". Die Energie liefert die Uhrfeder. So bauen wir denn im folgenden an den Schwingungskreis der Abbildung 224 die „Uhr" an, die die nötige Energie nachliefert.

§ 75. Steuerung der Energiezufuhr mittels der Elektronenröhre.

Das am meisten gebrauchte Gerät zur Erzeugung ungedämpfter elektrischer Schwingungen ist heute die Elektronenröhre.

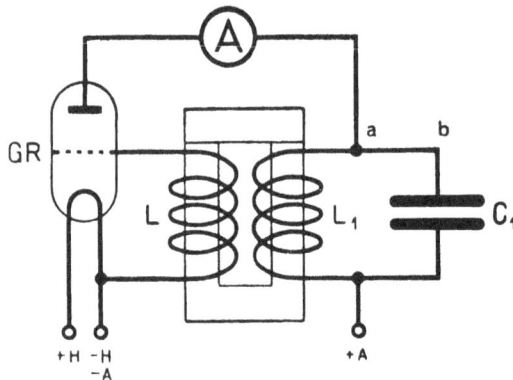

Selbststeuerung eines Schwingungskreises.
Heizbatterie zwischen $+H$ und $-H$, Anodenbatterie zwischen $-A$ und $+A$.
— 229 —

Eine einfache Schaltung zeigt Abbildung 229. Wir erkennen rechts das schwingungsfähige System bestehend aus der Normspule L_1 von 12000 Windungen und dem Kondensator C_1 von etwa 12 Mikrofarad. Auf demselben geschlossenem Eisenkern sitzt eine gleiche Normspule L, ihr eines Ende liegt am Gitter der Röhre, das andere am Glühfaden. Beim Einschalten der Anodenspannung zwischen $-A$ und $+A$ geraten die Elektronen ins Schwingen. Wenn die Stromstärke in L_1 in der Richtung $a + A$ ihren größten Wert erreicht, werden durch die in der Spule L induzierte Spannung dem Gitter Elektronen entzogen; dann fließt durch die Röhre ein Strom, und dieser verstärkt den Strom in L_1. Beim Zurückschwingen der Elektronen in der Richtung $+A$ a dagegen hat das Gitter Elektronenüberschuß, und es fließt kein Strom durch die Röhre. Das Amperemeter A zeigt den im „Anodenkreis" stoßweise mit dem Uhrzeiger fließenden

Strom an. Wird das Zeigergalvanometer zwischen a und b eingeschaltet, so zeigt es den Wechselstrom an, der im Schwingungskreis fließt. Seine Frequenz ist von der Größenordnung 1 Hertz.

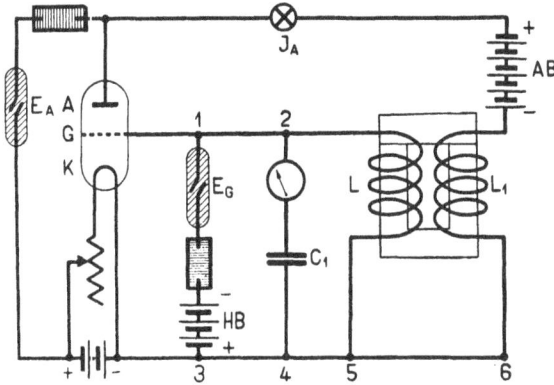

Dreipunktschaltung für langsame elektrische Schwingungen. Glühlämpchen und
Galvanometer zum Nachweis des Stromes, Glimmlämpchen zum Nachweis der
Gitter- und Anodenspannung.

$-230-$

Statt parallel zur Anodenspule L_1 können wir den Kondensator auch parallel zur Gitterspule L schalten (Abbildung 230).
Der Schwingkreis, in dem das Galvanometer liegt, ist dann 245L.
Das Glimmlämpchen E_A zeigt die stoßweise auftretende Spannung zwischen K und A an. Seinem Aufleuchten folgt jedesmal
das gleichzeitige Aufleuchten des Glühlämpchens J_A (0,04 Ampere)
und des Glimmlämpchens E_G. J_A zeigt die Anodenstromstöße,
E_G die Gitterspannung an. Da die Gitterspannung nicht genügt,
ist eine Hilfsbatterie HB eingefügt, die der einen Elektrode eine
so hohe Über($-$)spannung gibt, daß das Auftreten einer kleinen
Unter($+$)spannung bei 1 das Lämpchen zum Zünden bringt.

Entsprechend der Gleichung des § 71

$$f = \frac{1}{2\pi\sqrt{L \cdot C}} \quad (\text{sec}^{-1})$$

wird die Frequenz größer, wenn wir bei C_1 Kondensatoren
kleinerer Kapazität einschalten, ebenso wenn wir das Joch so
verschieben, daß die Selbstinduktivität geringer wird oder Spulen
mit geringerer Windungszahl benutzen. Hier öffnet sich das Tor

zu einer Fülle eindrucksvoller Versuche, die von einer Frequenz
von 1 Hertz bis zur Größenordnung 10^8 Hertz führen. Diese
finden sich zusammengestellt in
dem dritten Teil der Schulversuche von Roller-Pricks: Schwingungen. Wir geben nur die
Schlußschaltung hier wieder, zu
der wir bei fortwährender Herabsetzung von Kapazität und Induktivität kommen (Abbildung 231).
Aus den Spulen L_1 und L der
Abbildung 229 ist der Bügel ba-
Gitter geworden. Der Kon-
densator C_1 ist ebenso verküm-
mert, er wird vom Gitter und
der Anode gebildet. D_1, D_2, D_3
sind Drosselspulen, deren induk-

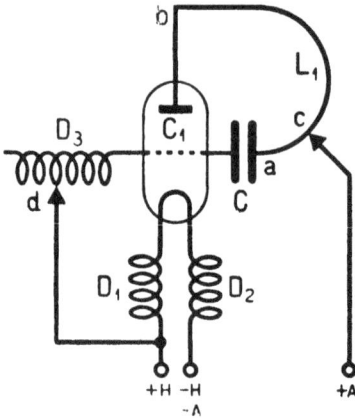

Dreipunktschaltung in einfachster Form.
– 231 –

tiver Widerstand bei der hohen Frequenz sehr hoch ist. Der
Kondensator C verhindert den Kurzschluß der Anodenbatterie.
Abbildung 232 zeigt den Aufbau.

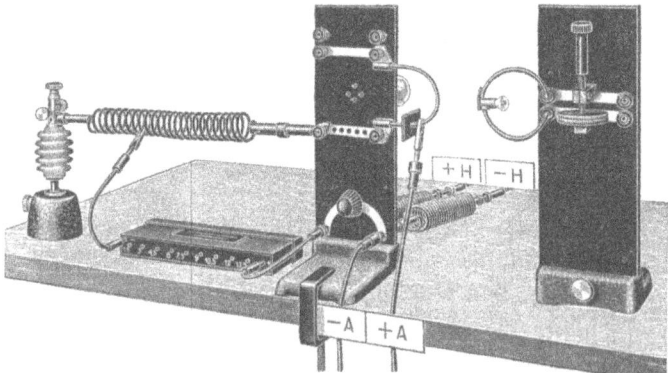

Aufbau der Dreipunktschaltung der Abbildung 231.
Rechts Schwingungskreis aus einer Windung und Kondensator.
– 232 –

IX. Die magnetische Spannung und die erste Maxwellsche Gleichung.

§ 76. Die magnetische Spannung.

Die elektrische Spannung zwischen zwei Punkten konnten wir betrachten als die Liniensumme des Spannungsgefälles oder der elektrischen Feldstärke zwischen den beiden Punkten (Band I, § 28, Band II, § 30, Band III, Seite 79 oben.). Dabei ist als Wegstrecke immer die Komponente in der Feldlinienrichtung zu nehmen. Im homogenen elektrischen Feld ist die Spannung zwischen zwei Punkten einer Feldlinie einfach $\mathfrak{E} \cdot s$ (Volt), wobei $\mathfrak{E}$ die konstante Feldstärke, s den Abstand der beiden Punkte bedeutet.

$$\Delta E = \mathfrak{E} \cdot s \text{ (Volt)}.$$

Gerade so bestimmen wir jetzt im homogenen magnetischen Feld das Produkt $\mathfrak{H} \cdot s$; $\mathfrak{H}$ ist die konstante magnetische Feldstärke, s der Abstand zweier Punkte A und B derselben magnetischen Feldlinie; die physikalische Größe, die wir mittels jenes Produktes messen, nennen wir die mag-

Magnetische Spannung zwischen **A** und **B** = Gesamtstromstärke auf dem Mantel zwischen **A** und **B**.

−233−

netische Spannung zwischen A und B und schreiben entsprechend der obigen Gleichung:

$$\Delta H = \mathfrak{H} \cdot s \text{ (Amperewindung oder Ampere) (§ 24)}.$$

Der Benennung Ampere entspricht folgende einfache physikalische Bedeutung der magnetischen Spannung im homogenen Feld:

In der Abbildung 233 beträgt die Feldstärke in der Spule

$$\mathfrak{H} = \frac{m \cdot i}{l} = \frac{J}{l} \text{ (Ampere/cm) (Bezeichnungen des § 24)}$$

mithin die magnetische Spannung zwischen A und B

$$\Delta H = \mathfrak{H} \cdot s = \frac{J \cdot s}{I} = \frac{i \cdot m \cdot s}{I} \quad \text{(Ampere)}. \tag{1}$$

$$m' = \frac{m \cdot s}{I}$$

ist die Anzahl der Windungen, die die Strecke AB umgeben.

$$\Delta H = m' \cdot i = \overset{.}{J}{}' \quad \text{(Ampere)} \tag{2}$$

ist danach die Gesamtstromstärke in diesen m' Windungen oder die Mantelstromstärke in dem Teil der Spule, der gerade die Strecke AB umgibt.

Die magnetische Spannung zwischen zwei Punkten im homogenen Magnetfeld einer Stabspule gibt an, wie groß die Mantelstromstärke in dem Teil der Spule ist, der die Verbindungsstrecke der beiden Punkte umgibt.

§ 77. Meßgerät für die magnetische Spannung.

Auch die Messung der magnetischen Spannung führen wir auf die Induktionserscheinung zurück. Als Meßgerät dient das Stoßgalvanometer zusammen mit einer langen Induktionsspule (Abbildung 234). Diese besteht aus zwei Lagen dünnen Drahtes auf einem biegsamen Lederriemen von etwa 120 cm Länge und 4 cm Breite. Die Enden der Spule, die mit dem Stoßgalvanometer verbunden sind, befinden sich in der Mitte (Ab-

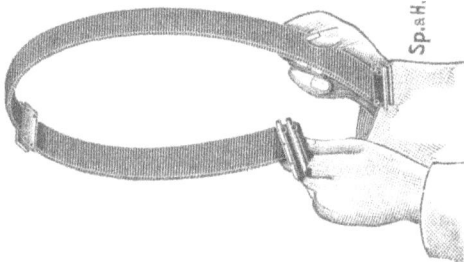

Biegsame lange Induktionsspule.
– 234 –

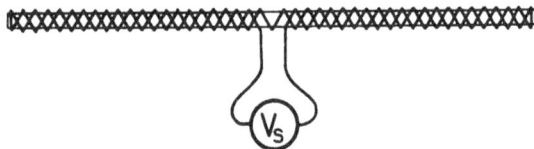

Lange Induktionsspule mit Stoßgalvanometer zur Messung der magnetischen Spannung.
– 235 –

bildung 235). Dies Gerät muß geeicht werden: Wir bringen die Induktionsspule in eine längere Stabspule, deren Maße (m, l) wir kennen, führen die Drähte seitlich heraus zum Galvanometer und messen i, die Stromstärke in der Feldspule (Abbildung 236). Dann ist

$$\mathfrak{H} = i \cdot D \ (\text{Ampere/cm}) \ \text{§§ 23, 24)},$$

$$\Delta H = \mathfrak{H} \cdot s = D \cdot i \cdot s = D \cdot J' \ (\text{Ampere}) \ (\text{§ 76}) \ (s = AB). \quad (1)$$

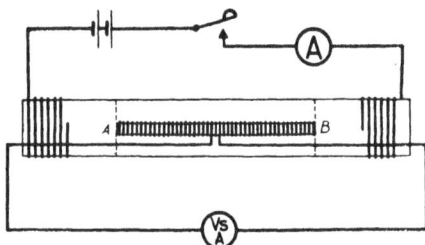

Eichung des magnetischen Spannungsmessers mittels einer längeren Feldspule.
−236−

Beim Öffnen und Schließen des Feldstromes entsteht ein Spannungsstoß in der Induktionsspule

$$W = \mu \cdot \mathfrak{H} \cdot F \cdot n = \mu \cdot \frac{n}{s} \cdot F \cdot \mathfrak{H} \cdot s = \mu \cdot D' \cdot F \cdot \Delta H \ (\text{Voltskd.}) \ (2)$$

D' ist die Windungsdichte der Induktionsspule, F ihr Querschnittsflächeninhalt (§ 25). Die Konstanten μ, D' und F fassen wir zusammen und schreiben:

$$W = c_1 \cdot \Delta H \ (\text{Voltsekunden}) \ (c_1 = \mu \cdot D' \cdot F).$$

W ist proportional α, der Anzahl der Skalenteile Stoßausschlag:

$$W = c_2 \cdot \alpha = c_1 \cdot \Delta H \ (\text{Voltsekunden}),$$

$$\Delta H = \frac{c_2}{c_1} \cdot \alpha = c_3 \cdot \alpha \ \left(\frac{c_2}{c_1} = c_3\right) \ (\text{Ampere}). \quad (3)$$

ΔH wird nach Gleichung (1) errechnet, α unmittelbar abgelesen, daraus folgt c_3, das angibt, wieviel Ampere magnetische Spannung einem Skalenteil Stoßausschlag entsprechen. Das Gerät ist geeicht. Die Anzahl der Skalenteile mit c_3 (Ampere/Skalenteil) multipliziert gibt die magnetische Spannung zwischen den Enden der langen Induktionsspule.

§ 78. Magnetische Spannung im inhomogenen Feld.

In Abbildung 237 verlaufe zwischen A und B eine magnetische Feldlinie, jedoch sei die Feldstärke längs ihrer nicht konstant. Dann zerlegen wir die Feldlinie in kleine Stücke s_1, s_2,
. . . . s_n, nehmen für jedes Stückchen einen Mittelwert der Feld-
stärke $\mathfrak{H}_1$, $\mathfrak{H}_2$, $\mathfrak{H}_3$ . . . . $\mathfrak{H}_n$ an, bilden die Summme:

$$\Delta H = \mathfrak{H}_1 \cdot s_1 + \mathfrak{H}_2 \cdot s_2 + \mathfrak{H}_3 \cdot s_3 + \ldots . \mathfrak{H} = \Sigma \mathfrak{H}_n \cdot s_n \,(\text{Ampere})$$

und erhalten so die magnetische Spannung zwischen A und B
als die Liniensumme der magnetischen Feldstärke zwischen
A und B.

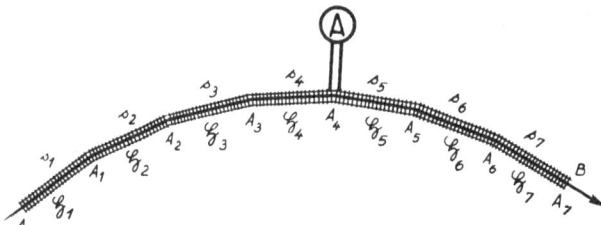

Messung der magnetischen Spannung längs einer Feldlinie als Liniensumme
der magnetischen Feldstärke.

−237−

Längs der Feldlinie legen wir nun unsern Spannungsmesser
mit dem Stoßgalvanometer. Beim Entstehen oder Vergehen des
Feldes werden in den einzelnen Teilen Spannungsstöße hervorgerufen nach Gleichung (2) in § 77:

$$W_1 = \mu \cdot D' \cdot F \cdot \mathfrak{H}_1 \cdot s_1 \ (\text{Voltsekunden})$$
$$W_2 = \mu \cdot D' \cdot F \cdot \mathfrak{H}_2 \cdot s_2$$
$$\cdot \qquad \cdot$$
$$\cdot \qquad \cdot$$
$$W_n = \mu \cdot D' \cdot F \cdot \mathfrak{H}_n \cdot s_n,$$

und diese geben einen Gesamtspannungsstoß

$$W = \mu \cdot D' \cdot F \cdot \Sigma \mathfrak{H} \cdot s = c_1 \cdot \Sigma \mathfrak{H} \cdot s = C_2 \cdot \Delta H \ (\text{Voltsekunden})$$
$$(\text{Gleichung (2) § 77}).$$

Diesem entspricht ein Stoßausschlag α des in Ampere geeichten
Stoßgalvanometers, der mit c_3 (Gleichung (3) § 77) multipliziert
die magnetische Spannung ausgedrückt in Ampere auch im inhomogenen Feld liefert.

§ 79. Magnetische Spannung längs einer in sich geschlossenen Feldlinie.

Statt der langen Feldspule der Abbildung 236 benutzen wir im folgenden kürzere Spulen von bekannter Windungszahl m; durch eine solche stecken wir unsere lange biegsame Induktionsspule und geben ihr die Form einer magnetischen Feldlinie, indem wir ihre Enden bei D (Abbildung 238) zusammenführen. Öffnen und schließen wir jetzt den Feldstrom, so zeigt das geeichte Stoßgalvanometer H eine magnetische Spannung an,

$$\Delta H = i \cdot m = J \text{ (Ampere)},$$

wobei i die vom Amperemeter A bei gedrückter Taste angezeigte Stromstärke bedeutet. J ist die Mantelstromstärke der Feldspule. Auf die Form der Feldspule kommt es dabei gar nicht an. Wir erhalten das gleiche Ergebnis, wenn wir den Rahmen der Abbildung 3 oder die Schleife der Abbildung 1 als Feldspule benutzen. Ebenso hat es keinen Einfluß auf das Ergebnis, in welcher Weise wir die lange Induktionsspule um den Stromleiter herumführen, ja diese darf sogar Schlingen bilden, wir finden immer wieder:

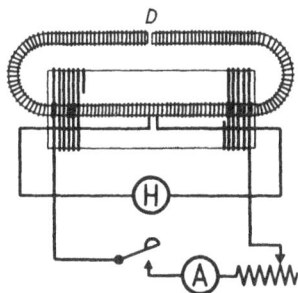

Magnetische Spannung längs einer geschlossenen Feldlinie.
— 238 —

Die magnetische Spannung ist längs eines jeden einen Leiter oder ein Leiterbündel umschließenden Weges dieselbe und immer gleich der Gesamtstromstärke in den Leitern, die durch das Innere der Wegschleife hindurchgehen. Die Form der Wegschleife ist ganz nebensächlich.

In Abbildung 239 bedeute der dicke Punkt in der Mitte den Querschnitt durch den Leiter der Abbildung 1 oder das Leiterbündel der Abbildung 3. Die beim Öffnen und Schließen des Feldstromes vom Stoßgalvanometer H angezeigte magnetische Spannung ist gleich der Gesamtstromstärke J, ob wir die Induktionsspule in Form eines Kreises um J als Mittelpunkt oder in Form irgend einer andern Kurve um den Leiter herumführen. Das ist ein Ergebnis, das größte Ähnlichkeit mit dem der Abbildung 81

hat; dort war die elektrische Spannung längs jeder das Magnetfeld umschließenden Kurve dieselbe. Aber die Übereinstimmung
geht noch weiter. Wir legen die lange Induktionsspule zweimal
um den Leiter (Abbildung 240) und bekommen jetzt den doppelten Stoßausschlag, d. h. entsprechend Abbildung 83 ist die
Liniensumme der magnetischen Feldstärke bei doppelter Umschlingung des Leiters doppelt so groß.

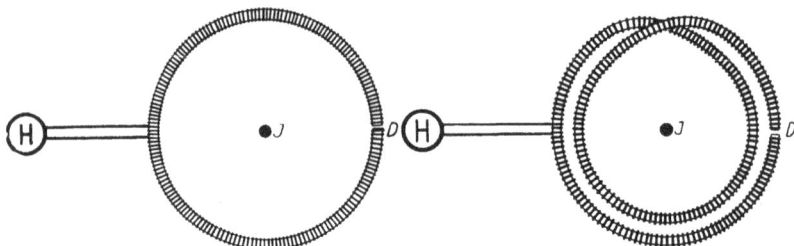

Magnetische Spannung bei einfacher Umfassung des Leiters.	Stoßausschlag doppelt so groß wie in Abbildung 239.
−239−	−240−

§ 80. Der Inhalt der ersten Maxwellschen Gleichung.

In Abbildung 241 seien die Platten K und A eines Kondensators durch einen Leiter verbunden. In dem Leiter fließe ein
Strom der Stärke J. Die Ladung des Kondensators sei eben
Q_1, t Sekunden später Q_2. Dann ist

$$\dot{Q} = \frac{Q_2 - Q_1}{t} \text{ (Amperesekunden/Sekunden oder Ampere)}$$

die Änderungsgeschwindigkeit der Ladung und gibt zugleich an,
wieviel Coulomb je Sekunde durch den Querschnitt des Leiters
fließen, d. h.

$$\dot{Q} = J \text{ (Ampere)}.$$

Die Spannung zwischen K und A steigt infolge der Ladungs-
vermehrung von $\Delta_1 E$ auf $\Delta_2 E$. Dann gilt:

$$Q_1 = C \cdot \Delta_1 E, \ Q_2 = C \cdot \Delta_2 E \text{ (Amperesekunden) (Band II, § 16)}$$

$$\dot{Q} = C \cdot \frac{\Delta_2 E - \Delta_1 E}{t} \text{ (Ampere)},$$

und wenn wir C durch den Wert auf Seite 70 in Band II ersetzen:

$$J = \dot{Q} = \varepsilon \cdot \frac{F}{d} \cdot \frac{\Delta_2 E - \Delta_1 E}{t} = \varepsilon \cdot F \frac{\mathfrak{E}_2 - \mathfrak{E}_1}{t} = \varepsilon \cdot F \cdot \dot{\mathfrak{E}} \text{ (Ampere)},$$

dabei ist

$\dfrac{\Delta_1 E}{d} = \mathfrak{E}_1$ (Volt/cm) die elektrische Feldstärke am Anfang,

$\dfrac{\Delta_2 E}{d} = \mathfrak{E}_2$ die elektrische Feldstärke nach t Sekunden und

$\dot{\mathfrak{E}}$ (Volt/cm sec) die Änderungsgeschwindigkeit der elektrischen Feldstärke.

Jetzt enthält die Gleichung

$$J = \varepsilon \cdot F \cdot \dot{\mathfrak{E}} \text{ (Ampere)}$$

rechts nur Größen des sich ändernden elektrischen Feldes. Setzen wir also fest: „Unter der Stromstärke eines Verschiebungsstroms verstehen wir
die Größe, die wir mittels
des Produktes $\varepsilon \cdot F \cdot \dot{\mathfrak{E}}$ (Amp.)
messen", dann ist in dem Strom-
kreis der Abbildung 241 der
augenblickliche Wert der Stromstärke an jeder Stelle des Kreises
stets derselbe.

Die letzte Gleichung erlaubt
uns, die Stromstärke des Verschiebungsstroms unabhängig von
der Stromstärke des Leitungs-
stromes zu errechnen. Sie ist

Magnetische Spannung um den Leitungs-
und Verschiebungsstrom.
— 241 —

darum auch dann brauchbar, wenn das sich ändernde elektrische
Feld nicht zwischen den Platten eines Kondensators eingeschlossen,
sondern auch, wenn es ein elektrodynamisches Feld (Abbildung 76)
ist, d. h. wenn es der Änderung eines magnetischen Feldes sein
Bestehen verdankt.

An dieser Stelle setzt nun Maxwells geniale Theorie wieder
ein. Ein Leitungsstrom ist stets von einem magnetischen Feld
umgeben, für das an jeder Stelle die Gleichung des § 79

$$\Delta H = J \text{ (Ampere)}$$

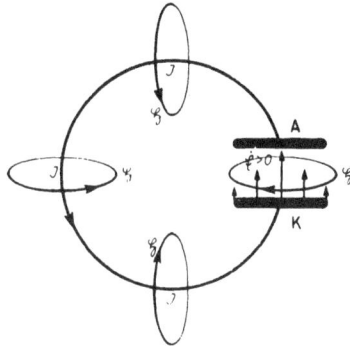

gilt. Dann sagt Maxwell weiter: Das Magnetfeld, das den Leiter
KA umgibt, ist an den Kondensatorplatten nicht zu Ende, es
umgibt auch das sich ändernde elektrische Feld (Abbildung 241),
mit andern Worten: Ein sich änderndes elektrisches Feld wird von
magnetischen Feldlinien umschlungen, und zwar gilt dieselbe
Gleichung Magnetische Spannung = Stromstärke, nur mit dem
Unterschied gegen den Leitungsstrom, daß jetzt unter Stromstärke
die Stromstärke des Verschiebungsstromes $\varepsilon \cdot F \cdot \dot{\mathfrak{E}}$ (Ampere) zu
verstehen ist. Wir schreiben also

$$\Delta H = \Sigma \mathfrak{H} \cdot s = \varepsilon \cdot F \cdot \dot{\mathfrak{E}} \text{ (Ampere)}$$

als sogenannte erste Maxwellsche Gleichung und fassen sie in Worte:
**Längs jeder Kurve, die irgend ein sich änderndes elek-
trisches Feld einmal umschlingt, ist die magnetische Spannung als die Liniensumme der magnetischen Feldstärke
gleich dem Produkt aus der Dielektrizitätskonstanten,
dem Flächeninhalt des Feldquerschnitts und der Änderungsgeschwindigkeit der elektrischen Feldstärke.**

$$\Sigma \mathfrak{E} \cdot s = \mu \cdot F \cdot \dot{\mathfrak{H}} \qquad \Sigma \mathfrak{H} \cdot s = \varepsilon \cdot F \cdot \dot{\mathfrak{E}}$$

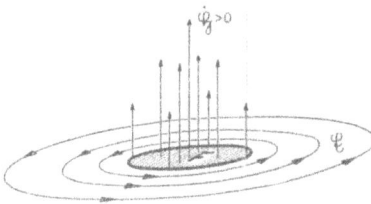

Ein sich änderndes Magnetfeld ist von ringförmigen elektrischen Feldlinien umgeben.
−242−

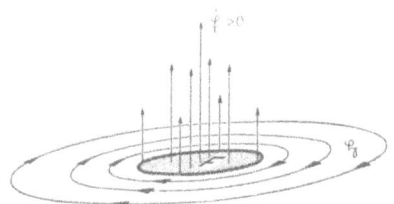

Ein sich änderndes elektrisches Feld ist von
ringförmigen magnetischen Feldlinien umgeben.
−243−

Damit ist die Entstehung eines magnetischen Feldes ringsherum um ein sich änderndes elektrisches alles Stofflichen entkleidet. Zur Veranschaulichung setzen wir neben die Abbildung 76
die Abbildung 243.

X. Elektromagnetische Wellen.

§ 81. Die Bedeutung der Maxwellschen Gleichungen.

In Maxwells Werk aus dem Jahre 1873 „A Treatise on Electricity and Magnetism" erscheinen die beiden Gleichungen, die nach ihm genannt werden, nicht in der Form, wie wir sie am Ende des § 80 noch einmal nebeneinander gestellt haben, sondern als Differentialgleichungen. Das hat hier keine Bedeutung. Wichtiger ist uns der in den Abbildungen 242 und 243 noch einmal kurz zusammengefaßte physikalische Inhalt. Die zweite Maxwellsche Gleichung hat uns in Abschnitt IV zur Deutung des Induktionsvorgangs gedient. Nehmen wir beide Gleichungen zusammen, so geht ihre Bedeutung noch viel weiter. Bei dem Schwingungskreis der Abbildung hatten wir gefunden: Wenn das Magnetfeld in der Spule verschwindet, entsteht ein elektrisches Feld zwischen den Kondensatorplatten, wenn dieses verschwindet, entsteht ein magnetisches Feld in der Spule. Dieses Ergebnis lösen wir nun in kühner Verallgemeinerung vollkommen von dem stofflichen Schwingungskreis und seinen Elektronen los, indem wir sagen: Wenn ein Magnetfeld verschwindet, verwandelt sich seine Energie in die eines elektrischen Feldes; wenn ein elektrisches Feld verschwindet, verwandelt sich seine Energie in die eines magnetischen Feldes.

Schon Maxwell hat aus dieser Verallgemeinerung den Schluß gezogen, daß es so etwas wie elektrische Wellen geben müsse, — er nannte es „elektromagnetische Störungen" — die sich frei im Raum ausbreiten. Auch bei einer Wasserwelle, die sich von einem Störzentrum ausbreitet, beobachten wir eine Energieumwandlung, die sich fortpflanzt. Werfen wir einen Stein ins Wasser, so wird ein Kork, der auf dem Wasser schwimmt, gehoben und gesenkt und verrät uns, daß sich die Wucht der Wasserteilchen in Macht und die Macht wieder in Wucht umwandelt, und daß sich diese Energieumwandlung von einer Stelle der benachbarten mitteilt. Zu den Folgerungen, die damals Maxwell zog, gehörte auch die, daß sich jene Störungen mit Lichtgeschwindigkeit ausbreiten. Der experimentelle Nachweis der elektrischen Wellen gelang erst 15 Jahre später.

§ 82. Der elektrische Dipol und sein Strahlungsfeld.

In Abbildung 232 ist auf der rechten Seite der Schwingungskreis der Abbildung 241 experimentell verwirklicht. Er wird gekennzeichnet durch seine Selbstinduktivität L und die Kapazität C, und diese bestimmen die Frequenz

$$f = \frac{1}{2\,\pi \cdot \sqrt{L \cdot C}} \quad \text{(Hertz).}$$

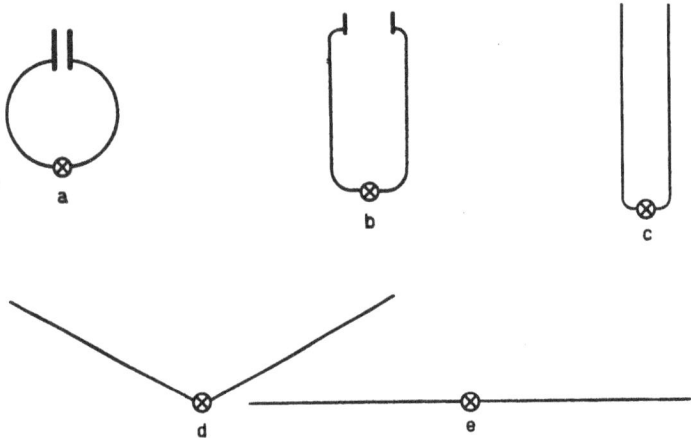

Entstehung des Dipols e und dem Schwingungskreis a.
— 244 —

Links daneben steht der in § 75 behandelte Schwingungserzeuger in Dreipunktschaltung. Ihm sei eine Frequenz f_1 eigen. Das magnetische Wechselfeld der Spule aus einer Windung, von dem Abbildung 13 eine „Momentaufnahme" zeigt, durchsetzt auch die Windung rechts. Damit die Elektronen in dem rechten Kreis ins Schwingen kommen, müssen wir f gleich f_1 machen. Das er-

reichen wir diesmal durch Änderung der Kapazität des Kondensators — sein Plattenabstand
läßt sich ändern — statt durch Änderung der
Induktivität wie beim Versuch der Abbildung 224.
Bei richtiger Kondensatoreinstellung leuchtet das
als Stromanzeiger eingeschaltete Glühlämpchen
hell, während ein parallel zum Kondensator geschaltetes Glimmlämpchen (in der Abbildung nicht
gezeichnet) die Wechselspannung zwischen den
Kondensatorplatten anzeigt.

Das schwingungsfähige Gebilde, das noch
einmal in Abbildung 244a dargestellt ist, unter-
werfen wir nun folgender Abänderung: Die Kon-
densartoplatten verkümmern; da C kleiner wird,
muß L größer werden, das erreichen wir durch
Vergrößerung der Windungsfläche F (Gleichung
für L auf Seite 104 unten). So entsteht Abbildung 244b; dann fallen die Kondensatorplatten
ganz weg (Abbildung 244c und schließlich wird
der Leiter gestreckt (Abbildung 244d und e).
Auch der so entstehende stabförmige Leiter stellt
ein elektrisch schwingungsfähiges Gebilde dar.
Schalten wir in seine Mitte ein Glühlämpchen, so
leuchtet dieses, wenn wir den Stab dem Schwingungserzeuger nähern und durch passende Wahl
der Stablänge l wieder $f = f_1$ machen. l beträgt
bei der Anordnung der Abbildung etwa 3 m. Ein
solcher Stab hat Induktivität und Kapazität. Sein
Magnetfeld kennen wir aus Abbildung 2, das elektrische Feld zwischen seinen beiden Hälften ist in
Abbildung 244c angedeutet. Die so vereinfachte
Form des elektrischen Schwingungskreises wird
als Dipol bezeichnet.

Elektrisches Feld des
geschlossenen
Schwingungskreises
und Dipols.
— 245 —

Die elektrischen und magnetischen Wechselfelder eines solchen
Dipols haben nun eine merkwürdige Eigenschaft: Sie lösen sich
vom Dipol ab und wandern mit großer aber meßbarer Geschwindigkeit in den Raum Abbildung 246. So entsteht um den schwin-

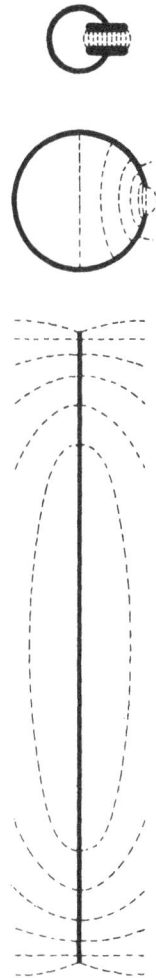

15*

genden Dipol ein „Strahlungsfeld", wie es in Abbildung 247 im
Schnitt dargestellt ist. Von dem Dipol S haben sich elektrische
Felder abgeschnürt, die elektrischen Feldlinien haben sich geschlossen und wandern nun nach allen Seiten. Jede einzelne
elektrische Feldlinie liegt in einer Ebene, die auch den Dipol
enthält. Dagegen liegen die magnetischen Feldlinien, von denen
in Abbildung 247 nur die Durchstoßpunkte durch die Bildebene
gezeichnet sind, in Ebenen senkrecht zum Dipol. Für einen ruhenden
Beobachter, der mit seiner Körperachse parallel zum Dipol steht
und diesem den Rücken dreht, treten dabei folgende Erscheinungen auf:

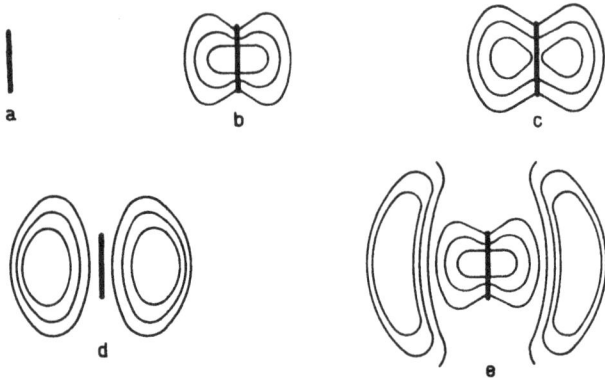

Abschnüren geschlossener elektrischer Feldlinien.
— 246 —

Schlag 0: Elektrische Feldlinien von oben nach unten.

Schlag $\frac{1}{4}$ T: Elektrisches Feld verschwunden, dafür magnetische
Feldlinien von links nach rechts.

Schlag $\frac{1}{2}$ T: Magnetisches Feld verschwunden, dafür elektrische
Feldlinien von unten nach oben.

Schlag $\frac{3}{4}$ T: Elektrisches Feld verschwunden, dafür magnetische
Feldlinien von rechts nach links.

Schlag T: Magnetisches Feld verschwunden, dafür elektrische
Feldlinien wie Schlag 0.

So findet an jeder Stelle der Umgebung eines Dipols eine
forwährende Umformung elektrischer Energie in magnetische und
und magnetischer Energie in elektrische statt, wie bei der in § 81
erwähnten Wasserwelle die Energie sich umformt. Trifft eine
solche „elektromagnetische Welle" auf einen zweiten dem „Sende-
dipol" parallelen „Empfangsdipol", der auf dieselbe Frequenz
abgestimmt ist, so kommen auch in diesem die Elektronen ins
Schwingen; das läßt sich wieder mit einem eingeschalteten Glühlämpchen nachweisen.

Mit der experimentellen Bestätigung der Maxwellschen Theorie
durch die uns heute alltäglich gewordenen elektromagnetischen Wellen brechen wir unsere Betrachtungen ab. Versuche über elektrische
Schwingungen und Wellen finden
sich in großer Anzahl bei Roller-
Pricks Band III. Maxwell hat den
Erfolg seiner Lehre nicht mehr
erlebt. Zwar wurde lange Jahre
über Maxwellsche Theorie ge-
schrieben und vorgetragen, aber
alles blieb unfruchtbares mathe-
matisches Spiel, man wälzte Maxwells Gleichungen, sah aber nicht
ihren physikalischen Inhalt. Erst
Heinrich Hertz gelang es, die
Theorie in die physikalische Wirklichkeit umzusetzen. Während er
in 10 m Entfernung vom Sende-
dipol gerade noch die Wellen

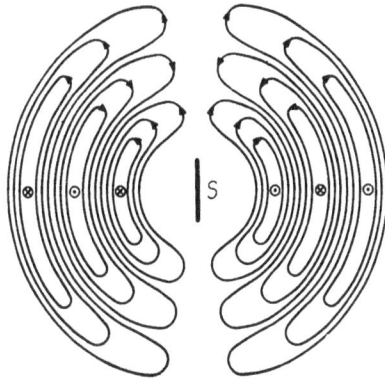

Schnitt durch das Strahlungsfeld des Dipols.
Kreis mit Punkt bedeutet: Magnetische Feldlinie auf den Beschauer zulaufend, Kreis mit
Kreuz: Magnetische Feldlinie in die Ebene
der Zeichnung hineinlaufend.
−247−

nachweisen konnte, ist es heute möglich, mit Hilfe der von Maxwell vorausgeahnten, von Hertz gefundenen elektromagnetischen
Wellen Entfernungen bis zu 10 Millionen Kilometer zu überbrücken. Aus den Differentialgleichungen, die ein Gelehrter auf-
bauend auf den Ergebnissen des großen Experimentators Faraday
in der Stille seines Landsitzes einst niederschrieb, ist der heute
die ganze Erde umspannende Rundfunk geworden.

Sachverzeichnis.

www.ingramcontent.com/pod-product-compliance
Lightning Source LLC
Chambersburg PA
CBHW031438180326
41458CB00002B/576